高等职业教育生物技术类专业教材　中国轻工业“十三五”规划教材

生物分离与纯化技术

主　编

王海峰　张俊霞

中国轻工业出版社

图书在版编目(CIP)数据

生物分离与纯化技术 / 王海峰，张俊霞主编．—北京：中国轻工业出版社，2025. 1

ISBN 978-7-5184-3314-8

Ⅰ. ①生…　Ⅱ. ①王… ②张…　Ⅲ. ①生物工程—分离—高等学校—教材②生物工程—提纯—高等学校—教材
Ⅳ. ①Q81

中国版本图书馆 CIP 数据核字(2020)第 250200 号

责任编辑：江　娟　贺　娜

策划编辑：江　娟　　责任终审：劳国强　　封面设计：锋尚设计

版式设计：砚祥志远　　责任校对：晋　洁　　责任监印：张京华

出版发行：中国轻工业出版社（北京鲁谷东街 5 号，邮编：100040）

印　　刷：三河市万龙印装有限公司

经　　销：各地新华书店

版　　次：2025 年 1 月第 1 版第 4 次印刷

开　　本：720×1000　1/16　印张：16. 25

字　　数：320 千字

书　　号：ISBN 978-7-5184-3314-8　　定价：45. 00 元

邮购电话：010-85119873

发行电话：010-85119832　010-85119912

网　　址：http：//www. chlip. com. cn

Email：club@ chlip. com. cn

250214J2C104ZBQ

本书编写人员

主　　编　王海峰(包头轻工职业技术学院)

张俊霞(呼和浩特职业学院)

副 主 编　赵艳玲(包头师范学院)

韩继新(内蒙古化工职业学院)

参编人员　(按姓氏笔画排序)

王　涵(包头轻工职业技术学院)

任志龙(包头轻工职业技术学院)

张记霞(包头轻工职业技术学院)

周　阳(内蒙古医科大学)

赵德胜(包头轻工职业技术学院)

崔文静(内蒙古化工职业学院)

前　言

“生物分离与纯化技术”是药品生物技术、化工生物技术、食品生物技术等专业的核心组成部分，其涉及的技术在生物类相关产业中普遍使用。全书按照理论“必须、够用”的原则，以生产实际中典型的生物分离与纯化过程为载体，重点突出教、学、做一体化的模式，采用以项目为导向的编写体例。

本教材概念清楚、内容精练、易教易学，并在相关内容中安排了实训项目，强化了指导操作的实践内容，并本着要加快构建新发展格局，推动战略性新兴产业融合集群发展，构建新一代信息技术、人工智能、生物技术、新能源、新材料、高端装备、绿色环保等一批新的增长引擎的精神编写。为提高学生学习的针对性和目的性，在教材中安排了“知识目标”“能力目标”“思政目标”“任务导入”“知识梳理”“目标检测”等内容。为增强教材的趣味性和可读性，安排了“知识链接”，引入实例或对相关知识进行拓展，激发学生的学习兴趣，开拓学生的视野。同时教材内容力求对接职业标准和岗位要求，结合职业能力要求和生物分离与纯化工作过程编写实训内容，尽可能缩小学习与岗位操作的距离，以提高学生的职业能力，并引导广大人才爱党报国、敬业奉献、服务人民。

本教材内容主要包括生物分离与纯化技术概述、预处理及固-液分离、萃取技术、固相析出分离技术、吸附分离技术、离子交换技术、色谱分离技术、膜分离技术、浓缩与干燥技术等九个项目十七个任务。

本教材主要供药品生物技术、化工生物技术、食品生物技术类高职高专学生使用，也可供相关专业成人教育、技工学校和职业高中学生使用，或供生物类相关行业的职业技能培训、企业技术人员专业知识培训使用，同时也可作为企业工程技术人员的参考资料。

参加本教材编写的有包头轻工职业技术学院的王海峰、任志龙、张记霞、王涵、赵德胜，呼和浩特职业学院的张俊霞，内蒙古化工职业学院的韩继新、崔文静，包头师范学院的赵艳玲和内蒙古医科大学的周阳。

在编写的过程中，广泛参考和借鉴了众多专家与学者的研究成果，并得到许多企业专家的指导，在此致以诚挚的谢意。

由于生物技术发展很快，加之编者水平有限，不妥之处在所难免，恳请广大读者批评指正。

编者

目 录 CONTENTS

项目一

生物分离与纯化技术概述

知识目标

1. 掌握生物分离与纯化技术的基本概念。
2. 熟悉生物分离与纯化技术的特点。
3. 了解生物分离与纯化技术的基本原理和发展。

能力目标

能了解生物分离与纯化技术的一般工艺过程。

思政目标

通过对生物分离与纯化技术概述的学习，树立学生对生物分离与纯化技术的热爱，培养科学精神、科学态度，培养工匠精神。

任务导入

生物分离与纯化技术是指从动物细胞、植物细胞、微生物发酵液、酶反应产物等生物物料中提取、精制并加工制成高纯度的、符合规定要求的各种产品的生产技术，在生物制药或生物制品的整个生产环节中又称为下游加工技术。生物分离与纯化技术过程有别于一般的化学分离过程，它是依据目标产物的生物特殊性而采取的一系列技术处理手段的生产加工过程。

早在数千年前，我们的祖先就已利用世代相传的经验和技艺制作生活中需要的物质，但这些早期的人类生产活动都是以分散的手工业方式进行的，尚未形成科学的体系。后来，人们通过生产实践，发现不同产品的生产过程其实都是由许多相似的过程构成的，由此提出了单元操作的概念。也就是说，生物的分离与纯化技术是一门以单元操作为主线，研究生物物质的分离和纯化方法的技术学科。在自然界中，许多天然物质都是以混合物的形式存在于生物材料中，要从其中获得具有使用价值的一种或几种产品，必须对混合物进行分离和纯化，才能使加工过程进行下去，最终获得符合使用要求的产品。也就是说，人们要想利用生物技术制备目的产品，就必须依靠分离与纯化技术中的各单元操作。由此可见，生物技术和生物的分离与纯化技术具有密切的联系。没有分离与纯化技术，生物技术就无法提供产品为社会服务。

一、生物分离与纯化技术的特点

（一）生物技术产品的特性

生物技术产品是指应用微生物发酵技术、酶反应技术、动植物细胞培养技术等制得的产品，包括常规生物技术产品和现代生物技术产品。常规的生物技术产品主要有发酵生产的有机溶剂、氨基酸、有机酸、蛋白质、酶、多糖、核酸、维生素和抗生素等。现代生物技术产品主要是指采用基因工程技术生产的重组蛋白、重组多肽、抗体等。这些生物技术产品本身具有特殊性，有的是胞内产物，有的是胞外产物；有的是相对分子质量较小的物质，有的是相对分子质量很大的物质。概括起来含有生物技术产品的料液主要有以下几方面的特性：

（1）对环境敏感易失活　有些生物活性物质，如蛋白质、酶、核酸都有复杂的空间结构，对外界条件非常敏感，高温、高压、极端 pH、有机溶剂、重金属、剧烈的振荡与搅拌、空气和日光等都有可能导致其生物活性丧失。

（2）有些是胞外产物，有些是胞内产物　胞外产物由细胞产生后直接分泌到培养液中。而胞内产物最为复杂，有些是结合于质膜上或存在于细胞器内，而有些是游离在胞浆中。对于胞内产物的提取首先要破碎细胞，对于膜上的结合性产物则要选择适当的溶剂，使其从膜上溶解下来。

（3）产品在发酵液或培养液中的浓度很低　生物技术产品通常是从产物浓度很低的发酵液或培养液中提取的，而杂质含量却很高，并且这些杂质有很多与目标产物的性质很相近，有的还是同分异构体，如手性药物的剔除等。几种不同类型产品的浓度见表1-1。

表1-1　常见的目的产物在发酵液中的含量

目的产物	目的产物浓度/%（质量分数）	目的产物	目的产物浓度/%（质量分数）
细菌或酵母菌	1~8	柠檬酸	5~10
真菌（柠檬酸、青霉素生产）	1~3	胞外酶	0.5~1.0
植物细胞培养	0.1~5	维生素	0.005~0.1
动物细胞（哺乳动物细胞培养）	0.1~5	抗体	1~5
醋酸	0.2~5	乙醇	7~12

（4）产品分离困难　生物分离与纯化处理的是复杂的多组分混合的多相体系，含有细胞、代谢产物、未用完的培养基以及各种降解产物等。由于各种细胞代谢活动是网络化体系，导致在生产过程中产生一系列复杂的混合物。同时，细胞在培养过程中由于衰老和死亡，使细胞自溶而将相应组成成分释放到培养液中，不仅包含大分子物质，如核酸、蛋白质、多糖、类脂等，还包含小分子物质，如氨基酸、有机酸和碱等大量存在于代谢途径的中间产物。另外，混合物中还包含细胞和细胞碎片、培养基残余组分、沉淀物等可溶性物质，而且还包含以胶体悬浮液和粒子形态存在的组分。总之，组分的成分相当复杂。

（5）产品容易腐败变质　一般生物技术产品容易腐败、染菌、被微生物所分解或被自身的酶所破坏。

（6）产物的品质不易控制　生物技术产品的发酵生产多为分批操作，生物菌种变异性大，各批次发酵液或培养液不尽相同。另外由于生物技术产品多数是医药、生物试剂或食品等产品，必须达到药典、试剂标准和食品规范的要求，因此对最终的产品质量要求很高。

（二）生物分离与纯化技术过程的特点

从目标产物极低的悬浮液中制得最终所需的产品，必须经过一系列必要的生物分离与纯化技术过程才能实现。因此，生物分离与纯化技术是生化产品制备过程中最重要的技术手段，但由于生物技术产品的特点导致生物分离与纯化实施过程十分艰难且费用昂贵。据相关资料统计，抗生素类药物的分离纯化费用是发酵部分的3~5倍；维生素和氨基酸等药物的分离纯化费用为发酵费用的2~2.5倍；新开发的基因药物分离纯化费用可占整个生产费用的80%~90%。由此可以看出，生物分离与纯化技术直接影响着产品的总成本，制约着生物技术产品工业化生产的进程。

在生物分离与纯化过程中，要克服加工周期长、分离步骤多、控制条件严格、影响因素复杂、收率低且生产过程中不确定性较大的弊端，就必须综合运用多种现代分离与纯化技术手段，才能保证产品质量符合有效性、稳定性、均一性和纯净度的要求标准。生物分离与纯化技术过程呈现以下几个方面的特点。

（1）生物分离与纯化工艺过程设计困难　生物分离与纯化实际上是利用不同物质的各种性质差别进行分离的，设计好组分的分离顺序，选择合适的分离纯化方法异常困难。因为，对发酵液或细胞培养液的确切组分不完全清楚，及成分数据的缺乏是现在生物分离与纯化工艺共同的障碍。

（2）需多种生物分离与纯化技术手段配合使用　产物的起始浓度低，最终产品要求纯度高，常需应用多种分离与纯化技术进行多步分离，致使产物收率较低，加工成本增大。例如，发酵液中抗生素的质量分数为1%~3%，酶为0.1%~0.5%，维生素 B_{12} 为 0.002%~0.005%，胰岛素不超过 0.01%，单克隆抗体不超过0.0001%，而杂质含量却很高，并且杂质往往与目的成分有相似的结构，从而加大了分离的难度。因此，要想从原料液中得到纯度较高的产物就必须应用多种分离技术，进行多步分离，才能对目标产物进行高度浓缩与纯化。

（3）通常在温和的条件下操作　生物分离与纯化过程要尽可能迅速，缩短加工时间，避免因强烈外界因素的作用而使产品丧失生物活性。同时，生物物质自身也很不稳定，遇热、极端 pH、有机溶剂都会引起失活或分解。料液中各种有效组分通常性质不稳定，在分离过程中会发生水解，使其生物活性丧失。因此，应严格限制生物分离与纯化过程的操作条件，同时尽可能缩短加工时间。

（4）对生产环境要求严格　生物分离与纯化过程要求在无菌或密闭环境下操作，一是减少或避免与空气接触氧化和受污染的机会；二是对生物工程产品和基因工程产品还应注意生物安全问题，防止因生物体扩散对环境造成危害。

（5）必须除去对人体有害的物质　生物技术产品一般用于医药、食品及化妆品，与人类健康和生命息息相关。因此，要求生物分离与纯化过程必须除去发酵液中含有的热原，以及能引起免疫应答的异体蛋白等有害人类健康的物质，并且防止这些物质在生物分离与纯化的操作过程中从外界混入。

总之，由于生物技术产品生产所用原料的多样性、反应过程的复杂性、产品质量要求的高标准性，生物分离与纯化过程在迅速加工、缩短停留时间的前提下应做到以下几点：设计好组分的分离顺序；选择合适的生物分离与纯化方法；控制好操作温度和 pH；减少或避免与空气接触氧化和受污染的机会；防止生物体扩散污染环境；必须除去对人体有害的物质。

二、生物分离与纯化技术的基本原理

生物分离与纯化技术多种多样，通常分为机械分离和传质分离两大类。机械分离的原理是根据物质的大小、密度的差异，在外力作用下，将两相或多相分开，该过程的特点是相间不发生物质传递，如过滤、沉降、膜分离等分离过程，机械分离适用于非均相混合物。传质分离的原理是通过加入分离剂，使混合物体系形成新相，在推动力的作用下，物质从一相转移到另一相，达到分离与纯化的目的，该过程的特点是相间发生了物质传递，传质分离可用于均相混合物，也可用于非均相混合物。

某些传质分离过程利用溶质在两相中的浓度与达到相平衡时的浓度之差为推动力进行分离，称为平衡分离过程，如蒸馏、蒸发、吸收、吸附、萃取、结晶、离子交换等分离纯化过程。某些传质分离过程依据溶质在某种介质中移动速率的差异，在压力、化学位、浓度、电势和磁场等梯度所造成的推动力下进行分离，称为速率控制分离过程，如超滤、反渗透、电渗析、电泳等分离纯化过程。有些传质分离过程还要经过机械分离才能实现物质的最终分离，如萃取、结晶等传质分离过程都需经离心分离来实现液-液、固-液两相的分离。因此，机械分离的好坏也会直接影响到传质分离速度和效果，必须同时掌握机械分离和传质分离的原理和方法，合理运用各种分离技术，才能使分离与纯化的工艺过程达到生产要求。

对于不同的混合物，采用的分离方法可能相同，也可能不同；对于同一混合物，也可以采用多种分离方法进行分离；当分离要求发生变化时，所选用的分离剂也会发生变化。对于某一混合物的分离要求，有时用一种分离方法就能完成，但大多数情况下需要用两种及以上分离方法才能实现分离。有时分离在技术上可行，但经济上不一定可行，需要将几种分离技术优化组合，才能达到高效分离的目的。综上所述，对于某一混合物的分离过程，其分离工艺过程是多种多样的。

三、生物分离与纯化技术的一般工艺过程

按照生产工艺过程，生物分离与纯化主要包括原料液的预处理和固液分离、初步纯化（提取）、高度纯化（精制）和产品加工四个过程，见图 1-1。

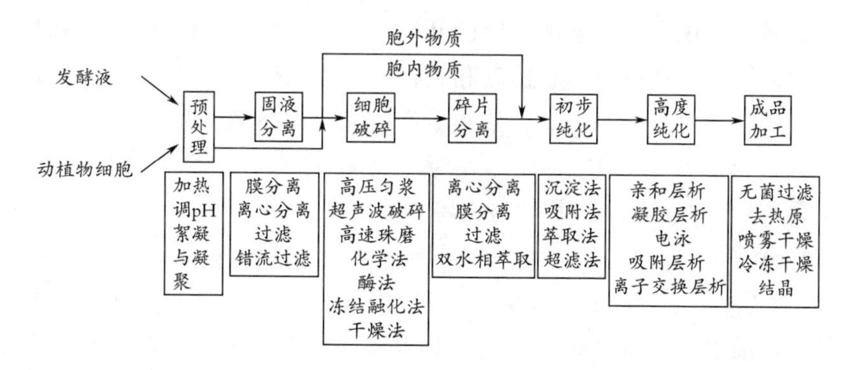

图 1-1　生物分离与纯化技术的一般工艺过程

1. 原料液的预处理和固液分离

原料液的预处理和固液分离过程是生物分离与纯化操作的第一步。常用的预处理方法有加热、调 pH、加絮凝剂等，除去部分杂质，改变料液的性质，以利于固液分离和后续操作。经膜分离、离心分离、过滤等固液分离之后，分别得到固相和液相。若目的产物在固相（如胞内产物）中，则将收集的固相（如细胞）进行细胞破碎和细胞碎片的分离，最终使目的产物存在于液相中，便于下一步的分离纯化操作。

2. 初步纯化（提取）

一般来说，生物材料具有组成复杂、所含杂质高、目的产物浓度低的特点。因此，在制备生物制品时，初步纯化阶段多利用目的产物与主要杂质性质的差异，选择适合的分离方法以去除提取液中的大部分杂质，提高目的产物的浓度，为下一步操作奠定基础。该阶段常用的方法有沉淀法、超滤法、萃取法、吸附法等。

3. 高度纯化（精制）

经过初步纯化后，原料液的体积大大缩小，目的产物的浓度已相对较高，但纯度达不到产品要求，而且杂质与目的产物性质比较相似。因此，高度纯化阶段就需要选择分辨率高的分离方法以去除提取液中残余的杂质，使目的产物达到所需的纯度。初步纯化中的某些操作，也可应用于高度纯化中。该阶段常用的方法主要是各种色谱分离技术和结晶技术。

4. 成品加工

根据产品的最终规格和用途把产品加工成一定的形式。该阶段常用的方法主要有浓缩、干燥和结晶。

四、生物分离与纯化技术的发展

人们对萃取、吸附、干燥等传统的分离与纯化技术理论研究得比较透彻，这些传统的技术在应用中，随着新材料的开发、加工制造手段的提高、各种分离技术的耦合，使这些技术得到不断提高和完善。如成功研制的各种新型高效过滤设备和萃取设备，大大提高了产品收率和生产效率；如精馏、吸收中采用新型材料制造填料，填料形状的改进，都使得精馏、吸收的效率有了较大的提高。因此，传统的分离与纯化技术随着科技的进步将有更大的发展空间。

随着科学技术的发展，对生物分离与纯化技术提出了越来越高的要求。按照“坚持面向世界科技前沿、面向经济主战场、面向国家重大需求、面向人民生命健康，加快实现高水平科技自立自强”的要求，近几年，不断有新的分离纯化技术出现，目前已形成了许多基于技术、过程和系统集成的生物分离与纯化的新技术和新工艺。该领域今后的发展方向将集中在以下几个方面：

1. 提高分离过程的选择性

主要应用分子识别与亲和作用来提高大规模分离技术的分离精度，利用生物亲和作用的高度特异性与其他分离技术如膜分离、双水相萃取、反胶团萃取、沉淀分级、色谱和电泳等相结合，相继出现了亲和过滤、亲和双水相萃取、亲和反胶团萃取、亲和沉淀、亲和色谱和亲和电泳等亲和纯化技术。

2. 强化传质过程

如将电泳与色谱耦合产生的电动色谱技术，将亲和色谱、离子交换色谱与液-固流态化技术耦合的膨胀床色谱技术等。通过强化生物分离与纯化过程的传质，可以缩短分离时间，增加处理量。

3. 生物分离与纯化过程的优化

生物分离与纯化过程的优化能产生显著的经济效应，但大多数生物分离与纯化过程目前尚处于经验状态，对其机理缺乏必要的认识，使得准确描述和控制生物分离与纯化过程变得困难。生物分离与纯化科学是一个交叉学科，需要运用化学、生物、计算机等多学科知识和工具，学科间的联合有助于在该领域取得突破。

随着科学不断发展，技术不断进步，生物分离与纯化技术也必将得到迅速发展。不论是新型分离与纯化方法的开发，还是传统分离与纯化方法的耦合与发展，都会遇到新问题和新要求，它们将不断推动分离与纯化机理的研究，促进材料制造技术的提高，从而使生物分离与纯化技术有更广阔的发展空间。

【知识链接】

模拟移动床色谱技术

模拟移动床色谱（simulated moving bed chromatography，SMB）技术，是模拟移动床技术与色谱技术的结合。其原理与单柱色谱类似，是根据样品中不同组分在固定相和流动相中的吸附和分配系数不同而实现分离，不同的是其操作模式，SMB是通过阀切换周期性地改变物料进出口的位置，模拟固定相与流动相的逆流移动来实现组分的连续分离。

通常人们将模拟移动床的分离原理形容为龟、兔在跑步机上赛跑，将跑步机的速度设在龟、兔跑步速度之间，结果是兔子从跑步机前面掉下，龟则从跑步机后面掉下，进而实现了分离。因此该技术适合于大规模连续分离，具有分离效率高、节省填料、成本低等优势。

SMB技术的不断发展使其在色谱分离领域逐渐受到重视，为了满足日益复杂和困难的分离需求，研究者从结构和填料模式等方面对SMB做了一系列改进研究，新工艺的代表主要有以下几种：

1. Varicol 工艺

异步切换 SMB 即 Varicol 工艺，是由法国 NOVASEP 公司开发的一项非常规 SMB 操作工艺，是对传统 SMB 技术的一种改进，其操作原理是基于循环周期内进出口位置的不同步切换。与传统 SMB 相比，Varicol 工艺各区中的色谱柱分布随时间变化，而且柱个数不局限于整数，提高了各区中固定相的利用率，灵活度更高，分离效果更好，尤其对于手性固定相，可大大节约成本。

2. ModiCon 操作工艺

ModiCon 操作工艺是通过改变进料浓度来实现的。在起始阶段，当强吸附组分谱带前沿经过进料口位置时，降低进料浓度，可降低强吸附组分谱带前沿上各个浓度点的迁移速率，减缓强吸附组分谱带前沿的迁移；同样在结束阶段，当弱吸附组分谱带后沿经过进料口位置时增加进料浓度，可增强弱吸附组分谱带后沿上各个浓度点的迁移速率，加速弱保留组分的迁移，改善分离效率。

3. 梯度 SMB

梯度 SMB 可在各区采用溶剂梯度、温度梯度或压力梯度等操作，适当调整优化各区其他操作条件，使样品在最佳条件下分离。如对于手性化合物适当采用温度梯度，可以使分离性能大大提高。与传统的等度条件相比，梯度 SMB 分离的纯度和生产率显著提高且溶剂消耗量相对较少。

4. 模拟移动床色谱反应器（SMBR）

为将反应和分离耦合在一起，实现集成反应和分离，出现了模拟移动床反应器（simulated moving bed reactor，SMBR）。在 SMBR 中，由于不断将反应产物分离出，打破了反应平衡限制，实现了反应物的完全转化，提高了反应效率，降低了成本。

SMB 的应用起源于石油化工，目前已拓展到食品、药品及天然产物等领域，引导了 SMB 技术在更广阔领域的新发展和新应用。SMB 因具有节约固定相、流动相、人力资源和成本，能够连续生产且容易实现工业规模化制备等优点，在石油化工、食品、药品等领域都获得了很大的发展。未来模拟移动床色谱技术仍有很大的发展空间，在糖类分离领域仍需积极探索多元组分的分离，联合模拟移动床色谱反应器对不同糖类及其衍生物进行研究，实现反应与分离的连续化生产，进一步扩大生产规模，提高产品纯度和质量。在分离手性化合物方面，进一步寻找合适的手性固定相，提高选择性和产率。此外，目前模拟移动床色谱技术的建模及计算都很复杂且需要借助特定的软件。未来在简化模拟移动床优化及计算方法方面仍需要进行大量的研究工作。

【知识梳理】

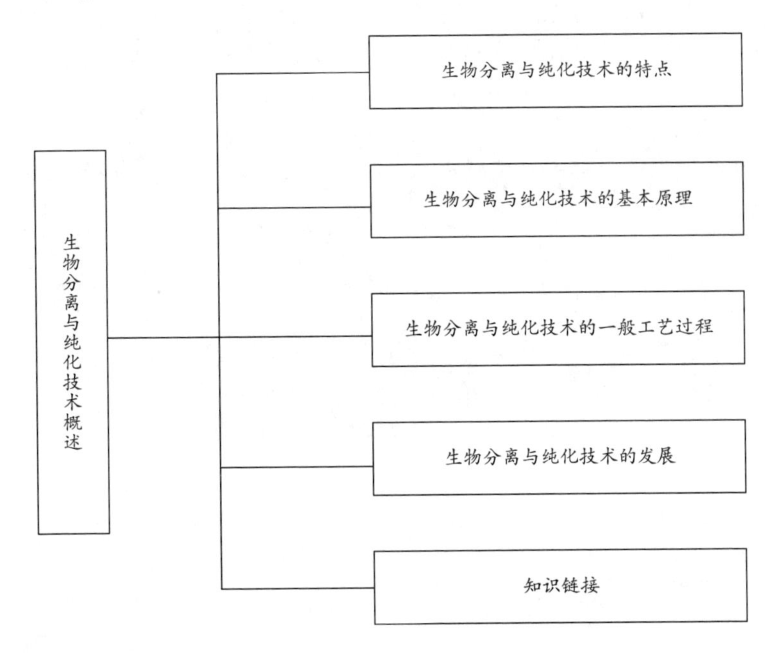

【目标检测】

一、名词解释

生物分离与纯化技术；平衡分离过程；速率控制分离过程。

二、填空题

1. 从目标产物极低的悬浮液中制得最终所需的________，必须经过一系列必要的____________过程才能实现。

2. 生物分离与纯化技术多种多样，通常分为________和________两大类。

3. 机械分离的特点是相间________物质传递，传质分离的特点是相间________物质传递。

4. 按照生产工艺过程，生物分离与纯化主要包括原料液的________、________、________和________四个过程。

三、简答题

1. 生物技术产品的特性有哪些？

2. 生物分离与纯化技术过程的特点包括哪些？

3. 简述生物分离与纯化技术的一般工艺过程。

项目二 预处理及固-液分离

常用的预处理方法和杂质去除方法

任务一 发酵液的预处理

知识目标

1. 掌握发酵液预处理的目的。
2. 熟悉发酵液预处理的主要方法及原理。

能力目标

能独立完成发酵液预处理的具体操作，能针对不同的生物材料选择预处理方法。

思政目标

通过发酵液的预处理的学习，培养学生做事认真负责的劳动精神。

任务导入

微生物发酵和细胞培养的目标产物主要有菌体（或细胞）、胞内产物和胞外产物三类物质。从发酵液和细胞培养液中提取所需的生化物质，第一步就需进行预处理，然后进行固–液分离，将固、液分离开，才能进一步采用物理、化学的方法，从液相中提取目的产物，或从固相（细胞）出发进行细胞破碎、碎片分离和胞内产物提取。

预处理的目的主要有两个：①改变发酵液的过滤特性，以利于固–液分离。主要方法有加热、调整 pH、凝聚和絮凝、加入助滤剂、加入反应剂等；②去除发酵液中部分杂质，以利于后续各工序的顺利进行。

一、发酵液过滤特性的改变

1. 降低发酵液黏度

降低发酵液黏度可有效提高过滤速度。降低发酵液黏度的常用方法有加水稀释法和加热法等。

（1）加水稀释法　加水稀释法能降低发酵液的黏度，但会增加液体的体积，加大了后续过程的处理任务。针对过滤操作而言，稀释后过滤速率提高的百分比必须大于加水比，才被认为有效，即若加水一倍，则稀释后液体黏度应下降一半以上，过滤速率才能得到有效提高。

（2）加热法　加热是发酵液预处理最简单、最常用的方法。加热可有效降低发酵液黏度，提高过滤速率。同时，在适当温度和受热时间下可使蛋白质凝聚，形成较大颗粒的凝聚物，进一步改善发酵液的过滤特性。该方法适用于耐热性的目的产物提取。

2. 调节 pH

溶液的 pH 可影响发酵液中某些物质的电离和电荷性质，因此，适当调节发酵液的 pH，可使部分物质发生凝聚现象，使固–液分离变得容易。如对于发酵液中的杂蛋白，可利用调节发酵液的 pH，使其接近于杂蛋白的等电点，然后利用等电点沉淀除去。

3. 凝聚和絮凝

凝聚和絮凝都是预处理的重要方法，主要作用是增大发酵液中悬浮粒子的体积，加速颗粒的沉降，提高过滤速度，同时可除去一些杂质。

（1）凝聚　凝聚是指在某些电解质作用下，破坏细胞、菌体和蛋白质等胶体粒子表面所带的电荷，降低双电层电位，使胶体粒子聚集的过程。加入的电解质称为凝聚剂。

凝聚的基本原理就是发酵液中细胞、菌体或蛋白质等胶体粒子表面都带有同种电荷，主要是吸附溶液中的离子或自身基团的解离，通常菌体或细胞带负电荷，使得这些胶体粒子之间相互排斥，保持一定距离而不互相凝聚。另外，这些胶体粒子和水有高度的亲和性，其表面很容易吸住水分，形成一层水化膜，也能阻碍胶体粒子间的直接聚集，从而使胶体粒子呈分散状态。如果在发酵液中加入电解质，就能中和胶体粒子的电性，夺取胶体粒子表面的水分子，破坏其表面的水化膜，从而由于热运动使胶体粒子互相碰撞而聚集起来。

常用的凝聚剂大多为无机盐类电解质和金属氧化物类。前者如 $AlCl_3 \cdot 6H_2O$、$KAl(SO_4)_2 \cdot 12H_2O$（明矾）、$FeCl_3$、$ZnSO_4$、$MgCO_3$ 等。后者如 Fe_3O_4、$Al(OH)_3$、$Ca(OH)_2$ 等。

（2）絮凝　是指使用某些高分子絮凝剂将胶体粒子交联成网，形成较大（10mm）絮凝团的过程。其中絮凝剂主要起架桥作用。

絮凝剂一般为高分子聚合物，易溶于水，长链状结构，其相对分子质量可高达数万至1000万以上，在其长的链节上含有许多活性官能团，可以带有电荷（如阴离子或阳离子），也可以不带电荷（如非离子型）。它们通过静电引力、范德华力或氢键的作用，强烈地吸附在胶粒的表面。一个高分子聚合物的许多链节分别吸附在不同的胶粒表面上，产生桥架连接时，就形成了较大的絮团，这就是絮凝作用。

目前，最常用的絮凝剂是人工合成的高分子聚合物，根据活性功能基团所带电荷不同，可以分为非离子型、阴离子型（含羧基）和阳离子型（含胺基）三类。常用的凝聚剂有聚丙烯酰胺类、聚合铝盐或聚合铁盐、海藻酸钠、明胶等。其中聚丙烯酰胺类絮凝剂具有用量少（一般以 mg/L 计量），絮凝速度快，絮凝体粗大，分离效果好，种类多等优点，应用范围广。

4. 加入助滤剂

助滤剂是一种不可压缩的多孔微粒，它能使滤饼疏松，吸附胶体，扩大过滤面积，滤速增大。助滤剂的添加可以改善发酵液过滤性质。助滤剂作为胶体粒子的载体，均匀地分布于滤饼层中，相应地改变了滤饼结构，降低了滤饼的可压缩性，也就减小了过滤阻力。目前常用的助滤剂有硅藻土、纤维素、石棉粉、珍珠岩、淀粉等。

5. 加入反应剂

在某些情况下，可向发酵液中添加一些可消除某些杂质，但又不影响目的物的反应剂，以达到提高过滤速率的目的。该法通常是利用反应剂和某些溶解性盐类发生反应生成不溶解的沉淀。生成的沉淀能防止菌丝体黏结，使菌丝具有块状结构，沉淀本身即可作为助滤剂，并且还能使胶状物和悬浮物凝固，消除发酵液中某些杂质对过滤的影响，从而改善过滤性能。如环丝氨酸发酵液用氧化钙和磷酸处理，生成磷酸钙沉淀，能使悬浮物凝固，多余的磷酸根能除去钙离子和镁离子，并且在发酵液中不会引入其他阳离子，以免影响环丝氨酸的离子交换吸附。

二、杂质的去除

1. 高价金属离子的去除

由于培养基或水中含有无机盐，发酵液中往往存在许多无机离子，主要的高价金属离子有 Ca^{2+}、Mg^{2+}、Fe^{3+} 等。后续的分离与纯化工艺中在采用离子交换法提取时，这些高价金属离子会影响树脂对生化物质的交换容量。因而需要在预处理时去除。

（1）去除 Ca^{2+}　在发酵液中加入草酸，可除去钙离子，同时草酸可酸化发酵液，使发酵液的胶体状态改变，并且有助于产物转入液相。由于草酸的溶解度较小，用量大时，可用其可溶性盐，如草酸钠。反应生成的草酸钙还能促使蛋白质凝固，改善发酵液的过滤性能。

（2）去除 Mg^{2+}　也可用草酸，但草酸镁溶解度较大，沉淀不完全，利用草酸沉淀很难去尽镁离子。一般加入三聚磷酸钠，三聚磷酸钠与镁离子形成的可溶性络合物，即可消除对离子交换树脂的影响。反应式见式（2–1）。

$$Na_5P_3O_{10}+Mg^{2+} \longrightarrow MgNa_3P_3O_{10}+2Na^+ \tag{2-1}$$

（3）去除 Fe^{3+}　发酵液中铁离子，一般用黄血盐除去，使其形成普鲁士蓝沉淀，反应式见式（2–2）。

$$3K_4Fe(CN)_6+4Fe^{3+} \longrightarrow Fe_4[Fe(CN)_6]_3\downarrow+12K^+ \tag{2-2}$$

2. 杂蛋白的去除

在发酵液中除了上述高价金属离子外，还存在可溶性杂蛋白。对于可溶性杂蛋白，如果任其进入滤液，将给以后工艺的分离提取工作带来极大的不便。主要影响有：在采用离子交换法和大网格树脂吸附法提取时会降低交换容量和吸附能力；在采用有机溶剂或双水相萃取时，易产生乳化现象，使两相分离不清；在常规过滤或膜过滤时，杂蛋白会使过滤介质堵塞，滤速下降，污染滤膜等。因此，在预处理时，应尽量除去这些杂质。

去除杂蛋白的方法较多，常用的有等电点沉淀法、变性沉淀法、吸附法等。

（1）等电点沉淀法　蛋白质在等电点时溶解度最小，可使其产生沉淀而除去。一般羧基的解离度比氨基大，故蛋白质的酸性性质通常强于碱性，因而很多蛋白质的等电点都在酸性范围（pH 4.0~5.5）。在抗生素的生产过程中，一般将发酵液的 pH 调至 4~5 的偏酸性范围或 7.5~8.5 的偏碱性范围内，使蛋白质凝固，一般以酸性下除去的蛋白质较多。常用的酸化剂有盐酸、磷酸、硫酸等。蛋白质在等电点仍有一定的溶解性，单靠等电点法不能完全除去杂蛋白，通常与其他方法结合使用。

（2）变性沉淀法　蛋白质从有规则的排列变成不规则结构的过程称为变性，变性蛋白质在水中的溶解度较小而产生沉淀。常用的使蛋白质变性的方法有：加热，大幅度改变pH，加乙醇、丙酮等有机溶剂，加重金属离子，加表面活性剂等。如链霉素生产中，采用调pH至酸性（pH 3.0），加热至70℃，维持30min的方法来使蛋白质变性，能使过滤速度增大10～100倍，滤液黏度可降低1/6。又如柠檬酸发酵液，可加热至80℃以上，使蛋白质变性凝固和降低发酵液黏度，从而大大提高了过滤速度。但采用变性法有一定的局限性，加热法只适合于对热较稳定的目的产物；极端pH会导致某些目的产物失活，并且要消耗大量酸碱；有机溶剂法通常只适用于所处理的液体体积较少的情况。

（3）吸附法　该法是加入某些吸附剂或沉淀剂吸附杂蛋白而使之除去。例如：在枯草芽孢杆菌发酵液中，加入氯化钙和磷酸氢二钠，两者生成磷酸钙沉淀物，沉淀物不仅能吸附杂蛋白、菌体及其他不溶性粒子，还能起助滤剂作用，提高过滤速率。

3. 不溶性多糖的去除

当发酵液中含有较多不溶性多糖时，黏度增大，液固分离困难，可用酶解法将发酵液中的不溶性多糖物质酶解为单糖，以提高过滤速度。例如，在蛋白酶发酵液中加α-淀粉酶，能将培养基中多余的淀粉水解成单糖，可使过发酵液黏度降低，提高过滤速度。

4. 有色物质的去除

在发酵的过程中，培养基本身可能带入色素，如糖蜜、玉米浸出液等，使得发酵液的颜色加深；此外，微生物在代谢过程中，本身也可能产生有色物质。从提高产物的质量的观点来看，必须除去发酵液中有色物质。一般使用活性炭、离子交换树脂等吸附剂来脱色。如柠檬酸发酵液用活性炭脱色、果胶酶发酵液用盐型强碱性阴离子交换树脂脱色等。

【知识链接】

发酵液的组成

发酵液组成很复杂，除微生物菌体及残存的固体培养基外，还有未被微生物完全利用的糖类、无机盐、蛋白质，以及微生物的各种胞内外代谢产物。常见发酵液中微生物细胞的组成如表2-1所示。

表2-1　常见发酵液中微生物细胞的组成

微生物类型	蛋白质/%	核酸/%	多糖/%	类脂物/%	微生物类型	蛋白质/%	核酸/%	多糖/%	类脂物/%
细菌	40～70	13～34	2～10	10～15	丝状真菌	10～25	1～3	<10	2～9
酵母	40～50	4～10	<15	1～6	藻类	10～60	1～5	<15	4～80

在工业发酵液中存在多种悬浮粒子，粒子的形状及大小直接影响发酵液处理的难易及回收费用。发酵液中典型的悬浮粒子的形状和大小如图 2–1 所示。

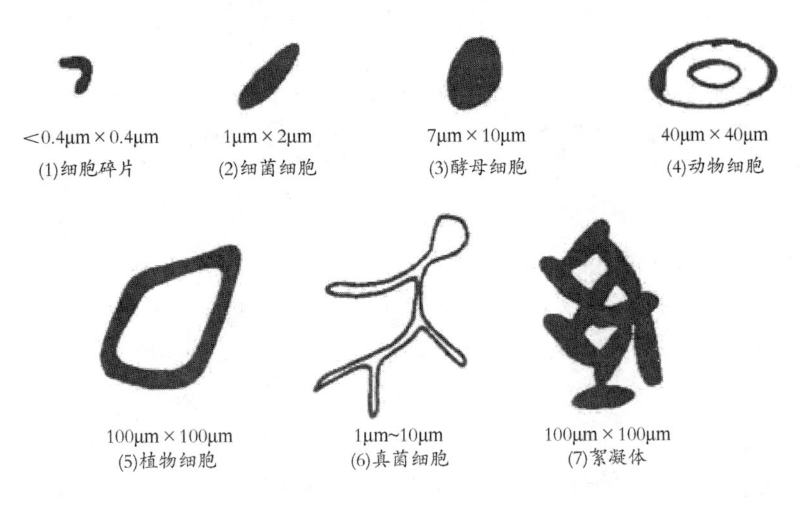

图 2–1 发酵液中典型的悬浮粒子的形状和大小

固–液分离速度通常与黏度成反比，黏度越大，固–液分离越困难。影响发酵液黏度的因素如下：

(1) 菌体的种类和浓度（重要因素），通常丝状菌、动物或植物细胞悬浮液黏度较大，浓度增大，黏度也提高。

(2) 培养液中蛋白质、核酸大量存在，黏度增大。

(3) 细胞破碎或细胞自溶后黏度增大。因此细胞破碎的程度应控制，发酵放罐时间要适宜。

(4) 培养基成分：如用黄豆粉、花生粉作氮源，淀粉作碳源，黏度都会升高。

(5) 某些染菌发酵液，如染细菌，则黏度会增大。

(6) 发酵过程的不正常处理，如有大量过剩的培养基和消泡剂的加入，都会使黏度增大。

实训案例1 青霉素发酵液预处理

一、实训目的

1. 掌握发酵液预处理的方法。

2. 学会用絮凝法处理青霉素发酵液蛋白质的方法。

二、实训原理

青霉素发酵液预处理的主要目的是进行发酵液菌丝分离，分离过程中发酵液中的菌丝自溶、滤液中的蛋白质会增多，过滤后虽能除去大部分非水溶性的杂质和部分水溶性杂质，但残留的部分杂质蛋白不可能完全去除，且具有表面活性。

在进行乙酸丁酯萃取时可引起乳化，使有机相与水相难以分层，因此预过滤是非常重要的一个环节。为了有效地去除发酵液中的蛋白质，需加入絮凝剂。絮凝剂是一种能溶于水的高分子化合物，含有很多离子化基团（如—NH_2，—COOH，—OH）。

絮凝剂的使用主要在于增大发酵液中悬浮粒子的体积，提高固液分离速度和滤液质量。用絮凝剂对青霉素发酵液预处理，去除蛋白质，从而保证下一步提取单元操作。

三、实训材料

材料：生产发酵液、絮凝剂。

斜面种子→活化→种子培养→发酵培养→发酵液

仪器：布氏漏斗、抽滤瓶等。

四、实训操作步骤

取20mL絮凝剂加在1000mL发酵液中，搅拌10min，再静置10min，然后抽滤，抽滤结束后，用2倍的水稀释；同时用发酵液作对照。

五、思考题

1. 青霉素发酵液预处理的目的是什么？

2. 为什么要去除发酵液中的蛋白质？

六、注意事项

1. 发酵液在萃取之前需预处理，发酵液加少量絮凝剂沉淀蛋白，然后经过滤，除掉菌丝体及部分蛋白。

2. 青霉素易降解，发酵液及滤液应冷却至10℃以下，过滤收率一般90%左右。

3. 滤液pH 6.27~7.2，蛋白质含量0.05%~0.2%，需要进一步除去蛋白质。

任务二 细胞破碎

知识目标

1. 掌握细胞破碎的原理及方法。

2. 理解细胞破碎率的评价方法。

3. 了解细胞破碎方法的选择依据。

能力目标

会对细胞破碎效果进行评价，能根据不同的细胞选择适当的破碎方法，能熟知细胞破碎所用设备的操作规程。

思政目标

通过细胞破碎的学习，培养学生爱岗敬业、诚实守信的职业道德，自觉践行职业精神和职业规范。

任务导入

许多生物活性物质在发酵（或细胞培养）过程中不能分泌到细胞外，而是存在于细胞内。特别是蛋白质、基因重组产品以及部分植物细胞产物等都是胞内物质，这类生物活性物质进行分离纯化的第一步是收集细胞并将细胞破碎，使目标产物释放出来，然后进行分离纯化。

细胞破碎技术是指采用物理、化学、酶或机械的方法，在一定程度上破坏细胞壁和细胞膜，使细胞内容物包括目的产物释放出来的技术。通常细胞膜强度较差，容易受冲击而破碎，而细胞壁较坚韧，因此破碎的阻力来自细胞壁。各种生物的细胞壁的结构和组成不完全相同，主要取决于遗传和环境因素，因此细胞破碎的难易程度也不同。

一、细胞破碎的方法

为了适应不同用途和不同类型的细胞破碎，目前已发展出了多种细胞破碎方法，按照是否存在外加作用力，可分为机械法和非机械法两大类。其中，机械法中细胞所受的机械作用力主要有挤压力、剪切力等，非机械法主要利用物理法或化学试剂等改变细胞壁或细胞膜的结构而释放胞内物质。

细胞破碎方法

（一）机械法

机械法是指细胞受到挤压、剪切和撞击等外力作用，细胞壁结构被破坏，导致细胞内容物释放出来的细胞破碎方法。

1. 高压匀浆法

高压匀浆法由于其操作参数少，易于确定；样品损失量少，在间歇处理少量样品方面具有较好的效果。目前在实验室和工业生产上都已得到应用，是大规模破碎细胞的常用方法，适合于酵母和大多数细胞的破碎。对于易造成堵塞的团状或丝状真菌以及一些易损伤匀浆器的、质地坚硬的亚细胞器一般不适用。

图 2–2 是高压匀浆器的结构示意图，它由高压泵和匀浆阀组成。高压匀浆器

的工作原理是：细胞悬浮液在高压作用下从阀座与阀之间的环隙高速（速度可达450m/s）喷出后撞击到碰撞环上，细胞在受到高速撞击作用后，急剧释放到低压环境，在撞击力和剪切力等综合作用下而破碎。

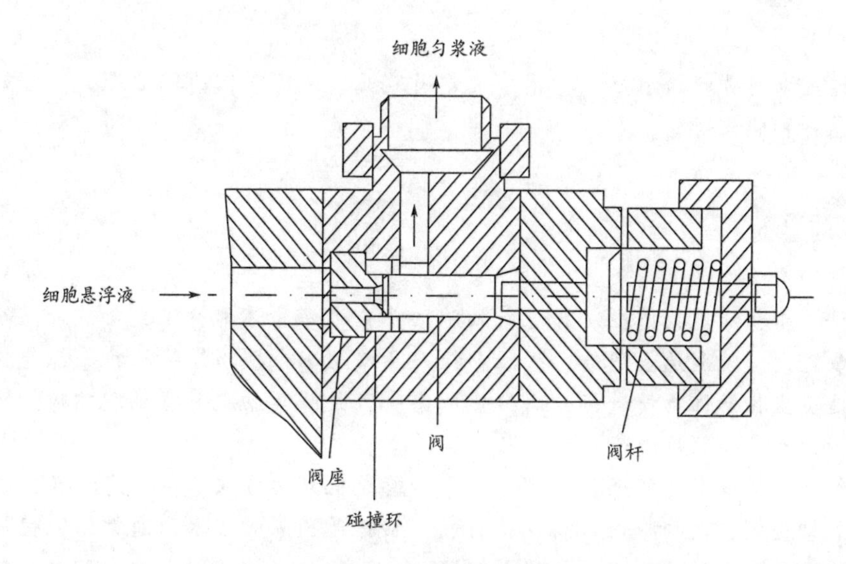

图 2-2　高压匀浆器的结构示意图

在高压匀浆机的操作中，影响高压匀浆破碎的因素主要有压力、温度和菌液通过匀浆阀的次数。

（1）温度　利用高压匀浆破碎细胞时，破碎率随温度的升高而增加。如当悬浮液中酵母浓度为450~750kg/m^{3}时，操作温度由5℃提高到30℃，破碎率约提高1.5倍。在工业生产中，如果目的产物是热敏性物质，为防止其在破碎过程中发生变性，可以在进口处用干冰调节温度，使出口温度调节在20℃左右。

（2）压力　利用高压匀浆破碎细胞时，操作压力的合理选择非常重要。一般来说，提高压力在提高破碎率的同时，往往伴随着能耗的增加。高压匀浆机的操作压力通常为50~70MPa，工业上所用的高压匀浆机的操作压力一般为55MPa。一般来说，压力每升高100MPa会多消耗3.5kW能量，温度将提高2℃。当压力超过70MPa时，细胞破碎率上升较为缓慢，而且能耗增加，压力升高将引起高压匀浆机排出阀剧烈磨损。

（3）菌液通过匀浆阀的次数　在操作方式上，可以采用单次通过匀浆器或多次循环通过等方式进行破碎。菌液一次通过高压匀浆机的细胞破碎率为12%~67%，要达到90%以上的细胞破碎率，起码要将菌液通过高压匀浆机两次。在工业生产中，对于酵母等难破碎的及浓度高或处于生长静止期的细胞，常采用多次循环的操作方法方可达到较高的破碎率。

2. 高速珠磨法

高速珠磨法是一种有效的细胞破碎方法，在工业生产中，高速珠磨机是该法所用的设备。图 2–3 为高速珠磨机结构示意图，主体一般是立式或卧式圆筒形腔体，由电动机带动。其工作原理是：进入珠磨机的细胞悬浮液与玻璃小珠、石英砂或氧化铝等研磨剂一起快速搅拌，研磨剂、珠子与细胞之间不断碰撞，产生剪切力，使细胞破碎，释放出内含物。在珠液分离器作用下，珠子被滞留在破碎室内，浆液流出，从而实现连续操作，破碎中产生的热量由夹套中的冷却剂带走。

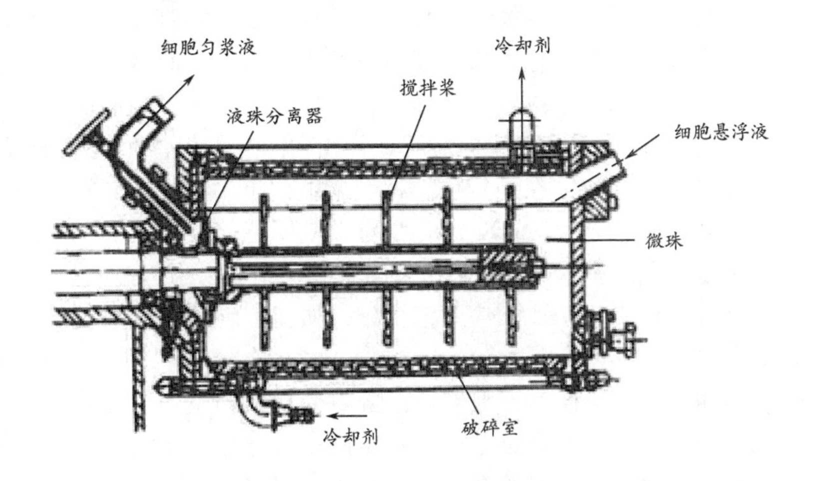

图 2–3　高速珠磨机结构示意图

高速珠磨法的破碎效果常受搅拌速度、细胞悬液的进料速度、珠粒大小和数量、细胞悬液的浓度、温度等多种操作参数的影响。一般来说，同一进料速度，细胞悬液的浓度越高，则破损率越高，所需能耗越低；但对同一细胞悬浮液来说，破碎的能耗与破碎率成正比，若要提高破碎率，则需采用增加装珠量，或延长破碎时间，或提高转速等措施方可完成。

高速珠磨法简单稳定，破碎率易控制，处理量大，速度快，在工业生产上主要适合于动物组织、细菌及植物组织细胞的大规模破碎。但操作参数多，一般需凭经验估计；且在破碎期间样品温度迅速升高等因素，都极大地限制了高速珠磨法的应用推广。

3. 超声波法

超声波法是利用超声波破碎仪发射频率超过 15~20kHz 波，在较高的输入功率下，处理细胞悬液，使细胞急剧振荡破裂，此法多用于微生物和组织细胞的破碎。超声波破碎细胞的原理尚不完全清楚，普遍认为其破碎机理是与空穴现象引起的冲击波和剪切力有关，即空穴作用产生的空穴泡由于又受到超声波的冲击而闭合，从而产生一个极为强烈的冲击压力，由此而引起悬浮细胞上产生了剪切力，使细胞内液体产生流动而使细胞破碎。

超声波处理细胞悬浮液时，破碎作用受许多因素的影响，如超声波的频率、液体温度、压强和破碎时间等。此外介质的离子强度、pH 和菌种性质等也有很大影响。对于不同的菌种，超声波处理的效果不同。相比而言，杆菌比球菌容易破碎，革兰阴性菌细胞比革兰阳性菌细胞容易破碎，对酵母菌的效果最差。一般来说，用超声波处理杆状菌时，破碎 30s 即可破碎完全，对于酵母悬浮液来说，则需 30min，甚至更长。为了防止电器长时间运转产生过多的热量，可采用间歇处理和降低温度的方法。

由于超声波处理少量样品时操作简便，液量损失少，重复性较好，目前在实验室规模应用较普遍。但是操作时应注意以下几点：首先，使用超声波破碎必须控制强度在一定限度，强度过高产生泡沫，容易导致某些活性物质失活；过低则将会降低破碎效率。最好通过实验提前调试，找到刚好低于产生泡沫的强度点。正式进行超声波破碎时，仅需在预定位置稍做调整即可。其次，空穴作用是超声波破碎细胞的直接原因，超声波产生的化学自由基团能使某些敏感性活性物质变性失活，所以要加一些巯基保护剂。再次，超声波振荡容易引起温度的剧烈上升，且散热困难，操作时应考虑采取相应降温措施，如在细胞悬浮液中投入冰或在夹套中通入冷却剂进行冷却。

超声波破碎也可以进行连续细胞破碎，图 2-4 为实验室连续破碎池的结构示意图。其核心部分由一个带夹套的烧杯组成，在这个超声波反应器内，有 4 根内环管，由于声波振荡能量会泵送细胞悬浮液循环，将细胞悬浮液进出口管插入烧杯内部去，就可以实现连续操作。在破碎时，对于刚性细胞可以添加细小的珠粒，以产生辅助的研磨效应。

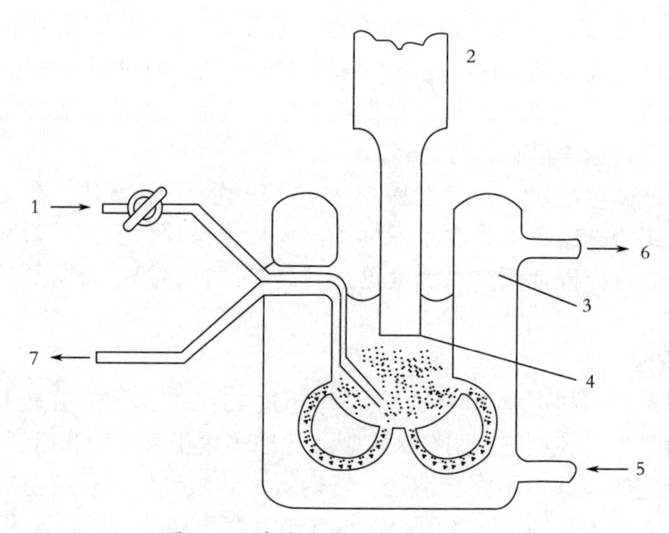

图 2-4　连续破碎池的结构示意图

1—细胞悬浮液入口　2—超声探头　3—冷却水夹套　4—超声嘴　5—冷却水入口　6—冷却水出口　7—细胞悬浮液出口

（二）非机械法

非机械法是指利用物理或化学的手段，破坏细胞的细胞壁、细胞膜结构，导致细胞内容物释放出来的细胞破碎方法。目前常用的非机械法有渗透压冲击法、冷冻–融化法、化学法、酶解法、干燥法、冷热交替法等。每种方法各具特点，也都存在不同的问题。

1. 渗透压冲击法

细胞膜为天然的半透膜，在低渗溶液中，由于存在渗透压差，溶剂分子大量进入细胞，引起细胞膜胀破释放出细胞内含物的现象称为渗透压冲击法。例如，红细胞置于清水中会迅速溶胀破裂并释放出血红素。

常规的渗透压冲击法是将一定体积的细胞液加入2倍体积的水中，由于细胞中的溶质浓度高，水会不断渗入细胞内，致使细胞膨胀变大，最后导致细胞破裂。

现在的渗透压冲击法已发展到预先用高渗透压的介质浸泡细胞来进一步增加渗透压。通常是将细胞放在高渗溶液中（如一定浓度的甘油或蔗糖溶液），由于渗透压的作用，细胞内水分便向外渗出，细胞发生收缩，当达到平衡后，将介质快速稀释，或将细胞转入水或缓冲液中，由于渗透压的突然变化，水迅速进入细胞，引起细胞膨胀破裂，从而将产物释放出来。

渗透压冲击法是细胞破碎法中较温和的一种，适用于细胞壁较脆弱的细胞，或者细胞壁预先用酶处理的细胞，如动物细胞和革兰阴性菌。

2. 冷冻–融化法

冷冻–融化法是将细胞放在低温（–15℃）下，然后在室温中融化，反复多次，使细胞壁破裂。其原理是：一方面在冷冻过程中会促使细胞膜的疏水键结构破裂，从而增加细胞的亲水性能；另一方面，冷冻时胞内水结晶，形成冰冻晶粒，引起细胞膨胀而破裂。

特点：冷冻–融化法对于存在于细胞质周围靠近细胞膜的胞内物质的释放较为有效，但通常破碎率很低，即使反复循环多次也不能提高破碎率。此外，由于反复冷冻融化，还可能引起对冻融敏感的某些蛋白质的变性。因此，此法多用于动物细胞，对微生物细胞作用较差。

3. 化学法

采用化学试剂处理细胞可以溶解细胞或抽提某些细胞组分。常用酸、碱、表面活性剂和有机溶剂等化学试剂。

酸处理细胞易使蛋白质水解成游离氨基酸，一般采用6mol/L HCl处理。

碱处理细胞是将碱加入细胞悬浮液中，碱和细胞壁进行多种反应，可以溶解除去细胞壁以外的大部分成分，也容易使蛋白质变性，反应激烈，不具选择性，但较便宜。碱处理是一种不常用的方法。

表面活性剂能引起细胞溶解或使某些组分从细胞内渗透出来，此法是将体积为细胞体积两倍的某浓度的表面活性剂加入细胞中。表面活性剂能将细胞壁破碎，制成的悬浮液可用离心分离除去细胞碎片，再用吸附柱或萃取剂分离制得产品。其原理是：表面活性剂的化学结构中有一个亲水基团，通常是离子，一个疏水基团，通常是羟基，因此既能和水作用也能和脂作用，可以溶解细胞膜或细胞壁上的脂溶性物质，而达到溶胞的作用。如在含胞内异淀粉酶的悬液中加入 0.1g/100mL 十二烷基磺酸钠（SDS），在 30℃ 振荡 30h，就能较完全地将异淀粉酶抽提出来，且酶的比活力较机械破碎法的高。

某些脂溶性的有机溶剂如丁醇、丙酮、氯仿等，也能溶解细胞膜上的脂类化合物，使细胞结构破坏，而将胞内产物抽提出来。但是这些溶剂易引起生化物质变性，一般在低温下进行，使用后，应迅速将有机溶剂回收。

与机械法相比，化学法的优点是可避免产生大量细胞碎片，从而简化后续处理步骤。缺点是时间长、效率低；化学试剂毒性强，同时对产物也有毒害作用，进一步分离时需要用透析等方法除去这些试剂；通用性差，即某种试剂只能作用于某些特定类型的微生物细胞。

4. 酶解法

酶解法是利用酶反应分解破坏细胞壁上特殊的键，从而达到破碎的目的。酶解法可以在细胞悬浮液中加入特定的酶，也可以采用自溶作用。

利用酶解法处理细胞时，必须根据细胞的结构和化学组成选择合适的酶制剂。一般来说，溶菌酶比较适合用于微生物细胞，它可以专一性地分解细胞壁上某些分子中的 β-1，4-糖苷键，使糖蛋白和脂多糖分解，经溶菌酶处理后的细胞移至低渗溶液中，细胞就会破裂。真核细胞的细胞壁不同于原核细胞，需采用不同的酶。如破坏植物细胞壁需用纤维素酶，而破坏酵母细胞壁时，则需运用多种酶进行复合处理。常见的处理酵母细胞的方法是：将酵母细胞悬于 0.1mol/L 柠檬酸-磷酸氢二钠缓冲液（pH 5.4）中，加入 1g/100mL 蜗牛酶，在 30℃ 处理 30min，即可使大部分细胞壁破裂，如同时加入 0.2%巯基乙醇效果会更好。此法可以与研磨联合使用。

自溶作用是利用微生物自身产生的酶来溶菌，而不需要外加其他酶。在微生物代谢过程中，大多数都能产生一种能水解细胞壁的酶，以便生长过程继续下去。有时改变其生长环境，可以诱发产生过剩的这种酶，以达到自溶目的。影响自溶过程的因素有温度、时间、pH、缓冲液浓度、细胞代谢途径等。微生物细胞自溶常采用加热法或干燥法。例如，谷氨酸产生菌，加入 0.02mol/L Na_2CO_3- $NaHCO_3$ 缓冲液（pH10），制成 3g/100mL 的悬浮液，加热至 70℃，保温搅拌 20min，菌体即自溶。

采用抑制细胞壁合成的方法可导致类似酶解的结果。某些抗生素如青霉素或环丝氨酸等，能阻止新细胞物质的合成。但是抑制剂加入的时间很重要，应在发酵过程中细胞生长的后期加入，只有当抑制剂加入后，生物合成和再生还在继续，溶胞的条件才是有利的，这是因为在细胞分裂阶段，细胞壁就造成缺陷，即达到溶胞作用。

酶解法是细胞破碎的有效方法之一，其专一性强，发生酶解的条件温和，反应迅速且选择性强；但其价格昂贵，通用性差，不同微生物需选择不同的酶，有一定局限性，不适宜大量的目的产物提取；同时，由于大部分酶制剂也是蛋白质，很容易给进一步纯化带来困难，这些因素使得此法很难适用于大规模生产。

5. 干燥法

干燥法是采用空气干燥、真空干燥、喷雾干燥和冷冻干燥等措施来干燥细胞，经干燥后的菌体，其细胞膜的渗透性发生变化，当用丙酮、丁醇或缓冲液等溶剂处理时，胞内物质就会被抽提出来。

空气干燥主要适用于酵母菌，一般在25~30℃的气流中吹干，然后用水、缓冲液或其他溶剂抽提。真空干燥适用于细菌的干燥。冷冻干燥适用于不稳定的生化物质，制备时只需将冷冻干燥后的菌体在冷冻条件下磨成粉，然后用缓冲液抽提即可获得。干燥法条件变化较剧烈，容易引起蛋白质或其他组织变性，所以应根据待提取物质的性质决定能否使用。

6. 冷热交替法

冷热交替法是将细胞悬浮液在90℃时维持数分钟，立即放入冰水中使之冷却，如此反复多次，绝大部分细胞可以被破碎。从细菌或病毒中提取蛋白质和核酸时可用此方法。

二、细胞破碎率的评价

对细胞破碎率的评价是了解某种破碎方法效率的最好途径，目前，常用直接计数法和间接计数法两种方法对细胞破碎率进行评价。

细胞破碎率是指被破碎细胞的数量占原始细胞数量的百分数，见式（2-3）。

$$Y = \frac{N_0 - N}{N_0} \times 100\% \tag{2-3}$$

式中　N_0——原始细胞数量

N——经 t 时间操作后保留下来的未损害的完整细胞数量

目前，N_0 和 N 主要通过下面的方法获得。

1. 直接计数法

细胞悬浮液经过各种破碎方法处理后，悬浮液中完整的细胞数目会有所减少，因此，可利用破碎前后细胞数目的变化评价细胞的破碎程度。操作时，只需将破碎前后的样品进行适当的稀释，可以通过平板计数技术或在血球计数板上用显微镜观察，以获得完整细胞的数量，从而利用上式即可计算出破碎率。

这种计数方法误差较大，主要是因为平板计数技术所需时间长，而且只有活细胞才能被计数，死亡的完整细胞虽大量存在却未能计数，如果细胞有团聚现象，则误差更大。而显微镜计数虽然快速简单，但非常小的细胞难以计数，这不仅给计数过程带来困难，而且在未损害细胞和稍有损害的细胞之间进行区分是很困难的，不易计数得准确。这种情况下通常采用涂片染色的方法来减小计数的误差。如酵母计数，采用革兰试剂染色，在1000倍放大下观察，发现完整细胞呈红色或无色，细胞碎片呈绿色。

2. 间接计数法

破碎细胞的目的是释放出目标物质。因此，也可用目标物质的释放率评价细胞的破碎程度。间接计数法是在细胞破碎后，测定悬浮液中细胞释放出来的化合物的量（例如可溶性蛋白、酶等）。破碎率可通过被释放出来化合物的量 R 与所有细胞的理论最大释放量 R_m 之比进行计算。通常做法是将破碎后的细胞悬浮液离心分离出固体（完整细胞和碎片），然后用Lowry法或其他方法测量上清液中的蛋白质含量或酶的活力。

三、细胞破碎方法的选择依据

细胞破碎的方法很多，但是它们的破碎率和适用范围不同，且原材料之间以及目标产物之间的性质差别也很大。因此，已有的破碎理论和破碎实验数据只能作为指导破碎操作的参考数据，实际的破碎操作仍需通过实验确定适宜的破碎方法和操作条件，以获得最佳的破碎效率。为此，在选择合适的破碎方法时，应综合考虑以下三点：

1. 了解各种细胞破碎方法的优缺点及适用范围

生物制品的制备过程中，各个阶段是相对独立，又是相互联系的。因此，在选择细胞破碎方法时，还应考虑是否利于后续分离纯化的进行。为此，了解各种细胞破碎方法的破碎率、适用范围是非常必要的。

高压匀浆和珠磨两种机械破碎方法，处理量大，速度快，目前在工业生产上应用最为广泛。但在机械法破碎过程中，容易产生大量的热量，使料液温度升高，容易造成热敏性物质的失活，这在超声波法破碎细胞时表现得更为突出，因此，超声波法主要适用于实验室或小规模的细胞破碎。

非机械法一般仅适用于小规模应用。渗透压冲击法和冷冻–融化法属于较温和的方法，但破碎作用较弱，常与酶解法结合起来使用，以提高破碎效果。采用化学法时，特别要注意的问题是所选择的酸、碱、表面活性剂、有机溶剂等试剂对生化物质不能有损害作用，在操作后，能采用常规的分离手段，将这些试剂从产物中除去，以保证产品的纯净。酶解法的优点是专一性强，反应条件温和，采用该法时必须选择好特定的酶和适宜的操作条件。自溶法价格较低，在一定程度上能用于工业规模，但是对不稳定的微生物容易引起所需蛋白质的变性，自溶后的细胞培养液过滤速度也会降低。抑制细胞壁合成的方法由于要加入抗生素，费用高。干燥法属于较激烈的一种破碎方法，容易引起蛋白质或其他组分变性。

虽然上述方法各有自己的优点，但如果能将机械破碎法和非机械破碎法并用，就可使操作条件更温和，更有效地破碎细胞，提高破碎率，降低成本。表 2–2 中比较了常用的几种细胞破碎方法。

表 2–2　　常用的细胞破碎方法

方法	技术	原理	效果	成本	举例
机械法	匀浆法（片型）	细胞被搅拌器劈碎	适中	适中	动物组织及动物细胞
	匀浆法（孔型）	细胞通过小孔受到剪切力而破碎	剧烈	适中	细胞悬浮液大规模处理
	高速珠磨法	利用研磨作用破碎细胞	剧烈	便宜	细胞悬浮液和植物细胞的大规模处理
	超声波法	利用超声波的空穴作用使细胞破碎	适中	昂贵	细胞悬浮液小规模处理
非机械法	渗透压冲击法	渗透压剧烈改变使细胞破碎	温和	便宜	血红细胞的破坏
	冷冻–融化法	反复冷冻–融化使细胞破碎	温和	便宜	动物细胞小规模处理
	化学法	细胞膜渗透性改变使细胞破碎	酸碱法剧烈；表面活性剂法温和；有机溶剂法适中	酸碱法便宜；表面活性剂法适中；有机溶剂法便宜	
	酶解法	细胞壁被消化使细胞破碎	温和	昂贵	细胞悬浮液小规模处理
	干燥法	改变细胞膜渗透性	剧烈	便宜	
	冷热交替法	改变细胞膜渗透性	温和	便宜	细菌或病毒中提取蛋白质和核酸

2. 了解目标物质的性质及其在细胞内的位置

目标物质对破碎条件（温度、化学试剂、酶等）的敏感性是影响目标物质收率的重要因素。因此，在选择细胞破碎方法之前，应先了解目标物质的性质。一般来说，当目标物质处于与细胞膜或细胞壁结合的状态时，可以通过调节溶液 pH、离子强度或添加与目标物质具有亲和性的试剂如螯合剂、表面活性剂等，使目的产物容易溶解释放，而其他杂质则不易溶出。

目标物质在细胞内的位置与细胞破碎效率也有着密切的联系。当目标物质在细胞质内，选用机械法；当目标物质在细胞膜附近时，则可采用较温和的非机械法；当目标物质与细胞壁或细胞膜相结合时，可采用机械法和非机械法相结合的方式，以达到促进目标物质的释放、提高破碎率、缓和操作条件的目的。

总之，只有综合目标物质的性质及其在细胞内的位置，才能选择适合的细胞破碎方法，使目标物质有选择地释放出来。

3. 考虑细胞壁的强度、提取分离的难易

不同的生物体或同一生物体的不同部位的组织，其细胞破碎的难易不一，使用的方法也不相同。其中，细胞壁是细胞破碎的主要阻力。因此，要选择合适的细胞破碎方法，就应对各种细胞的细胞壁组成有所了解。如革兰阳性菌和阴性菌细胞壁的主要组成不同，因而对细胞破碎的影响也不一样。革兰阳性菌的细胞壁主要由肽聚糖层（20~80nm）组成，而革兰阴性菌肽聚糖层较薄，仅 2~3nm。相比而言，革兰阳性菌较难破碎。

细胞破碎后需经固-液分离，才能进行目标物质的分离提纯。由于太小的碎片很难分离除去，因此，在固-液分离中，细胞碎片的大小是影响分离效果的重要因素之一。最佳的细胞破碎条件应该从高的产物释放率、低的能耗和便于后步提取这几个方面进行权衡。

综上所述，细胞破碎的方法很多，但是不同破碎方法的破碎率和适用范围不同，选择破碎方法时需要综合考虑下列因素：

（1）细胞的数量和细胞壁的强度。

（2）处理量。

（3）产物对破碎条件（温度、化学试剂、酶等）的敏感性。

（4）生化物质的稳定性。

（5）需要达到的破碎程度及破碎所需要的速度。

（6）提取分离的难易。

【知识链接】

细胞壁成分和结构

由于微生物细胞和植物细胞外层均为细胞壁，通常细胞壁较坚韧，很难被破坏；其内的细胞膜脆弱，易受到渗透压冲击而破碎，因此，细胞破碎的阻力主要来自细胞壁。由此可见，了解生物材料细胞壁的化学组成及结构，对选择合适的破碎方法具有重要的作用。

一、微生物细胞

细胞壁是微生物细胞比较复杂的结构，不仅取决于微生物的类型，还取决于培养基的组成、细胞所处的生长阶段、细胞的存储方式以及其他一些因素。一般来说，微生物不同，其细胞壁的结构与组成也不同。

（一）细菌

细菌细胞壁占细胞干重的10%~25%，坚韧而有弹性，包围在细胞膜的外围，使细胞具有一定的外形和强度。

细菌细胞壁的主要成分是肽聚糖，是由*N*–乙酰葡萄糖胺［图2–5（1）］和*N*–乙酰胞壁酸［图2–5（2）］构成的双糖单元。以β–1，4–糖苷键连接成大分子。其中，*N*–乙酰胞壁酸分子上具有一个四肽侧链，相邻聚糖分子之间的短肽链通过肽桥或肽键连接起来，组成机械性很强的网状结构，像胶合板一样，粘合成多层。各种细菌细胞壁的肽聚糖结构均相同，仅在四肽侧链及其连接方式上随菌种不同而有所差异。

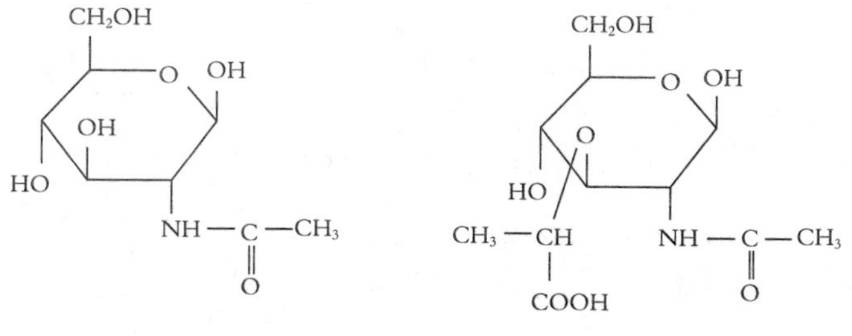

(1)*N*–乙酰葡萄糖胺　　(2)*N*–乙酰胞壁酸

图2–5　细菌细胞壁成分

由上可知：破碎细菌的主要阻力来自肽聚糖的网状结构，而网状结构的致密程度和强度又取决于聚糖链的交联程度及所存在的肽键数量。一般来说，聚糖链的交联程度越大，则肽聚糖的网状结构也越致密。

革兰阳性菌细胞壁与革兰阴性菌细胞壁有很大的不同：革兰阳性菌细胞壁（图2–6）较厚，为20~80nm，含有15~50层肽聚糖片层，每层厚约1nm。其外还有少量的膜磷壁酸和壁磷壁酸。革兰阴性菌细胞壁（图2–7）则较薄，有1~2层肽聚糖片层。在肽聚糖片层外还含有脂蛋白、脂质双层、脂多糖。脂类和蛋白质等在稳定细胞结构上非常重要，如果被生物抽提，细胞壁将变得很不牢固。

（二）酵母菌

酵母细胞壁的主要成分是葡聚糖（30%~40%）、甘露聚糖（30%）、蛋白质（6%~8%）、脂类（8.5%~13.5%）。如图2–8所示，酵母细胞壁最里层是由葡聚糖的细纤维组成，它构成了细胞壁的刚性骨架，使细胞具有一定的形状，覆盖在细纤维上面的是一层糖蛋白，最外层是甘露聚糖，由1，6–磷酸二酯键共价连接，形成网状结构。在该层的内部，有甘露聚糖–酶的复合物，它可以共价连接到网状

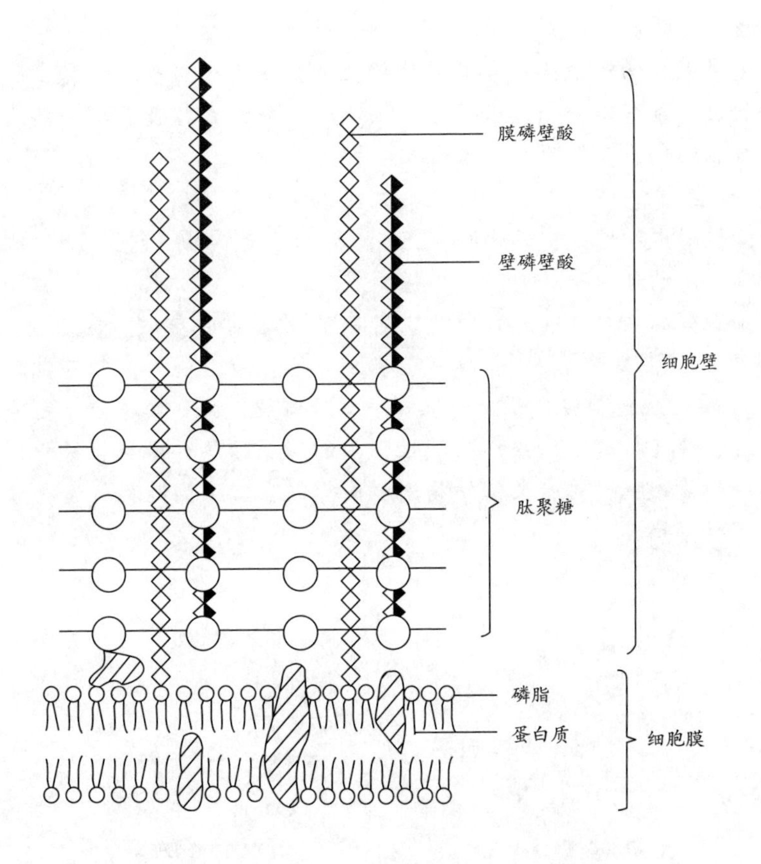

图 2-6　革兰阳性菌细胞壁结构示意图

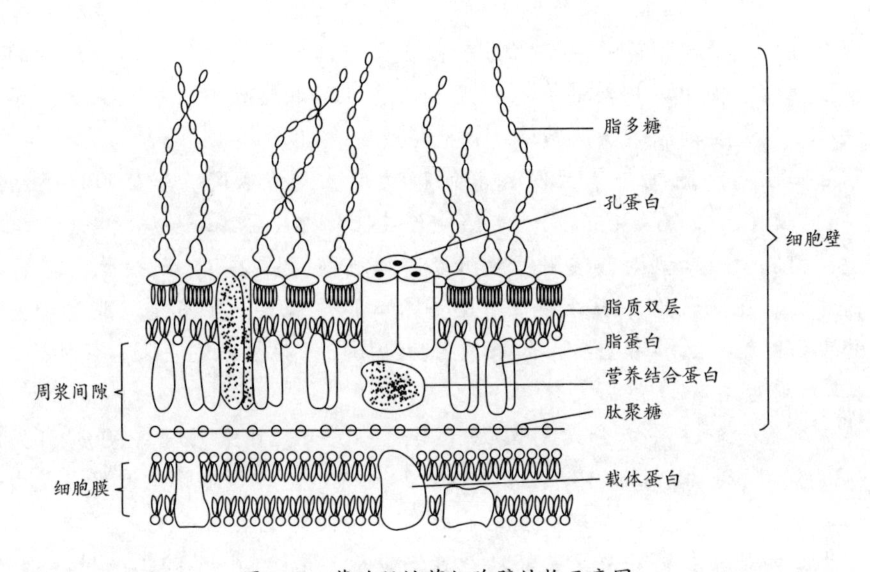

图 2-7　革兰阴性菌细胞壁结构示意图

结构上，也可以不连接。与细菌细胞壁一样，破碎酵母细胞壁的阻力主要决定于壁结构交联的紧密程度和它的厚度。

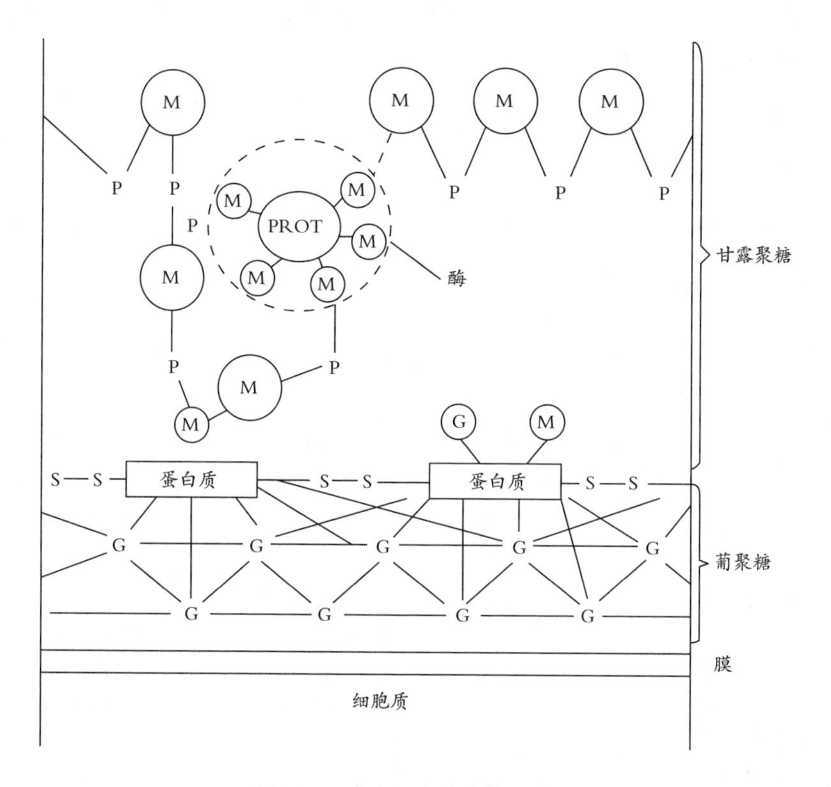

图 2-8　酵母细胞壁结构示意图

（三）霉菌

霉菌的细胞壁主要存在三种聚合物：葡聚糖（主要以β-1，3-糖苷键连接，某些以β-1，6-糖苷键连接）、几丁质（以微纤维状态存在）以及糖蛋白。最外层是a-葡聚糖和β-葡聚糖的混合物，第二层是糖蛋白的网状结构，葡聚糖与糖蛋白结合起来，第三层主要是蛋白质，最内层主要是几丁质，几丁质的微纤维嵌入蛋白质结构中。与酵母和细菌的细胞壁一样，霉菌细胞壁的强度和聚合物的网状结构有关，不仅如此，由于它还含有几丁质或纤维素的纤维状结构，所以强度有所提高。

由上可知，破碎微生物细胞的难易程度主要取决于构成细胞壁的高分子聚合物的种类以及细胞壁的厚度、强度。为了破碎细胞，必须克服的主要阻力是构成网状结构的共价键。此外，细胞的大小、形状及聚合物的交联程度也是影响破碎效率的重要因素。因此，在选择破碎方法时，应综合考虑上述因素，使目的产物能够有选择地释放，减少后续分离工作的难度。

二、植物细胞

对于已停止生长的植物细胞来说，其细胞壁可分为初生壁和次生壁两部分。初生壁是细胞生长期形成的。次生壁是细胞停止生长后，在初生壁内部形成的结构。

目前，较流行的初生细胞壁结构是由 Lampert 等提出的“经纬”模型，依据这一模型，纤维素的微纤丝以平行于细胞壁平面的方向一层一层敷着在上面，同一层次上的微纤丝平行排列，而不同层次上则排列方向不同，互成一定角度，形成独立的网络，构成了细胞壁的“经”。模型中的“纬”是结构蛋白（富含羟脯氨酸的蛋白），它垂直于细胞壁平面排列，并由异二酪氨酸交联成结构蛋白网，经向的微纤丝网和纬向的结构蛋白网之间又相互交联，构成更复杂的网络系统。半纤维素和果胶等物质则填充在网络之中，从而使整个细胞壁既具有刚性又具有弹性。在次生壁中，纤维素和半纤维素含量比初生壁增加很多，纤维素的微纤丝排列得更紧密、更有规则，同时存在木质素（酚类组分的聚合物）的沉积。因此，次生壁的形成提高了细胞壁的坚硬性，使植物细胞具有很高的机械强度。

通过上述分析可知：不同的生物体或同一生物体的不同部位组织，其细胞破碎的难易不一，因此，应采用不同的细胞破碎方法进行破碎，如动物脏器细胞没有细胞壁，且细胞膜较脆弱，容易破碎；而植物细胞、微生物细胞都具有由纤维素、半纤维素或肽聚糖组成的细胞壁。因此，常需要采用专门的细胞破碎方法进行被碎。

实训案例2　大肠杆菌细胞的超声波破碎

一、实训目的

1. 掌握超声波细胞破碎的原理。

2. 会用超声波破碎仪破碎细胞。

3. 学习细胞破碎效果的测定方法。

二、实训原理

超声波破碎仪发射频率超过 15~20kHz 波，在较高的输入功率下，处理细胞悬液，使细胞急剧振荡破裂。超声波破碎仪主要由超声波发生器和换能器两部分组成。其工作原理尚不完全清楚，普遍认为其破碎机理是与空穴现象引起的冲击波和剪切力有关，即空穴作用产生的空穴泡由于又受到超声波的冲击而闭合，从而产生一个极为强烈的冲击压力，由此而引起悬浮细胞上产生了剪切力，使细胞内液体产生流动而使细胞破碎。

用超声波进行细胞破碎的效果与细胞的种类、浓度、超声频率、输出功率和破碎时间有密切关系。

三、实训器材

超声波破碎仪、显微镜、酒精灯、载玻片、接种针、摇床、离心机。

四、实训试剂和材料

1. 细胞破碎缓冲溶液

50mmol/L，pH 8.0 磷酸缓冲溶液。

2. 培养基

(1) 肉汤液体培养基(g/L) 牛肉膏 5、蛋白胨 10、NaCl 5。

(2) 肉汤固体培养基 上述培养基中加 2% 琼脂,用于菌种的活化与保藏。

五、实训操作步骤

1. 大肠杆菌的培养和收集

将活化后的大肠杆菌接入肉汤液体培养基中,于 37℃ 振荡培养,当达到对数生长期后(约 6h),取培养液 3000r/min 离心 20min 收集菌体。

2. 大肠杆菌菌悬液的制备

用细胞破碎缓冲溶液洗涤 3 次,再按照 1:20 的比例将离心后的大肠杆菌溶解于细胞破碎缓冲溶液中。置于 100mL 塑料试管或烧杯内。

3. 细胞破碎

将塑料试管或烧杯置于冰浴中,采用超声波破碎(功率 300W,破碎 10s,间歇 10s,破碎 20min),注意超声破碎细胞时,超声波破碎仪的探头一定要接近试管或烧杯底部,0.5~1cm。

4. 破碎效果的测定

测定破碎前后大肠杆菌菌悬液 620nm 处吸光度 A_{620nm} 的变化,观测破碎效果。或采用革兰染色的方法鉴定大肠杆菌超声破碎的程度。或用血球计数板直接计数。

六、结果与讨论

1. 测定破碎前后大肠杆菌菌悬液 A_{620nm} 的变化并完成表 1。

表 1 破碎前后大肠杆菌菌悬液 A_{620nm} 的变化

	A_{620nm}	破碎效果评价
破碎前		
破碎后		

2. 镜检破碎前后大肠杆菌的革兰染色结果,并评价破碎效果。

3. 用血球计数板直接计数。

(1) 破碎前计数 取 1mL 菌悬液,经适当稀释后,置于血球计数板的计数室内,用显微镜观察计数,由于计数室的容积是一定的($0.1mm^3$),因而根据血球计数板刻度内的细菌数,可计算出样品中的完整细菌数。

(2) 破碎后计数 取 1mL 用超声波破碎仪破碎后的菌悬液,经适当稀释后,用同样的方法计数,并完成表 2。

表 2 破碎前后菌悬液计数

观测指标	色泽	密度	完整细胞数	破碎效果评价
破碎前				
破碎后				

4. 将破碎后的细胞悬浮液，于12000r/min、4℃离心30min，去除细胞碎片。用Lowry法检测上清液的蛋白质含量。

任务三 固-液分离

固-液分离

知识目标

1. 掌握过滤和离心分离的影响因素。
2. 熟悉过滤和离心分离的方法及应用范围。
3. 了解过滤和离心分离的基本原理。

能力目标

能针对不同的分离对象选择适合的过滤、离心分离过程，熟知过滤、离心分离所用设备的操作规程及设备应用特点，独立完成过滤、离心分离的具体操作。

思政目标

通过固-液分离的学习，培养学生科学探索的兴趣和创新精神。

任务导入

固-液分离是生物分离与纯化过程中重要的单元操作。固-液分离是指将发酵液中的悬浮固体（如细胞、菌体、细胞碎片以及蛋白质等沉淀物或它们的絮凝体）与液相分离开来的技术。

固-液分离的目的有两个方面：一是收集胞内产物的细胞或菌体，分离除去液相；二是收集含目的产物的液相，分离除去固体悬浮物。

用于发酵液的固-液分离的主要是过滤和离心两类单元操作技术。具体的固-液分离方法和设备应根据发酵液的特性进行选择。对于丝状菌，如霉菌和放线菌，体形比较大，一般采用过滤的方法处理发酵液；而单细胞的细菌和酵母菌，其菌体大小一般在1~10μm，离心的效果比较好。但是，当固形物粒径较小时，通过预处理改善发酵液的特性，就可用过滤实现固-液分离。

一、过滤

在一定压力差作用下，借助于多孔性介质，使悬浮液中的液体通过介质的孔道，而固体颗粒被截留在介质上，实现固-液分离的技术称为过滤。过滤是固-液分离最常用的手段之一，是一种以某种多孔物质作为介质来处理悬浮液的单元操作。

（一）过滤基本原理

过滤是将悬浮在液体中的固体颗粒分离出来的一种工艺。其基本原理：在压力差的作用下，悬浮液中的液体透过可过滤介质，固体颗粒为介质所截留，从而实现液体和固体的分离。在过滤操作中，所处理的悬浮液称为滤浆，所用的多孔物质称为过滤介质，通过介质孔道而流出的液体称为滤液，被过滤介质截留下来的物质称为滤饼或滤渣。图 2-9 为过滤操作示意图。

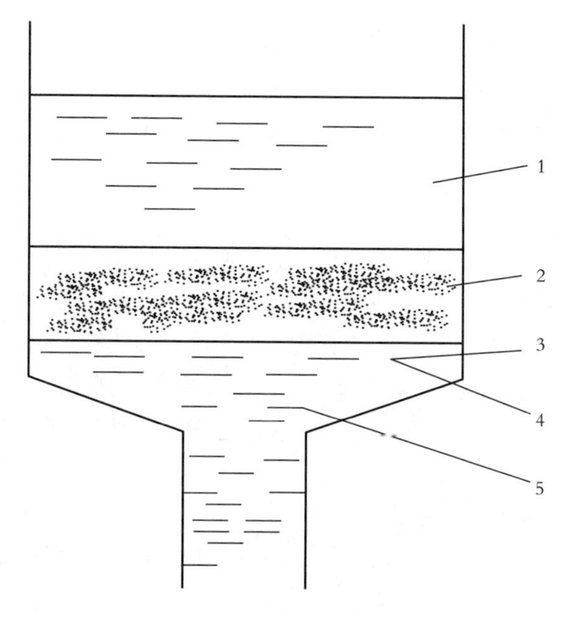

图 2-9　过滤操作示意图

1—滤浆　2—滤饼　3—滤布　4—支撑物　5—滤液

液体中的固体颗粒主要通过四种过滤机理被除去。它们分别是直接拦截、惯性撞击、扩散拦截及重力沉降。

1. 直接拦截

直接拦截是指物料通过滤层（过滤介质和部分滤渣）时，大于或等于滤层孔径的颗粒受到滤孔的拦截不能穿过滤层而被截留的现象。直接拦截的本质是一种筛分效应，属于机械拦截。

2. 惯性撞击

惯性撞击是指液体流入滤层中弯弯曲曲的孔道时，流体所携带的、尺寸小于滤层孔径的颗粒，由于自身的理化性质和惯性，使颗粒撞击并吸附在滤层孔道表面的现象。

3. 扩散拦截

扩散拦截是指流体通过滤层的弯曲通道时，由于流速小，流体呈层流流动，流体中的微小颗粒，在做布朗运动碰撞滤层孔道表面而被吸附、截留的现象。

4. 重力沉降

悬浮液中的固体微粒虽小，但仍具有质量。当流体在滤层孔道中流动速度很低，固体微粒所受的重力大于流体对它的拖拽力时，固体微粒就会发生重力沉降，从而悬浮液中的颗粒就会沉降到滤层孔道表面而被吸附、截留。

在过滤操作中，每种原理所起的作用的程度与固体颗粒尺寸大小及滤层的性质等因素有关。固体颗粒尺寸不同时，四种原理所起的作用和效率就存在差异，如固体颗粒尺寸大于介质孔道直径时，过滤原理则以直接拦截为主；颗粒尺寸小于介质孔道直径时则分别以惯性拦截、扩散拦截和重力沉降为主。实际上，无论是液体或气体，这四种原理都同时存在，只是作用强弱不同。由于这四种原理的共同作用而使过滤分离效率得以增强。

（二）过滤的分类

从本质上看，过滤是多相流体通过多孔介质的流动过程。流体通过多孔介质的流动属于极慢流动，即渗流流动。有两个影响因素，一是宏观的流体力学因素，二是微观物理化学因素。悬浮液中的固体粒子是连续不断地沉积在介质内部孔隙中或介质表面上的，因而在过滤过程中过滤阻力不断增加。按照不同的标准，过滤可以分为不同的类型。

1. 根据过滤时推动力不同分类

根据过滤时推动力的不同，过滤可分为：重力过滤、加压过滤、真空过滤和离心过滤。

（1）重力过滤　重力过滤是利用滤饼上的液层高度，也就是滤液的重力作为过滤推动力进行过滤的。其优点是设备结构简单、附属设备少、滤液的澄清度较好；缺点是占地面积大、过滤速率低。

（2）加压过滤　加压过滤是在过滤介质上形成滤饼的一侧施加大于大气压的压力，另一侧则是常压或略高于常压，在两侧压力差的推动下进行过滤的。柱塞泵、隔膜泵、螺杆泵、离心泵、压缩气体以及来自压力反应器的料液本身都可提供过滤时施加的压力。加压过滤多为间歇操作，连续操作时的加压过滤由于带压卸渣困难而限制了它的使用。加压过滤的发展方向是自动化、大型化。加压过滤的优点是：由于采用较高的过滤压力，过滤速率较大；设备结构紧凑，造价较低；

操作性能可靠，适用范围广，设备使用寿命长。缺点主要是间歇操作，需人工卸料、清洗，劳动强度大。

（3）真空过滤　真空过滤是过滤介质上形成滤饼的一侧为常压，另一侧是真空，在两侧压力差的推动下进行过滤的。真空过滤的优点为较易实现连续操作，处理能力大；滤饼能洗涤、脱水；滤布易清洗。

（4）离心过滤　离心过滤是料液在离心场中做圆周运动，获得离心力，以离心力代替压力差或重力作为过滤推动力的分离方法。离心分离具有分离速率快、分离效率高、液相澄清度好等优点。缺点是设备投资高、能耗大，此外连续排料时固相干度不如其他过滤设备。

2. 根据过滤时过滤机理不同分类

根据过滤时过滤机理的不同，过滤可分为深层过滤和滤饼过滤两种方法。

（1）深层过滤　深层过滤中，起过滤作用的是过滤介质。深层过滤是通过过滤介质中的孔道对滤浆中的颗粒进行直接拦截、惯性撞击、布朗运动、重力沉降等作用，把颗粒留在过滤介质内部来完成过滤的。深层过滤常用的介质有硅藻土、砂、颗粒活性炭、玻璃珠、塑料颗粒、烧结陶瓷、烧结金属等。深层过滤不仅可以除去滤浆中较大的颗粒，而且还可以除去直径小于孔道直径的颗粒。这种方法适合于固体含量少于 0.001g/mL，颗粒直径在 5~100μm 的悬浮液的过滤分离，如麦芽汁、酒类及饮料的过滤澄清。

（2）滤饼过滤　滤饼过滤的介质常用多孔织物，其网孔尺寸未必一定小于被截留的颗粒的直径，积于过滤介质上的滤饼层起主要过滤作用，过滤介质主要起支撑作用。过滤刚开始时，有一部分细小固体颗粒会穿过过滤介质，使滤液浑浊。此时，一般情况下，会将这部分滤液回流到滤浆槽重新过滤。随着过滤的进行，滤浆中的固体颗粒会在过滤介质的孔道中迅速发生“架桥现象”，即小于滤层孔径的多个颗粒在同时通过一个滤孔时，相互拥挤而卡在滤孔入口处或孔道中，从而使滤孔变小的现象，如图 2–10 所示。这时过滤介质的孔道直径变小，从而使得小于孔道直径的细小固体颗粒也能被拦截，滤饼开始生成，滤液也变得澄清，此后过滤才算正式开始。这种方法适合于固体含量大于 0.001g/mL 的菌悬液。

图 2–10　架桥现象示意图

3. 根据过滤时外压力和液体流速不同分类

根据过滤时外加压力和液体流速的不同，可分为：恒压过滤、恒速过滤和变速-变压过滤。

（1）恒压过滤　是用压缩空气或通过抽真空的方式给过滤提供恒定的过滤压力，来完成操作的过滤方法。

（2）恒速过滤　是通过定容泵来给过滤提供恒定流量的料液来完成过滤的操作。

（3）变速-变压过滤　是指过滤时，液体的流速和过滤压力都是随着过滤的进行，过滤阻力的增大而变化的操作。在这种操作中，液体一般是由离心泵来输送的。

4. 根据料液流动方向的不同分类

根据料液流动方向的不同，可分为常规过滤和错流过滤。

（1）常规过滤　常规过滤操作如图 2-11 所示，固体颗粒被过滤介质截留，在介质表面形成滤饼，滤液则透过过滤介质的微孔。滤液的透过阻力来自两个方面：过滤介质和介质表面不断堆积的滤饼。过滤操作中，滤饼的阻力占主导地位。

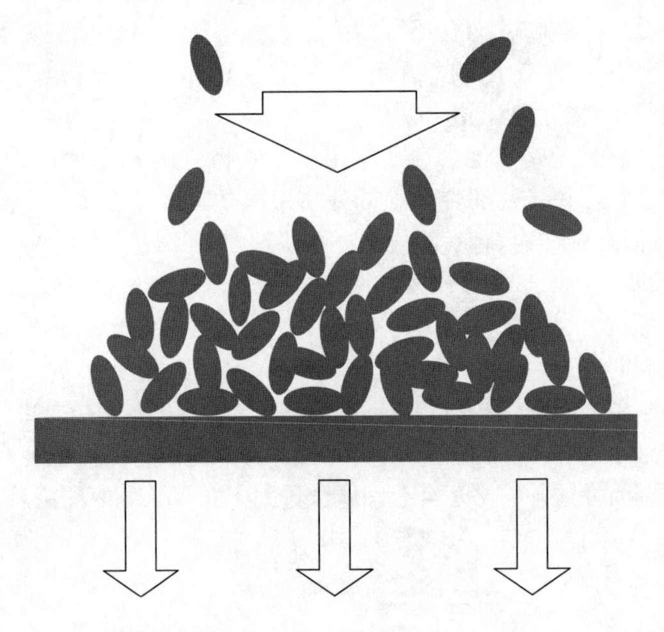

图 2-11　常规过滤

（2）错流过滤　错流过滤中料液流动的方向与过滤介质平行，其操作特点是使悬浮液在过滤介质表面作切向流动，利用流动液体的剪切作用将过滤介质表面的固体（滤饼）移走，是一种维持恒压下高速过滤的技术，如图 2-12 所示。错流过滤的过滤介质通常为微孔膜或超滤膜。错流过滤主要适用于十分细小的悬浮颗粒（如细菌），采用常规过滤速度很慢、滤液浑浊的发酵液。对于细菌悬浮液，错流过滤的滤速可达 67~118L/（m^2·h）。但是，采用这种方式过滤时，固–液两相的分离不太完全，固相中有 70%~80%的滞留液体，而用常规过滤，固相中只有 30%~40%的滞留液体。

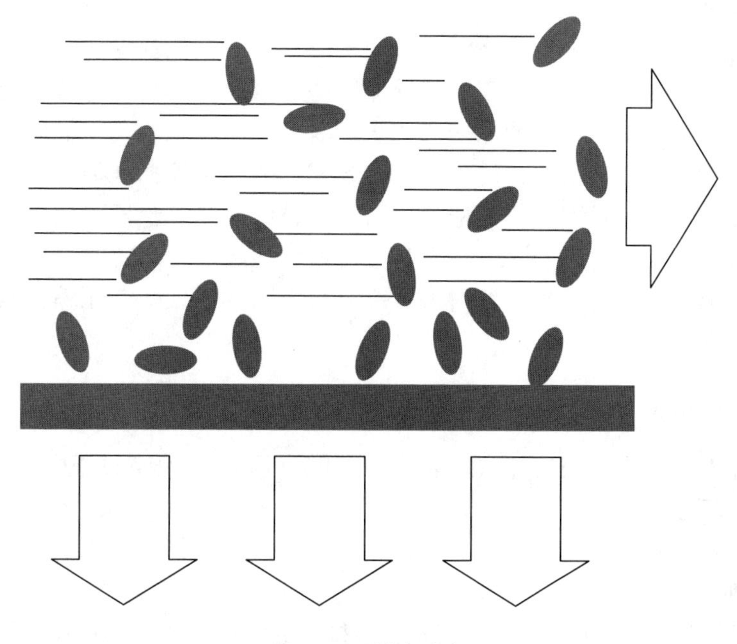

图 2–12　错流过滤

（三）过滤的影响因素

影响过滤的因素很多，主要有以下几种：

1. 料液中悬浮微粒的性质和大小

一般情况下，悬浮微粒越大，粒子越坚硬，大小越均匀，固–液分离越容易，过滤速度越大；反之亦然。如发酵液中的细菌菌体较小，分离较困难，过滤速度就会相对减小；而胶体粒子通常悬浮于流体中，必须运用凝聚与絮凝技术，增大悬浮粒子的体积，以利于固–液分离，从而获得澄清的滤液。

2. 料液的黏度

料液的黏度越大，固–液分离越困难，过滤速度就会降低。通常料液的黏度与其组成和浓度密切相关，组成越复杂，浓度越高，其黏度越大。如以淀粉作碳源、黄豆饼作氮源的培养基，其发酵液的黏度较大。若发酵终点控制不好，菌体发生自溶，也会使黏度增大。

3. 操作条件

固–液分离操作中温度、pH、操作压力、滤饼厚度等因素都会影响固液分离速率。最重要的因素是压力。一般来说，升高温度，调整 pH，都可改变料液的黏度，从而使固-液分离速度得到提高；降低滤饼层的厚度可使过滤阻力减小，从而提高滤速；提高操作压力也可提高过滤速度，但如果滤饼的可压缩性较大时，提高压力会使滤饼进一步压缩变得致密，导致过滤阻力增大，滤速反而下降。

4. 助滤剂的使用

对于可压缩性滤饼，当过滤压力差增大时，滤饼颗粒变形、颗粒间的孔道变窄，有时甚至会因颗粒过于细密而将通道堵塞，严重影响正常过滤，为了防止此种情况发生，可在滤布面上预涂一层比表面积较大、颗粒均匀、性质坚硬、不易压缩变形的物料，如硅藻土、珍珠岩、纤维素、活性炭等，这种预涂物料即为助滤剂。助滤剂表面有吸附胶体的能力，而且颗粒细小坚硬，不可压缩，所以能防止滤孔堵塞，缓和过滤压力上升，提高过滤操作的经济性。有时也可将助滤剂加到待过滤的滤浆中，所得到的滤饼将有一个较坚硬的骨架，其压缩性减小，孔隙率增大。

（四）过滤设备

工业生产中较为常用的过滤设备有板框压滤机和转鼓真空过滤机。

1. 板框压滤机

板框压滤机是一种传统的过滤设备，广泛应用于培养基过滤及霉菌、放线菌、酵母菌和细菌等多种发酵液的固-液分离。适合于固体含量为1%~10%的悬浮液的分离。结构如图2-13所示，它由相互交替排列的滤板、滤框和罩在滤板两侧过滤面上的滤布组成。锁紧压滤机后，每两个相邻的滤板及位于其中间的滤框就围成一个独立的、可供滤浆进入和形成滤饼的滤室。

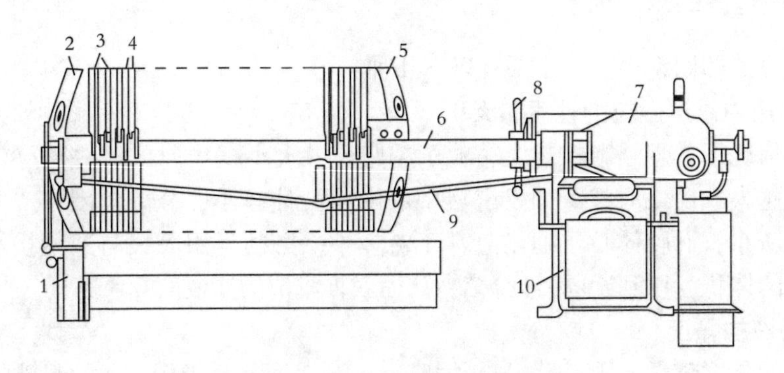

图2-13　板框压滤机结构示意图

1—支座　2—固定板　3—沟纹板　4—过滤板框　5—压紧机　6—横梁　7—压紧机构　8—手轮　9—拉杆　10—支座

板框压滤机的机架由固定端板、压紧装置及一对平行的横梁组成。在压紧装置的前方有一放置在横梁上可前后移动的活动端板。在固定端板与活动端板之间是相互交替排列、垂直搁置在横梁上的滤板、滤框。滤板、滤框可沿着横梁移动、开合。当压紧装置的压杆顶着活动端板向前移动时，就将滤板、滤框、滤布夹紧在活动端板与固定端板之间形成过滤空间。当压紧装置的压杆拉动着活动端板向后移动时，就松开滤板、滤框，从而可对滤板、滤框、滤布逐一进行卸渣、清洗。

板框压滤机有底部进料和顶部进料两种进料方式。底部进料能够快速排除滤室中的空气，对于一般的固体颗粒能形成厚度均匀的滤饼。顶部进料，可得到最多的滤液和湿含量最少的滤饼，适用于含有大量固体颗粒、有堵塞底部进料口趋势的物料。大型的压滤机则采用底部和顶部双进料方式。

滤液的排出方式有明流和暗流两种。暗流方式是当板框压滤机锁紧后，由滤板、滤框上的排液孔道形成连通压滤机整个工作长度的滤液密封通道，滤液经滤板上的排液口流向滤液通道，再由固定端板的排液管道流向滤液储罐。主要用于易挥发的滤液或要求清洁卫生、避免染菌的物料的过滤。

明流方式是通过每块滤板的排液口各自直接流到板框压滤机下部的敞口集液槽中，明流方式可以观察到每块滤板流出的滤液流量及是否澄清；若滤布破损，滤液浑浊，可关闭此滤板的排液阀，使这一组滤框停止工作，而不影响其他部分的正常工作，并且不影响滤液质量，如图 2–14 所示。

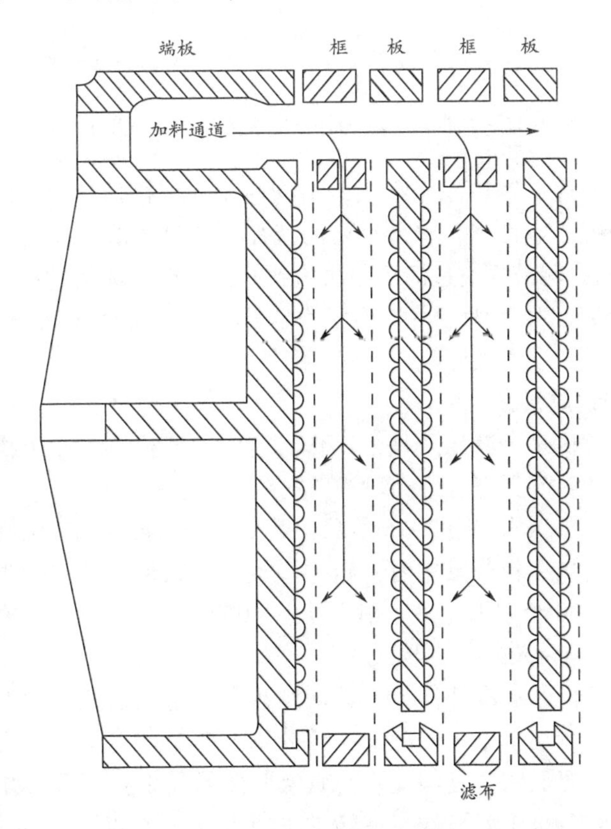

图 2–14　板框式压滤机过滤过程示意图

板框压滤机的滤饼洗涤方式可分为简单方式和穿透方式两种。简单方式的洗涤水流向与原液进料到排液的流向方向相同，洗涤效果较差。穿透方式的洗涤水间隔进入每一块滤板，从滤框的滤饼一侧整面穿过另一侧后，在另一块滤板的流道流出，洗涤效果较好，但滤板滤框需按顺序配置，不可错位。图 2-15 即为板框压滤机过滤与洗涤液体流动路径示意图。

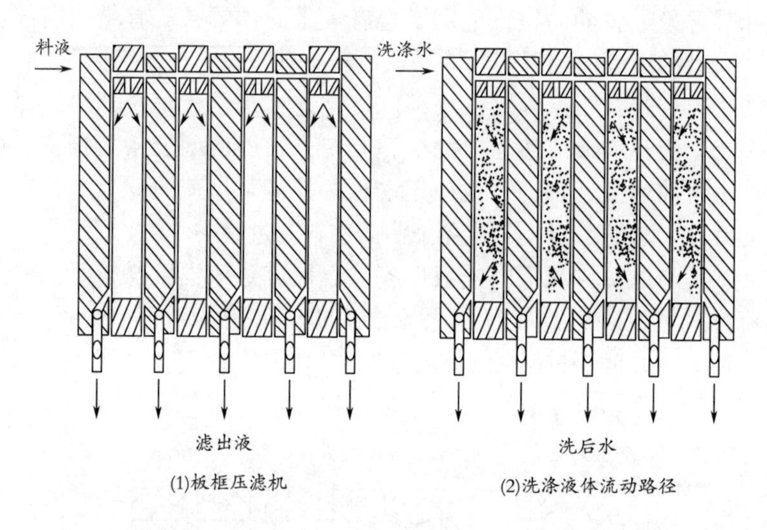

图 2-15　板框压滤机过滤与洗涤液体流动路径示意图

板框压滤机的优点是过滤面积大，结构简单，价格低，动力消耗少，对不同过滤特性的发酵液适应性强。它最重要的特征是通过过滤介质时产生的压力可以超过 0.1MPa，这是转鼓真空过滤机无法达到的。板框压滤机的缺点是不能连续操作，设备笨重，劳动强度大，占地面积大，非过滤的辅助时间较长（包括解框、卸饼、洗滤布、重新压紧板框等），卫生条件也差。

2. 转鼓真空过滤机

转鼓真空过滤机是在减压条件下工作，它的形式很多，在生物工业中最常用的是外滤面多室式转鼓真空过滤机。

转鼓真空过滤机结构如图 2-16 所示，其基本结构形式为安装在敞口料浆槽上的圆筒形转鼓，转鼓在料浆槽中有一定的浸没率，以保证一定的吸滤面积。转鼓在径向分隔成 10~30 个扇形滤室，扇形滤室的圆弧形表面是覆盖着滤布的过滤筛（栅）板，由此组成转鼓的圆柱形过滤面。

转鼓真空过滤机的关键部件为由转动阀盘和固定阀盘组成的气源分配阀，位于转鼓空心轴端的转动阀盘中的分配孔道分别与转鼓的每个扇形滤室的管口相连通；位于料浆槽机架上的固定阀盘则与真空管路及压缩空气管路相连。转鼓转动时，由气源分配阀对每个扇形滤室在转动中所处的位置切换气源，进行吸滤、洗涤、脱水、卸料等周而复始的循环操作。转鼓真空过滤机在操作时，转鼓一般以

0. 1～2r/min 的转速缓慢地转动，进行真空过滤。

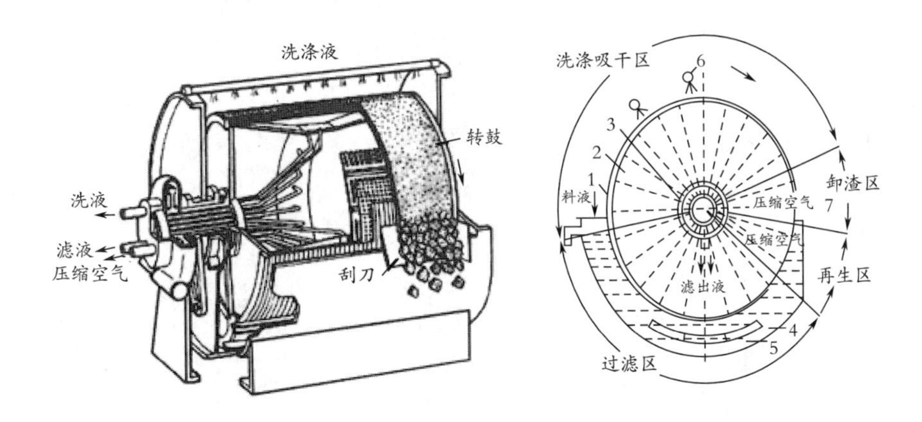

图 2-16　转鼓真空过滤机结构示意图

1—转鼓　2—过滤室　3—分配室　4—料液槽　5—摇摆式搅拌器　6—洗涤液喷嘴　7—刮刀

为使转鼓在料浆槽中保持设定的浸没面积，料浆槽的液位必须保持恒定。常用的浸没面积为转鼓柱体面积的 25%～37%（相应的浸没圆周角为 90°～133°），但对固形物含量少、滤饼形成速度慢的料浆，浸没面积可高达 60%（相应的浸没圆周角为 216°）。转鼓表面形成的滤饼可用刮刀卸除。

转鼓真空过滤机的突出优点是连续自动操作，处理能力大，滤饼能洗涤、脱水，滤布易清洗，特别适合于固体含量较大（>10%）的悬浮液如霉菌发酵液的分离，如过滤霉菌发酵液的速率可达 800L/（m^2 · h）。由于受到推动力（真空度）的限制，真空转鼓过滤机一般不适合于菌体较小和黏度较大的细菌发酵液的过滤，而且采用真空转鼓过滤机过滤所得固相的干度不如加压过滤。

二、离心分离

离心分离是基于固体颗粒和周围液体的密度存在差异，在离心场中使不同密度的固体颗粒加速沉降的分离过程。

离心分离特别适用于固体颗粒很小、液体黏度大、过滤速度慢，甚至难以过滤的悬浮液的分离。对那些忌用助滤剂或助滤剂使用无效的悬浮液的分离效果也很好。与其他固-液分离法相比，离心分离的优点是分离速率快、分离效率高、液相澄清度好，缺点是设备投资高、能耗大、连续排料时固相干度不如过滤分离好。

（一）离心分离的分类

1. 根据分离方式分类

根据分离方式，可分为离心沉降和离心过滤两种方式。

（1）离心沉降　是利用固-液两相的相对密度差，在离心机无孔转鼓或管子中进行悬浮液的分离操作。离心沉降不仅可用于菌体和细胞的回收或除去，而且可用于血球、病毒以及蛋白质的分离，还可用于液-液物料的分离。

由于生物环境的复杂性，在离心分离过程中影响物质颗粒沉降的因素有很多，但大体可以分为以下几个方面：

①固相颗粒与液相密度差：离心分离中，液相因分离与纯化需要可能不断增减某些物质，使固相颗粒与液相密度差发生变化，例如，盐析时盐浓度变化或密度梯度离心时梯度液密度的变化等。

②固体颗粒的形状和浓度：相对分子质量相同，形状不同的固相颗粒物质在相同离心力的作用下，可有不同的沉降速率。一般情况下，相对分子质量相同的球形分子比纤维状分子沉降速率大。料液浓度增加到一定程度，物质颗粒的沉降还会出现浓度阻滞即拖尾现象，其沉降速率减小，分离效果下降。

③液相的黏度与离心分离工作的温度：液体黏度是沉降过程中产生摩擦阻力的主要原因，其变化既受液体中溶质性质及含量的影响，也受环境温度的影响。物质含量对液体黏度的影响程度随物质浓度的增加而递增。温度则对水的黏度产生很大的影响。如0℃水的黏度约为20℃水的1.8倍，5℃水的黏度约为20℃水的1.5倍。

④液相影响固相沉降的其他因素：固相物质离心分离受液相化学环境因素影响很大，其中主要包括pH、盐种类及浓度、有机化合物的种类及浓度等。

（2）离心过滤　是应用离心力代替压力差作为过滤的推动力的分离方法。工业上常用篮式，过滤离心机的转鼓为一多孔圆筒，圆筒转鼓内表面铺有滤布。操作时料液由圆筒口表面连续进入筒内，在离心力的作用下，清液透过滤布，经转鼓上的小孔流出，固体微粒被截留在滤布上形成滤饼，以后的液体要依次流经饼层、滤布，再经小孔排出，滤饼层随过滤时间的延长而逐渐加厚，至一定厚度后停止离心，进行卸料处理后再转入离心操作，从而实现固-液分离。

2. 根据离心原理分类

根据离心原理，可分为沉降速率法和沉降平衡离心法两类。

（1）沉降速率法　是根据粒子大小、形状不同进行分离的，包括差速离心法和速率区带离心法。

差速离心法是利用不同的粒子在离心力场中沉降的差别，在同一离心条件下，沉降速率不同，通过不断增加相对离心力，使一个非均匀混合液内的大小、形状不同的粒子分步沉淀。表2-3列出了一些菌体细胞的大小和相应的离心操作条件。操作过程中一般是在离心后用倾倒的办法把上清液与沉淀分开，然后提高转速将上清液离心，分离出第二部分沉淀，如此往复提高转速，逐级分离出所需要的物质。

表 2-3　主要菌体和细胞的离心分离

菌体或细胞	大小/μm	离心力/×g		菌体或细胞	大小/μm	离心力/×g	
		实验室	工业规模			实验室	工业规模
大肠杆菌	2~4	1500	13000	红细胞	6~9	1200	—
酵母菌	2~7	1500	8000	淋巴细胞	7~12	500	—
血小板	2~4	5000	—	肝细胞	20~30	800	—

差速离心的分辨率不高，沉降系数在同一个数量级内的各种粒子不容易分开，常用于其他分离手段之前的粗制品提取，如细胞匀浆中细胞器的分离，见图 2-17。

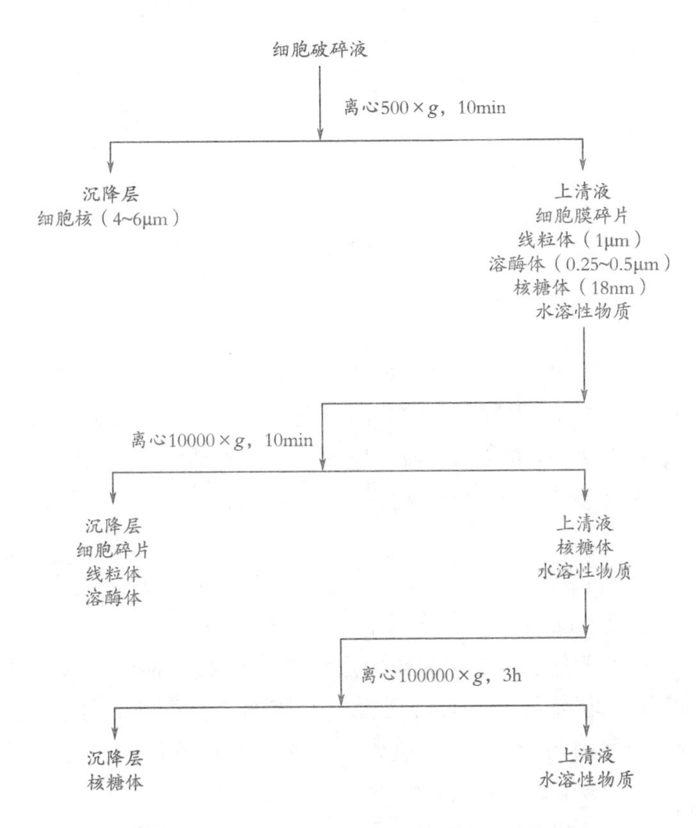

图 2-17　用差速离心分离已破碎的细胞各组分

速率区带离心法也称为一般密度梯度离心法，它是在离心前于离心管内先装入密度梯度介质（如蔗糖、甘油、NaBr、CsCl 等），待分离的样品铺在梯度液的顶部、离心管底部或梯度层中间，同梯度液一起离心。根据分离的粒子在梯度液中沉降速率的不同，使具有不同沉降速率的粒子处于不同的密度梯度层内分成一系列区带，达到彼此分离的目的，见图 2-18。梯度液在离心过程中以及离心完毕后、取样时起着支持介质和稳定剂的作用，避免因机械振动而引起已分层的粒子再混合。

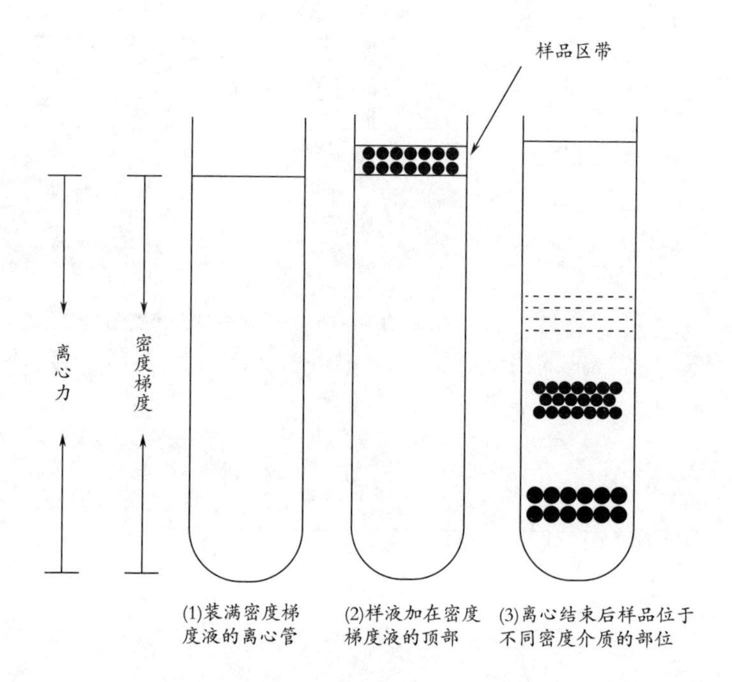

图 2-18 速率区带离心示意图

该法是一种不完全的沉降，沉降受物质本身大小的影响较大，对物质大小相同、密度不同的粒子如线粒体、溶酶体等的分离不适用。一般应用在物质大小相异而密度相同的情况，如 RNA-DNA 混合物、核蛋白体亚单位和其他细胞成分的分离。

（2）沉降平衡离心法　按粒子密度差进行分离，包括等密度离心和经典式沉降平衡离心。

等密度离心法是在离心前预先配制介质的密度梯度，此种密度梯度液包含了被分离样品中所有粒子的密度，待分离的样品铺在梯度液顶上和梯度液先混合，离心开始后，当梯度液由于离心力的作用逐渐形成管底浓而管顶稀的密度梯度时，原来分布均匀的粒子也会重新分布。当管中介质的密度大于粒子的密度时，粒子上浮；相反，则粒子沉降，最后粒子进入一个它本身的密度位置（等密度点），此时粒子不再移动，粒子形成纯组分的区带，见图 2-19。

它的特点是：形成的区带与样品粒子的密度有关，而与粒子的大小和其他参数无关；只要转速、温度不变，则延长离心时间也不能改变这些粒子的成带位置。此法一般应用于物质的大小相近而密度差异较大的情况。常用的梯度液是 CsCl 溶液或蔗糖溶液。

经典式沉降平衡离心法主要用于对生物大分子相对分子质量的测定、纯度估计、构象变化等。

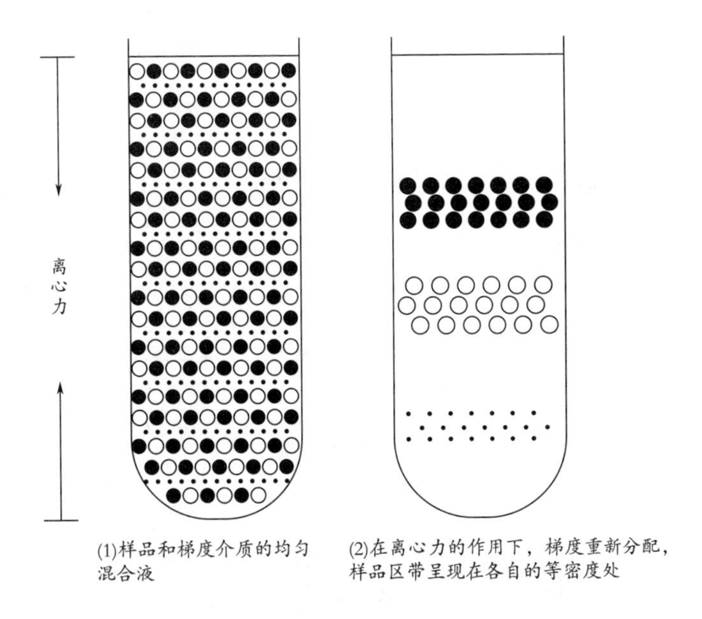
离心力
(1)样品和梯度介质的均匀混合液
(2)在离心力的作用下，梯度重新分配，样品区带呈现在各自的等密度处

图 2–19　等密度梯度离心时颗粒的分离

（二）影响离心分离效果的因素及控制

影响离心分离效果的因素主要包括所分离样品的理化性质、所选用的离心设备及离心操作条件等。

1. 样品的理化性质

样品各组分相对分子质量的大小、形状、密度、黏度等影响着离心分离效果。因此，在离心分离前，必须详细地了解需要分离的样品性质。

2. 离心分离设备

样品处理量、样品理化性质是选择离心分离设备的决定性因素。对于处理量大的时候，需要选用连续离心机；对于组分大小比较接近或流体黏度较大的时候一般选用高速离心机甚至超速离心机。

3. 离心条件的选择

离心分离因数、离心时间和操作温度是影响离心效果最重要的工艺参数。

（1）离心分离因数　是离心机在运行过程中产生的离心力和重力加速度的比值，它是离心分离设备的一个重要技术指标。分离因数越大，物料所受的离心力就越大，分离效果就越好。对于小颗粒，液相黏度大的难分离悬浮液，需要采用分离因数大的离心机加以分离。目前，工业用离心机的分离因数为几百至数十万。

（2）离心时间　是样品颗粒从液面沉降到离心管底部的沉降时间。离心时间与离心速率及粒子的沉降距离有关。对于某一样品溶液，当需达到要求的沉降效果（沉降距离）时，离心时间与转速乘积为一定值，因此，采用较低的转速、较长的离心时间或较高的转速、较短的离心时间都可以达到同样的离心效果。

（3）离心操作温度　在生物实验操作过程中，很多蛋白质、酶都必须在低温下进行操作才能保持其生物活性。有些蛋白质在温度变化的情况下，可能出现变性，或改变颗粒的沉降性质，影响分离效果。因此，必须严格控制离心温度。

（三）离心设备

离心设备的种类很多，根据离心力（或转速）的大小，可分为低速离心机、高速离心机和超速离心机三类，见表 2-4。

根据作用原理不同，离心机又可分为过滤式离心机和沉降式离心机两大类。过滤式离心机转鼓上开有小孔，有过滤介质，液体在离心力的作用下穿过过滤介质，经小孔流出而分离。分离原理与过滤基本相同，该种离心机主要用于处理颗粒粒径较大、固体含量较高的悬浮液。沉降式离心机转鼓上无孔，没有过滤介质，在离心力的作用下，物料按密度大小分层沉降，可以用于固-液、液-液和液-液-固物料的分离。

根据离心机的容量、使用温度、机身体积等方面的不同，可分为大容量离心机、冷冻离心机、落地式离心机、台式离心机等。

根据操作方式的不同，可分为间歇式、连续式离心机。

根据结构特点的不同可分为管式、套筒式、碟片式离心机。

此外，在生化产品的生产中，为了防止目标产物的变性失活，所用的离心设备一般为可在低温下操作的离心机，称为冷冻式离心机。

表 2-4　不同转速离心机的特点和使用范围

性能指标	低速离心机	高速离心机	超速离心机
转速/（r/min）	小于 8000	10000~25000	25000~150000
离心力/（×g）	10000 以下	10000~100000	100000~1000000
分离形式	固-液沉淀	固-液沉淀	密度梯度区带分离或差速沉降分离
转子	角式、外摆式转子	角式、外摆式转子	角式、外摆式、区带转子等
仪器结构性能和特点	速率不能严格控制，多数在室温下操作	有消除空气和转子间摩擦热的制冷装置，速率和温度控制较准确、严格	备有消除转子与空气摩擦热的真空和冷却系统，有更为精确的温度和速度控制、监测系统、有保证转子正常运转的传动和制动装置等

续表

性能指标	低速离心机	高速离心机	超速离心机
应用范围	收集易沉降的大颗粒（如红细胞、酵母细胞等）	收集微生物、细胞碎片、大细胞器、硫酸铵沉淀物和免疫沉淀物等。但不能有效沉淀病毒、小细胞器（如核糖体）、蛋白质等大分子	主要分离细胞器、病毒、核酸、蛋白质、多糖等，甚至能分开分子大小相近的同位素标记物^{15}N-DNA和未标记的DNA

下面介绍几种常见的离心机。

1. 管式离心机

管式离心机是一种沉降式离心机，具有一个细长（长度为直径的6~7倍）而高速旋转的转鼓。加长转鼓长度可以增加物料在转鼓内的停留时间。由于它的转鼓细而长，所以在很高的转速下工作时不至于使转鼓内壁产生过高的应力。当液-液分离时为连续操作；当进行固-液分离时，操作过程是间歇式。沉渣达到一定数量后，由人工从转鼓壁上除去。

管式离心机由转鼓、分离盘、机壳、机架和传动装置等部分组成，如图2-20所示。工作时，悬浮液在加压的条件下由下部送入，经挡板分散于转鼓的底部。在高速离心力的作用下，悬浮液旋转上升，密度较小的轻液（或清液）位于转鼓中央，呈螺旋形式上升，从分离盘靠近中心处的出口流出，而重液（或固体颗粒）因为密度较大，则向鼓壁运动。对于液-液分离而言，重液从靠近转鼓的重液出口流出；当它用于固液分离时，重液出口用垫子堵塞，固体物富集于转鼓内壁，停机后取出。

在生物工业中，管式离心机主要应用于微生物细胞、细胞碎片、细胞器、病毒、蛋白质、核酸等生物大分子的分离。它的设备构造简单，操作稳定，分离效率高，特别适合于分离一般离心机难以分离、固形物含量小于1%的发酵液。但是，由于管式离心机的转鼓直径较小，容量有限，所以生产能力较小。对于固体含量较高的发酵液，由于不能连续分离，需要频繁拆装卸料，影响生产能力，且易损坏机件，使用受到限制。

2. 碟片式离心机

碟片式离心机是生物工业中应用最为广泛的一种离心机。碟片式离心机有一个密封的转鼓，内装十至上百个顶角为60°~100°的锥形碟片。碟片间的距离一般为0.5~2.5mm。当碟片间的悬浮液随碟片高速旋转时，重相（或固体颗粒）在离心力作用下沉降于碟片的内腹面，并连续向鼓壁沉降；轻相（或清液）则被迫反方向移动至转鼓中心的进料管周围，连续排出。倾斜的碟片起进一步的分离作用，固体颗粒被带进碟片中时，在离心力作用下会接触上面的碟片，形成的固相流动层沿碟片流下，从而防止出口液体夹带固体颗粒，见图2-21。

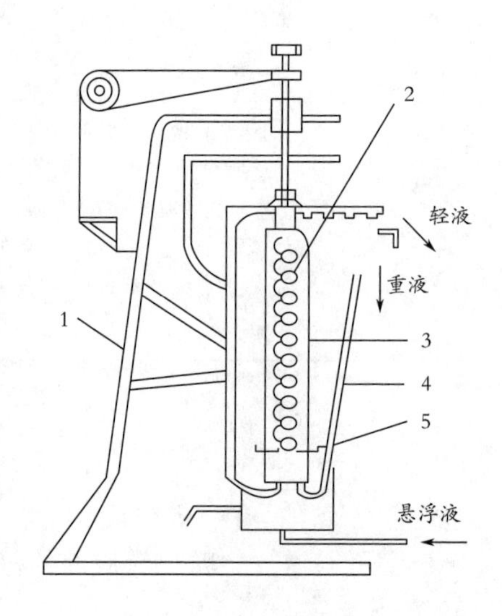

图 2-20 管式离心机结构示意图
1—机架 2—分离盘 3—转筒 4—机壳 5—挡板

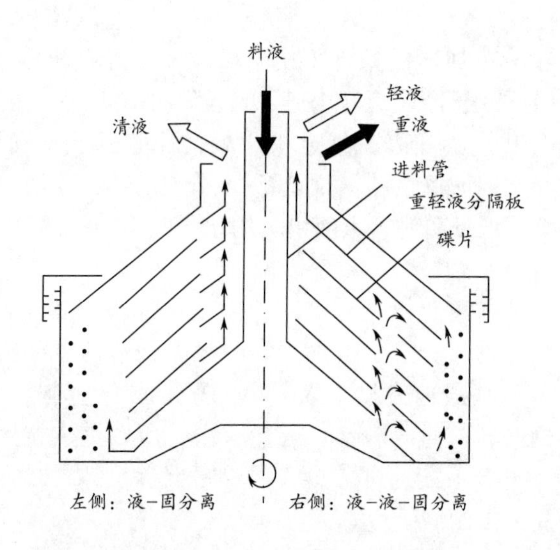

图 2-21 碟片式离心机工作原理

碟片式离心机的卸渣方式有三种，即人工卸渣、自动间歇排料和喷嘴连续排料。人工卸渣为间歇操作，当沉渣积累到一定厚度后需停机进行人工卸料。因此，要求悬浮液中固体含量小于1%，否则要经常拆卸除渣；自动间歇排料是当鼓壁上积累了一定的沉渣时，在不停机的状态下自动打开转鼓外缘的固体排泄口，借离心力将固相甩出，也适合于固体含量较少的悬浮液；在喷嘴连续排料方式中，转鼓外缘装有若干喷嘴，操作时可连续排出固相。比较而言，间歇操作虽然操作复杂，但固相含水量少；连续操作可用于固体含量较大的悬浮液，但固相仍具有流动性，干度不及间歇操作。

碟片式离心机适于分离细菌、酵母菌、放线菌等多种微生物细胞悬浮液及细胞碎片悬浮液。生产能力较大，一般用于大规模的分离过程。

3. 倾析式离心机

倾析式（或称为螺旋形）离心机，依靠离心力和螺旋的推进作用自动排渣，因而也称为螺旋卸料沉降离心机。该设备由转鼓以及装在转鼓中的螺旋输送器组成，两者以稍有差别的转速同向旋转。图 2–22 所示为倾析式离心机工作原理图，发酵液由位于转鼓轴线上的进料管输入，在离心力的作用下，固体颗粒发生沉降分离，沉积于转鼓壁上。堆积在转鼓内壁上的固相靠螺旋推向转鼓的锥形部分，从排渣口排出。与固–液分离后的液体沿鼓径较大的方向移动，从溢流口流出。因此，在转鼓内固相与液相的运动方向相反。

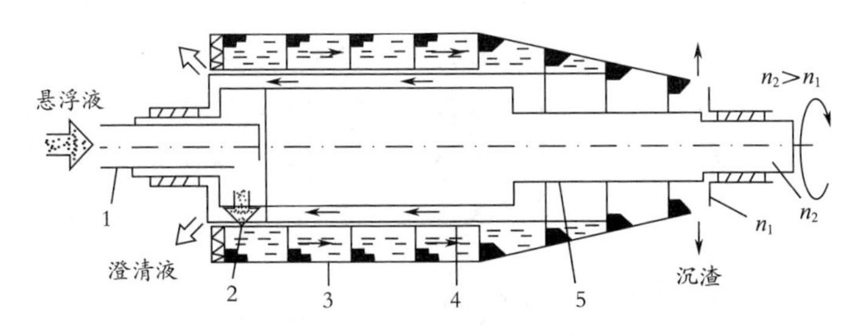

图 2–22　倾析式离心机工作原理

1—料管　2—进料口　3—转鼓　4—回管　5—螺旋

n_1，n_2 分别表示转鼓和螺旋输送器的转数

倾析式离心机可以连续操作，适应于离心分离多种悬浮液，并且还具有结构紧凑、便于维修等特点，因此，应用广泛，特别适合于分离固形物较多的悬浮液。在发酵工业中，倾析式离心机常用来精制淀粉和处理废液。当用于酒精废糟处理时，离心后所得固形物的浓度 20%～30%，而液相中悬浮物的含量大约为 0.5%。由于倾析式离心机的分离因数一般比较低，大多只有 1500～3000，所以不适合分离直径较小的细菌、酵母菌等微生物悬浮液。

【知识链接】

离心操作的注意事项

高速与超速离心机是生化试验和生化科研的重要精密设备，因其转速高，产生的离心力大，使用不当或缺乏定期的检修和保养，都可能发生严重事故，因此使用离心机时都必须严格遵守操作规程。

（1）使用各种离心机时，必须事先在天平上精密地平衡离心管和其内容物，平衡时重量之差不得超过各个离心机说明书上所规定的范围，每个离心机不同的转头有各自的允许差值，转头中绝对不能装载单数的管子，当转头只是部分装载时，管子必须互相对称地放在转头中，以便使负载均匀地分布在转头的周围。

(2) 装载溶液时，要根据各种离心机的具体操作说明进行，根据待离心液体的性质及体积选用适合的离心管，有的离心管无盖，液体不得装得过多，以防离心时甩出，造成转头不平衡、生锈或被腐蚀，而有制备功能的超速离心机的离心管，则常常要求必须将液体装满，以免离心时塑料离心管的上部凹陷变形。每次使用后，必须仔细检查转头，及时清洗、擦干，转头是离心机中须重点保护的部件，搬动时要小心，不能碰撞，避免造成伤痕，转头长时间不用时，要涂上一层上光蜡保护，严禁使用显著变形、损伤或老化的离心管。

(3) 若要在低于室温的温度下离心时。转头在使用前应放置在冰箱或置于离心机的转头室内预冷。

(4) 离心过程中不得随意离开，应随时观察离心机上的仪表是否正常工作，如有异常的声音应立即停机检查，及时排除故障。

(5) 每个转头各有其最高允许转速和使用累积限时，使用转头时要查阅说明书，不得过速使用。每一转头都要有一份使用档案，记录累积的使用时间，若超过了该转头的最高使用限时，则须按规定降速使用。

实训案例3　蔗糖密度梯度离心法提取叶绿体

一、实训目的

1. 掌握离心机的分离原理和方法。

2. 能熟练操作离心机。

二、实训原理

一般密度梯度离心法（又称速率区带离心法）是将样品加在惰性梯度介质中进行离心沉降，在一定的离心力下把颗粒分配到梯度中某些特定位置上，形成不同区带的分离方法。此法的优点是分离效果好，可一次获得较纯颗粒；适用范围广，既能分离具有沉降系数差的颗粒，又能分离有一定浮力密度差的颗粒；颗粒不会挤压变形，能保持颗粒活性，并防止已形成的区带由于对流而引起混合。此法的缺点是离心时间较长；需要制备惰性梯度介质溶液；操作严格，不易掌握。

本次实训是从绿色植物的叶子中先经破碎细胞，再用差速离心法得到去除细胞核的叶绿体粗提物，然后再将叶绿体粗提物经蔗糖密度梯度离心法制备得到完整叶绿体。

三、实训材料

新鲜菠菜叶。

四、实训器材

组织捣碎机、高速冷冻离心机、普通离心机、离心管、耐压透紫外的玻璃离心管（Corex 离心管）、烧杯、漏斗、纱布、载玻片、盖玻片、普通光学显微镜、剪刀、滴管、荧光显微镜。

五、实训药品

1. 匀浆介质（0.25mol/L 蔗糖、0.05mol/L Tris-HCl 缓冲液，pH 7.4）

配制方法：称取 85.55g 蔗糖，6.05g Tris，溶解在近 400mL 蒸馏水中，加入约 4.25mL 0.1mol/L 的 HCl 溶液，最后用蒸馏水定容至 500mL。

2. 60g/100mL、50g/100mL、40g/100mL、20g/100mL、15g/100mL 的蔗糖溶液。

六、实训操作步骤

1. 处理菠菜

洗净菠菜叶，尽可能使它干燥，去除叶柄、主脉后，称取 50g，剪碎。

2. 细胞破碎

将处理好的菠菜叶片置于 100mL 充分预冷到近 0℃ 的匀浆介质中，在组织捣碎机上选高速挡捣碎 2min。捣碎液用双层纱布过滤到烧杯中。

3. 离心

滤液移入普通玻璃离心管，在普通离心机上 500r/min 离心 5min，轻轻吸取上清液。

4. 制备梯度液

在 Corex 离心管内依次加入 50g/100mL 蔗糖溶液和 15g/100mL 蔗糖溶液（或依次加入 60g/100mL，40g/100mL，20g/100mL，15g/100mL 的蔗糖溶液），注意要用滴管吸取 15g/100mL 蔗糖溶液沿离心管壁缓缓注入，不能搅动 50g/100mL 蔗糖液面，一般两种溶液各加 12mL（如果是四个梯度则每个梯度加 6mL）。加液完成后，可见两种溶液界面处折光率稍有不同，形成分层界面，这样密度梯度便制好了。

5. 加样离心

（1）在制好的密度梯度上小心地沿离心管壁加入 1mL 上清液。

（2）严格平衡离心管，分量不足的管内轻轻加入少量上清液。

（3）用高速冷冻离心机离心 18000r/min，90min。

6. 取样观察

取出离心管，可见叶绿体在密度梯度液中间形成带，用滴管轻轻吸出滴于载玻片上，盖上盖玻片，显微镜下观察。还可在暗室内用荧光显微镜观察。

七、思考题

1. 分离的叶绿体是否纯净？试分析原因。

2. 两个密度梯度与四个密度梯度的蔗糖溶液中提取叶绿体的现象有何区别？

八、注意事项

1. 细胞破碎时，不必过细，减少破碎叶绿体的产生。过滤时不要用力挤压，以避免对叶绿体被膜的破碎。

2. 制备梯度时，蔗糖颗粒在不同浓度梯度中的扩散是不可避免的。低温条件下由于溶液的黏度增加，使扩散变慢，但同时蔗糖的溶解也会变慢，浓度高时溶解得更加缓慢。覆盖时，沿管壁轻轻释放。制好的梯度如果不马上使用，则放于冰上，或者放入冰箱内暂时存放。此外，使用高纯度的蔗糖更加有利于保持梯度的稳定。这可能是由于高纯度蔗糖所含杂质离子较少，溶液扩散较慢的缘故。

3. 加样时一定要小心，防止破坏梯度。为此，吸取的叶绿体粗提物悬浮液释放时，要贴于管壁接近液面上沿处缓慢释放。

4. 离心时，为防止速度快速上升和快速下降对浓度梯度层的破坏，离心机的加速一定要缓慢，而下降时也要缓慢停下。此外，为防止高速离心过程中温度上升可能造成的由于颗粒扩散而引起的梯度破坏，离心前一定要让离心机充分预冷。计算好准确离心时间，因为某些型号的离心机在离心起始或到达一定转速，会有抽真空时间。

5. 为防止光合作用形成的淀粉颗粒在离心时破坏叶绿体，在提取叶绿体前，先将植物材料暗置过夜。

【知识梳理】

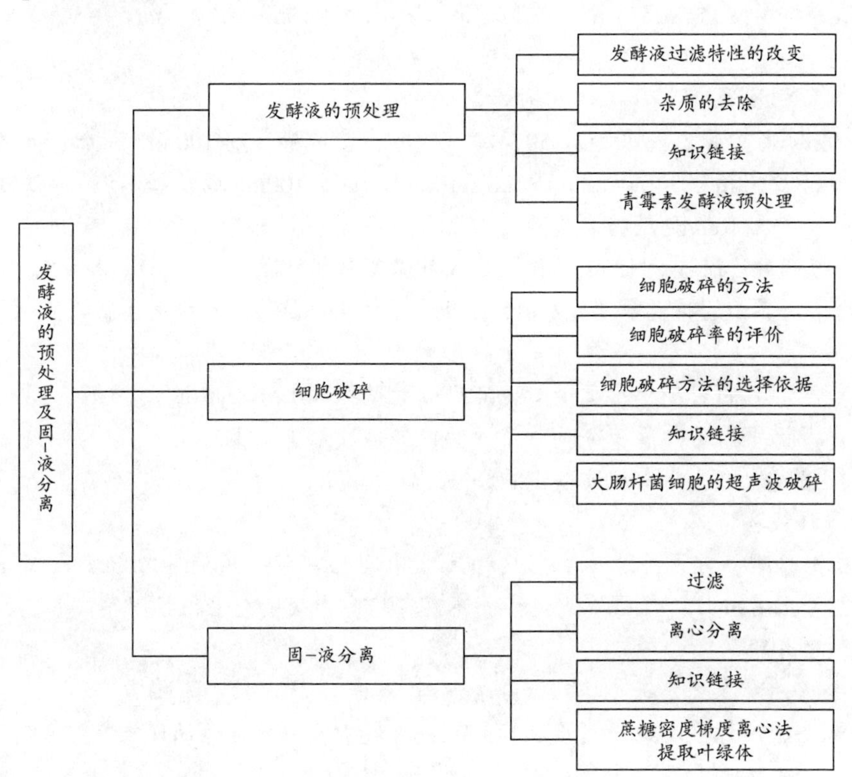

【目标检测】

一、名词解释

凝聚；絮凝；细胞破碎技术；细胞破碎率。

二、填空题

1. 降低发酵液黏度的方法主要有________和________。
2. 去除杂蛋白的方法较多，常用的有________、________、________等。
3. 常用的凝聚剂大多为________和________。
4. 细胞破碎的方法可分为________和________两大类。
5. 对细胞破碎率进行评价常用________和________两种方法。
6. 用于发酵液的固–液分离的主要是________和________两类单元操作技术。
7. 根据过滤时推动力的不同，过滤可分为：________、________、________和________。

三、选择题

1. 发酵液的预处理方法不包括（　　）。

A. 加热　　B. 凝聚和絮凝　　C. 调节 pH　　D. 过滤

2. 下列物质不属于絮凝剂的有（　　）。

A. 明矾　　B. 聚合铝盐　　C. 聚丙烯酰胺类　　D. 海藻酸钠

3. 哪种细胞破碎方法适用于工业生产（　　）。

A. 高压匀浆　　B. 超声波破碎　　C. 渗透压冲击法　　D. 酶解法

4. 不能用于固–液分离的手段为（　　）。

A. 离心　　B. 过滤　　C. 超滤　　D. 萃取

5. 下列细胞破碎的方法中，属于非机械破碎法的是（　　）。

A. 化学法　　B. 高压匀浆　　C. 超声波破碎　　D. 高速珠磨法

6. 适合少量细胞破碎的方法是（　　）

A. 高压匀浆法　　B. 超声波破碎法　　C. 高速珠磨法　　D. 高压挤压法

四、简答题

1. 预处理的目的有哪些？
2. 简述细胞破碎的目的。
3. 过滤基本原理是什么？
4. 细胞破碎方法的选择依据有哪些？
5. 过滤的影响因素有哪些？

项目三

萃取技术

从发酵液或其他生物反应溶液中除去不溶性固体物质后，通常就进入产物提取阶段。生物工程不同于化工生产，主要表现在生物分离往往需要从浓度很稀的水溶液中除去大部分的水，而且反应溶液中存在多种副产物和杂质，分离与纯化目的产物的同时也会浓集理化性质相似的杂物，增加了分离与纯化的成本。

萃取技术是利用溶质（目的产物）在互不相容的两相中分配系数（溶解度）不同从而使溶质得到提纯或浓缩的一种分离技术。萃取是生物分离与纯化技术中应用相当广泛的单元操作。其中，萃取操作不仅可以提取和增浓产物，还可以除掉部分其他结构类似的杂质，使产物获得初步纯化。该技术适用于大规模生产，广泛应用于抗生素生产，如用乙酸戊酯或乙酸丁酯从发酵液中分离青霉素或红霉素。

萃取技术的分类有很多种。根据参与溶质分配的两相不同而分成液-固萃取（用溶剂即浸取剂从固体中抽提物质，也称为浸取）和液-液萃取（用溶剂即萃取剂从溶液中抽提物质，也称溶剂萃取）两大类。也可根据萃取原理不同分为物理萃取、化学萃取、双水相萃取和超临界流体萃取等。每种萃取方法各有特点，适用于不同种类的生物产物的分离纯化。

液-固萃取方法比较简单，也不需要结构复杂的设备，多用于提取存在于细胞内的有效成分。如用乙醇从菌丝中提取庐山霉素、曲古霉素；用丙酮从菌丝内提取灰黄霉素等。但大多数情况下生物活性物质大量存在于胞外培养液，需要用其他方法如液-液萃取法进行处理。

根据萃取剂性质不同或萃取机制不同，液-液萃取可分为多种类型。经典的液-液萃取是指有机溶剂萃取，在生物产物中可用于有机酸、氨基酸、维生素等生物小分子的分离和纯化。本项目将分别介绍溶剂萃取、双水相萃取、超临界流体萃取及其他几种萃取技术。

任务一 溶剂萃取技术

知识目标

1. 掌握溶剂萃取技术的原理和方法；萃取剂的要求和选择。
2. 熟悉溶剂萃取过程的特点。
3. 了解常见的萃取设备和设备选择。

能力目标

能根据所学溶剂萃取原理及过程的知识，熟练完成溶剂萃取的操作，熟知溶剂萃取的特点、要求及应用。

思政目标

通过溶剂萃取技术的学习，培养学生解决相关生产实际问题的能力，建立高效、环保、全面考虑问题的能力。

任务导入

对于液体混合物的分离，除可采用蒸馏的方法外，还可采用萃取的方法，即在液体混合物（原料液）中加入一种与其基本不相混溶的液体作为溶剂，构成第二相，利用原料液中各组分在两个液相中分配系数的不同而使原料液混合物得以分离。本任务所介绍的溶剂萃取法是指经典的有机溶剂萃取法，即用有机溶剂对非极性或弱极性物质进行的萃取。

萃取技术概述

一、基本概念

（一）萃取和反萃取

1. 萃取

萃取是指在液体混合物（原料液）中加入一种与其基本不相混溶（一般为有机

相）的第二相液体作为溶剂，利用目标产物在两相中的分配系数的不同从而分离纯化目标产物的操作。在萃取过程中，通常将供提取的溶液称为液料，一般为水溶液；从原料中提取出来的物质称为溶质；加入的用来萃取产物的溶剂称为萃取剂；当萃取剂加入到原料液中混合静置后，由于两相的密度差异，混合液将分为两相，一相以溶质转移到萃取剂中与萃取剂形成，称为萃取液；被萃取出溶质后的原液料称萃余液。

2. 反萃取

反萃取是将萃取液和反萃取剂（含无机酸或碱的水溶液、水等）相接触，使被萃取到有机相的溶质转入水相，可看作是萃取的逆过程。反萃取后不含溶质的有机相称为再生有机相；含有溶质的水溶液称为萃取液。

（二）分配系数和分离因素

1. 分配系数

溶质在两相中的分配平衡具有一定规律，在一定温度、压力下，溶质分布在两个互不相溶的溶剂里，达到平衡后在两相的浓度之比为一常数 K，这个常数称为溶质在两相中的分配系数，即

$$K = X/Y$$

式中　X——为两相平衡后溶质在萃取相（一般为有机溶剂，也称轻相）的浓度

　　　Y——为两相平衡后溶质在萃余相（一般为水，也称重相）的浓度

此应用式前提条件：①必须为稀溶液；②溶质对溶剂互溶没有影响；③溶质在两相中必须是同一分子类型，即不发生缔合或解离。但在实际萃取过程中因溶质的浓度较大，常伴随解离、缔合、络合等化学反应。表 3-1 所示的是部分发酵产物萃取系统中的 K 值。

表 3-1　　部分发酵产物萃取系统中的 K 值

溶质类型	溶质名称	萃取剂-溶剂	分配系数 K	备注
氨基酸	甘氨酸	正丁醇-水	0.01	操作温度为 25℃
	丙氨酸		0.02	
	赖氨酸		0.02	
	谷氨酸		0.07	
	α-氨基丁酸		0.02	
	α-氨基己酸		0.3	
抗生素	红霉素	乙酸戊酯-水	120	
	短杆菌肽	苯-水	0.6	
		氯仿-甲醇	17	
	新生霉素	乙酸丁酯-水	100	pH 7.0
			0.01	pH 10.5
	青霉素 F	乙酸戊酯-水	32	pH 4.0
			0.06	pH 6.0
	青霉素 G	乙酸戊酯-水	12	pH 4.0

续表

溶质类型	溶质名称	萃取剂-溶剂	分配系数 K	备注
酶	葡萄糖异构体酶	PEG1550/磷酸钾	3	4℃
	富马酸酶	PEG1550/磷酸钾	0.2	4℃
	过氧化氢酶	PEG/粗葡萄糖	3	4℃

2. 分离因数

在生物活性物质的制备过程中，液料中的溶质并非单一的组分，除了所需的产物A之外，还存在杂质B。A、B的分配系数不同，萃取相中A和B的相对含量就不同。A的分配系数较B大，则萃取相中A的含量（浓度）大于B，这样A和B就得到了一定程度的分离。萃取剂对溶质A和B的分离能力的大小可用A与B的分配系数比值，即分离因数β来表示。

$$\beta = K_A/K_B$$

式中 K_A——溶质A的分配系数

K_B——溶质B的分配系数

由式中可知，β越大，表示两种物质分离效果越好；当$\beta=1$时，两种物质无法分开。

二、萃取剂的选择

1. 萃取剂的选择依据

选择萃取剂的基本条件是应对料液中的溶质有尽可能大的溶解度，且与原溶剂互不相容或微溶。作为萃取剂必须具备两个条件：一是萃取剂分子至少有一个萃取功能基，与被萃取物结合形成萃合物，常见的萃取功能基是O、N、P、S等原子，其中以O为功能基的萃取剂最多。二是萃取剂分子中必须有相当长（也不可过长，黏度太大或为固体）的链烃或芳烃，使萃取剂及萃合物易溶于有机溶剂而难溶于水相。一般萃取剂的相对分子量介于350~500为宜。

工业上选择理想的萃取剂除具备上述两个必要条件外，还应满足选择性好、萃取容量大、化学和辐射稳定性强、易与原料液分层、易于反萃取或分离及操作安全、经济性好、环境友好等要求。生物工业上常用的萃取剂主要是酯类、醇类和酮类等。

2. 萃取剂选择的影响因素

（1）萃取剂的选择性及分离因素　分配系数尽可能大，若分配系数未知，则可根据“相似相溶”的原则，选择与目的产物结构相近的溶剂，选择分离因素大于1的溶剂，选择与目的产物结构相近的溶剂。

（2）原溶剂与萃取剂的互溶度　原溶剂和萃取剂的互溶度应尽可能小，有利于溶质分离。

(3) 萃取剂回收的难易与经济性　萃取后萃取相和萃余相通常以蒸馏的方法进行分离，因此要求萃取剂化学稳定性高，不应形成恒沸物。

(4) 萃取剂的其他物性　溶剂毒性应低，工业上常用的溶剂为乙酸乙酯、乙酸戊酯和丁醇等；腐蚀性低，价格便宜，来源方便，便于回收。

3. 萃取剂的分类

常用的萃取剂大致可分为以下四类：①中性络合萃取剂：醇、酮、醚、酯、醛、烃类等。②酸性萃取剂：羧酸、磺酸、酸性磷酯类等。③螯合萃取剂：羟肟类化合物。④离子对（胺类）萃取剂，主要是叔胺和季铵盐。

三、影响溶剂萃取的因素

1. 乳化和破乳化

乳化是一种液体（分散相）分散在另一种不相混溶的液体（连续相）中的现象。乳化后会使有机溶剂相和水相分层困难，出现水相中夹带有机溶剂微滴或有机溶剂中夹带水相微滴，前者会影响收率，后者给后续分离造成困难。因此必须进行破乳化。在发酵液萃取过程中，蛋白质是引起乳化的最重要的表面活性物质。

乳化产生后再破乳化，损耗大，工业上较难实现，因此最好采用预处理手段，将发酵液中的蛋白质除去，消除乳化因素。一旦产生了乳化，主要有以下几种方式消除：①加入表面活性剂，改变张力。②离心法。③化学法，加电解质（氯化钠、硫酸铵等）中和乳液中分散相的电荷。④物理法：加热、吸附、稀释等。

2. pH

pH 在萃取操作中很重要。一方面 pH 会影响分配系数，进而影响萃取率。另一方面 pH 会影响选择性。如酸性物质一般在酸性下萃取到有机相中，碱性产物则在碱性下萃取到有机相中。应根据杂质和产物的酸碱性调整 pH。另外 pH 还应尽量选择在产物稳定的范围内。

3. 温度和萃取时间

温度对生物活性物质的萃取有很大影响，一般在低温下进行；萃取时间也会影响生物活性物质的稳定性。如青霉素萃取中，青霉素遇酸碱或加热易分解失活，尤其在酸性水溶液中极不稳定；在有机相中提供稳定性，但随着放置时间延长其效价会有所下降。

4. 盐析作用

盐析剂（氯化钠、硫酸铵等）可降低溶质在水中的溶解度，易于转向有机相，同时能减少乳化现象，且使萃取相相对密度增大，有助于分相。但盐析剂用量要适当，过多会使杂质转入有机相。

四、萃取基本流程

经典的液-液萃取是指有机溶剂萃取。工业上的萃取操作通常包括混合、分离和溶剂回收三个步骤。

液-液萃取

混合：料液和萃取剂充分混合形成具有很大比表面积的乳浊液，（溶质）产物通过相界由原料液转入萃取剂中。

分离：搅拌停止后，两液相因密度不同而分层为萃取相和萃余相。

溶剂回收：从萃取相有时也需从萃余相（有少量混溶情况下）中分离出有机溶剂加以回收利用。常采用蒸馏或蒸发的方法，有时也可采取结晶等其他方法。脱除溶剂后的萃取相和萃余相分别称为萃取液和萃余液。

综合以上内容，工业萃取的流程中须有混合器（如搅拌混合器）、分离器（如碟片式离心机）和溶剂回收装置（如蒸馏塔）。有些设备也可同时完成混合萃取和分离。一般萃取过程很快，如果接触表面积足够大，在15~16s可以完成，因此有了“管道萃取”（管道内高度混合）和“喷射萃取”（使用喷射泵）技术。

萃取的操作流程一般可分为单级萃取和多级萃取。多级萃取又分为多级错流萃取和多级逆流萃取。

1. 单级萃取流程

单极萃取流程是液-液萃取中最简单的操作形式，通过一个混合器（萃取器）和一个分离器进行。如图3-1所示：原料液F与萃取剂S一起加入萃取器内搅拌使F和S充分混合，平衡后将混合液引入分离器，静置分层后，萃取相L进入回收器，经后续分离得到萃取剂和产物；萃余相R作为废液，经分离得到萃取剂和萃余液。经分离回收的萃取剂S可循环使用。

单级萃取的优点是流程简单，可间歇或连续操作。缺点是不能对原料进行完全分离，萃取率低。因此适合于萃取剂分离能力大，分离效果好，或对工艺或分离要求不高的情况。

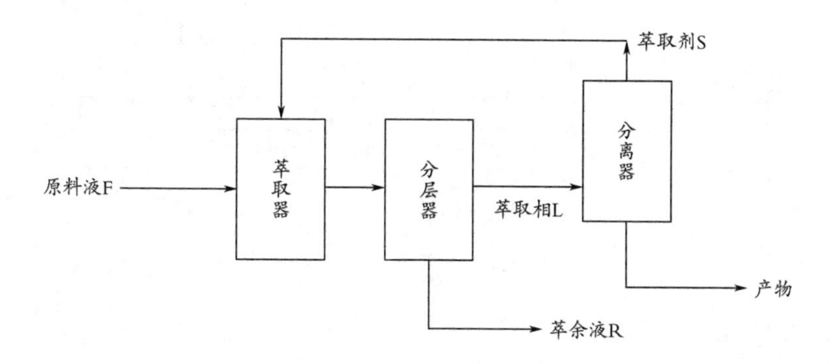

图3-1 单级萃取流程

2. 多级萃取流程

单级萃取因只萃取一次，萃取率不高。为提高萃取率，常采用多级萃取。

（1）多级错流萃取流程 如图3-2所示，多级错流萃取流程为原料液依次通过各级，每级均于混合器中加入新鲜萃取剂（溶剂），萃取相和萃余相分别进入溶剂回收设备。此种方法萃取较完全，萃取率比较高，但萃取剂用量大，回收处理量大，能耗较大。

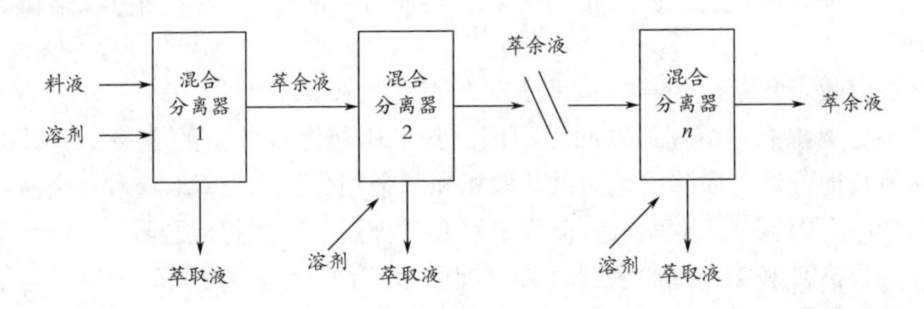

图 3-2　多级错流萃取流程

（2）多级逆流萃取流程　如图 3-3 所示，原料液 F 从 1 级加入，依次经各级萃取得到萃取液 L_1、L_2、L_3 等，溶质含量逐级下降，最后从最后一级 N 级流出；萃取剂 S 则从最后一级 N 级经多次萃取其溶质含量助剂提高，最后从第 1 级流出。最终的萃取相 L_3 和萃余相 R_3 分离出溶剂再次循环利用。其特点是料液和萃取剂走向相反，只在第 N 级加入萃取剂，萃取剂消耗少，萃取液平均产物浓度高，产物收率最高。在工业上除非有特殊理由，否则多采用多级逆流萃取。

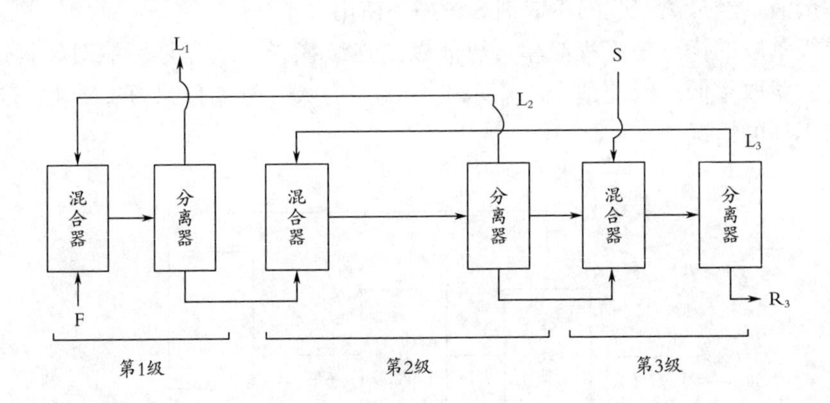

图 3-3　多级逆流萃取流程

五、萃取设备

1. 萃取设备种类

液-液萃取是两液相间的传质过程。实现萃取操作的设备应具备以下两个基本要求：一是能够使两液相充分接触并伴有较高湍动；二是充分接触后再使两液相达到较完善的分离。

目前工业萃取设备较多，有不同的分类标准。按接触方式分为级式接触和连续式接触；按设备构造分为组件式和塔式，在多级萃取情况下一般用塔式设备，如脉动塔和转盘塔应用最广泛。常见分类方式如表 3-2 所示。

表 3-2　　　　常见萃取设备的类型

液体分散的动力		级式接触	连续式接触
无外加能量		筛板塔	喷洒塔、填料塔、筛板塔
有外加能量	旋转搅拌	混合澄清器	转盘塔、偏心转盘塔
	往复搅拌	—	往复筛踏板
	脉冲	—	脉冲填料塔、液体脉冲筛板塔、振动筛板塔
	离心力	转筒式离心萃取器，卢威式离心萃取器	波德式离心萃取器

2. 萃取设备的选择

根据具体对象、分离要求和客观实际条件进行设备选择。一般在满足工艺条件和要求的前提下，从经济角度衡量，使成本趋于最低。具体选择原则如表 3-3 所示。

表 3-3　　　　萃取设备选择原则

考虑因素		混合澄清器	喷洒塔	填料塔	筛板塔	转盘塔	脉冲筛板塔 振动筛板塔	离心萃取器
工艺条件	需理论级数多	△	×	△	△	○	○	△
	处理量大	△	×	×	△	○	×	×
	两相流量比大	○	×	×	×	△	△	○
系统费用	密度差小	△	×	×	×	△	△	○
	黏度高	△	×	×	×	△	△	○
	界面张力大	△	×	×	×	△	△	○
	腐蚀性高	×	○	○	△	△	△	×
	有固体悬浮物	○	○	×	×	○	△	×
设备费用	制造成本	△	○	△	△	△	△	×
	操作费用	×	○	○	○	△	△	×
	维修费用	△	○	○	△	△	△	×
安装现场	面积有限	×	○	○	○	○	○	○
	高度有限	○	×	×	×	△	△	○

注：○表示适用；△表示可选用；×表示不适用。

【知识链接】

青霉素的萃取

青霉素（Penicillin，盘尼西林）又被称为青霉素 G、peillin G。在青霉素 G 的萃取中，以乙酸丁酯作为萃取剂时，由于其水溶性较大而造成溶剂损耗，需要从残液中回收溶剂等问题，研究开发出了亚砜类萃取剂对青霉素 G 的萃取。在工艺研究的基础上采用亚砜-煤油体系（30%二异辛基亚砜-5%正辛醇-硫化煤油）作为萃取溶剂进行的新溶剂萃取—反萃取—乙酸丁酯萃取—冷冻、脱色、过滤—结晶全流程台架式试验，得到了青霉素 G 的合格产品，并提高了收益率，减少了损耗。

实训案例4　青霉素的提取、精制及萃取率的计算

青霉素二级逆流萃取

一、实训目的

1. 掌握青霉素萃取率的计算方法。

2. 学习溶剂萃取法提取和精制青霉素的小剂量实训室操作。

二、实训原理

当水相在 pH 1.8~2.2 时，青霉素以游离酸的形式存在，易溶于有机溶剂（通常为醋酸丁酯）。青霉素的盐则易溶于极性溶液，特别是水中。基于以上原理，使青霉素在水相和有机相反复转移，去除大部分杂质并得到浓缩，最后采用结晶的方式可得到纯度在98%以上的青霉素。

三、实训器材

恒温水浴锅、分液漏斗、烧杯、电子天平、移液管、容量瓶、量筒、玻璃棒、pH 试纸（0.5~4.5）（或 pH 计）。

四、实训试剂和材料

青霉素发酵液（注射用 80 万单位青霉素钠 1 瓶，用 80mL 蒸馏水溶解）、6%硫酸、2g/100mL 碳酸氢钠、无水硫酸钠、50g/100mL 醋酸钾乙醇溶液、乙酸丁酯。

五、实训操作步骤

1. 将青霉素发酵液用 6%硫酸调 pH 至 1.8~2.2，然后倒入分液漏斗中。

2. 取 30mL 乙酸丁酯置于上述分液漏斗中，振摇 20min，静置 10~15min，弃水相。

3. 于所留酯相中加入 2g/100mL 碳酸氢钠 35mL，振摇 20min，静置 10~15min，留水相，弃酯相。

4. 用 6%硫酸将水相 pH 调至 1.8~2.2，加入 25mL 乙酸丁酯，振摇 20min，静置分层后，弃水相。

5. 于所留酯相中加入少量无水硫酸钠，振摇片刻，过滤。

6. 滤液中加入 50g/100mL 醋酸钾乙醇溶液 1mL，在 36℃ 水浴中搅拌 10min，

析出青霉素钾盐。

六、结果与讨论

所制备的青霉素钾盐干燥后，称重，计算得率（得率=青霉素钾盐×100/发酵液体积）。

七、注意事项

有青霉素过敏史的实验员可以不做本实验。

双水相萃取

任务二 双水相萃取技术

知识目标

1. 掌握双水相萃取技术的原理和方法。
2. 熟悉双水相萃取技术的特点。
3. 了解双水相萃取技术的应用。

能力目标

能根据所学的双水相萃取技术的原理及流程，熟练完成双水相相图的制作，熟知双水相萃取技术的方法及特点。

思政目标

通过双水相萃取技术的学习，培养学生善于钻研、不畏困难的科学探索精神和奉献精神。

任务导入

液-液萃取技术在生物工业和化工行业中极为普遍，但是在生物工程分离中，经常会遇到生物活性大分子的分离与纯化。生物大分子（如蛋白质、酶等）亲水性强，不易溶于有机物，无法用经典的有机溶剂萃取法进行分离提纯，且生物大分子在有机溶剂中容易变性失活。因此发展出了可以保持生物大分子物质的活性的新型液-液萃取技术，即双水相萃取技术。双水相萃取技术就是基于液-液萃取理论，不同之处是把水-有机溶剂的两相改为了双水相（两相均为水相），因富含不同的高聚物或无机盐而分层形成两相。

一、双水相萃取简介

双水相萃取是利用物质在互不相溶的两个水相之间分配系数的差异实现分离的方法。在体系中加入一种或两种水溶性聚合物，同时加入无机盐，则体系中可形成明显的两相，这一现象最早是由荷兰科学家 Beijerinck 在 1896 年发现，目前有文献称可用多种聚合物形成多达 22 个水相。第一个将这种技术用于分离的是瑞典科学家 Albertsson，并在 1955 年首先提出了双水相萃取概念。此后这项技术几乎在所有的生物物质，如氨基酸、多肽、核酸、细胞器、细胞膜、病毒等的分离纯化中得到应用，特别是蛋白质大规模分离。

二、双水相萃取基本概述

1. 双水相萃取原理

双水相萃取与有机溶剂萃取的原理相似，都是依据物质在两相间的选择性分配，只是萃取体系性质不同。当两种亲水性聚合物互相混合时，由于其各自不同的分子结构而产生相互排斥作用，当达到平衡时，即形成分别富含不同聚合物的两相，称为双水相系统。如 2. 2g/100mL 的葡聚糖水溶液与等体积的 0. 72g/100mL 甲基纤维素钠的水溶液相混合并静置后，可得到两个黏稠的液层：下层含有大部分葡聚糖；上层含有大部分甲基纤维素钠，两相中 98%以上的成分是水，即聚合物的不互溶性。如果多种不互溶的聚合物混在一起，就可得到多相体系，如硫酸葡聚糖、葡萄糖、羟丙基葡聚糖和聚乙二醇相混时，可形成四相体系。几种典型的双水相系统如表 3-4 所示。

表 3-4　几种典型的双水相系统

类型	形成上相的聚合物	形成下相的聚合物
非离子型聚合物/非离子型聚合物	聚乙二醇	葡聚糖、聚乙烯醇、聚蔗糖、聚乙烯吡咯烷酮
	聚丙乙醇	聚乙二醇、聚乙烯醇、葡聚糖、聚乙烯吡咯烷酮、甲基聚丙二醇、羟丙基葡聚糖
	羟丙基葡聚糖	葡聚糖
	聚蔗糖	葡聚糖
	乙基羟基纤维素	葡聚糖
	甲基纤维素	羟丙基葡聚糖、葡聚糖
高分子电解质/非离子型聚合物	羧甲基纤维素钠	聚乙二醇
高分子电解质/高分子电解质	葡聚糖硫酸钠	羧甲基纤维素钠
	羧甲基葡聚糖钠盐	羧甲基纤维素钠

续表

类型	形成上相的聚合物	形成下相的聚合物
非离子型聚合物/低分子质量化合物	葡聚糖	丙醇
非离子型聚合物/无机盐	聚乙二醇	磷酸钾、硫酸铵、硫酸镁、硫酸钠、甲酸钠、酒石酸钾钠

双水相体系基本可分为两大类型：①高聚物/高聚物体系（如 PEG/Dex），易于后续处理连续。②高聚物/盐体系（如 PEG/硫酸铵），盐浓度高，蛋白易盐析，废水处理困难。在生化工程中得到广泛应用的双水相体系有：聚乙二醇（PEG）/葡聚糖（Dex）体系，PEG/盐体系等。

2. 相图

双水相的形成和定量关系常用相图表示，对于有两种聚合物和水组成的系统，如图 3-4 所示。以 PEG/KPi 双水相系统为例，图中横坐标表示磷酸钾（KPi）的质量分数，纵坐标表示 PEG 的质量分数，只有当两种聚合物达到一定浓度时才会形成两相。图中的曲线称为双节线，将一相区和两相区分隔开，曲线下方表示一相系统，曲线上方表示两相系统。M、T（Top）、B（Botton）分别代表系统的组成、平衡时上相组成、平衡时下相组成。连接 T 和 B 的直线称为系线，同一条系线上的各点表示不同的系统组成，但分成的两相组成相同（体积比不同）。当点 *M* 向下移动，系线长度缩短，两相差别减小，达到 *K* 点时，系线长度为 0，两相间差别消失而成为一相。因此 *K* 点为系统临界点。

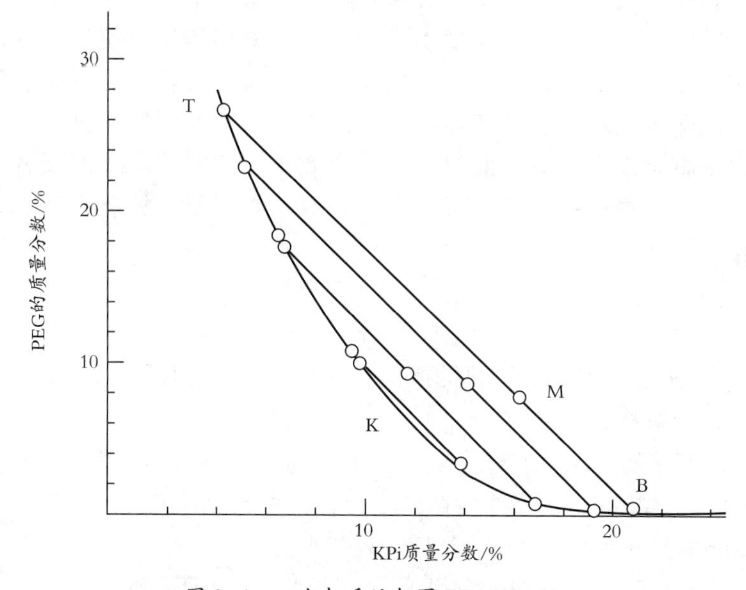

图 3-4　双水相系统相图 PEG600/KPi

双水相体系的相图（包括系线）制作，以 PEG/（$(NH_4)_2SO_4$）体系为例：由 PEG 和（$(NH_4)_2SO_4$）的量可以得出体系组成的质量分数，混合分相后，测出上相和下相中 PFG 和（$(NH_4)_2SO_4$）的含量，由此可以得到三个点，即加料点、上相点和下料点；然后改变 PFG 或（$(NH_4)_2SO_4$）的量重复上述步骤，得到一系列的加料点、上相点和下相点，最后将得到的上相点和下相点用光滑的曲线连接起来。每一次的加料点、上相点和下相点的连线则为系线。

3. 双水相萃取特点

双水相萃取法对于生物物质的分离和纯化表现出特有的优点和技术优势。

（1）传递速度快　双水相系统间的传质和平衡过程速度快，分离迅速，回收率高。

（2）易于放大　分配系数重演性好，小数据可直接放大且产物回收率几乎不降低，对工业应用尤为有利。

（3）条件温和　由于双水相的界面张力大大低于有机溶剂与水相之间的界面张力，可在室温下进行操作，有助于保持产物的生物活性，强化相际传质。既可直接在双水相系统中进行生物转化以消除产物抑制，又有利于实现反应与分离技术的耦合。

（4）浓缩倍数和处理容量大，能耗低。

（5）步骤简单　大量液体固体物质同时除去，与其他常用的固-液分离方法相比，可省去 1~2 个分离步骤，更经济。

双水相萃取也有其缺点，系统容易乳化，成相聚合物价格昂贵，难以回收不利于工业化。在如何克服这些困难的研究中，“集成化”概念引入了新的模式，即双水相萃取技术与其他生化分离技术进行有效组合，实现不同技术间的相互渗透、融合。例如：①与温度诱导相分离、磁场作用、超声波作用、气溶胶技术等实现集成化，改善双水相萃取技术中成相聚合物回收困难、相分离时间长、容易乳化等问题。②与亲和沉淀、高效层析等新型生化分离技术实现过程集成，充分融合双方优势，既提高了分离效率，由简化了分离流程。③在生物转化、化学渗透释放和电泳等过程中引入双水相萃取，给已有技术赋予新的内涵和思路。

三、双水相萃取流程

双水相萃取包括三个过程：目的产物的萃取，PEG 的循环，无机盐的循环。

1. 目的产物的萃取

（1）萃取和平衡　原料匀浆液与 PEG 和无机盐在萃取器中混合，由于体系的表面张力很低，分配可在几分钟内达到平衡，且由于界能低，搅拌时只需要较小的剪切力就能得到分散度很高的悬浮液，耗能小。

（2）上下相分离　在萃取达到平衡后，就必须使上下相分离，体系进入分相器分相。一般分散体系介质黏度在 3～15mPa · s，有粗葡萄糖或高体积比的 PEG/盐系统时，更适于用重力沉降分离；PEG/Dex 系统则需要用离心机来实现该体系相与相之间的分离，一般使用碟片式离心机。

（3）目标物与多聚物分离　当相与相分离完成后，在合适的双水相组成中，一般使目标蛋白质分配到上相（PEG 相），而细胞碎片、核酸、多糖和杂蛋白等分配到下相（富盐相）。在上相中加入盐，形成新的双水相体系，在适当的条件下，蛋白质被重新萃取入盐相，大量的 PEG 得到回收，盐相中少量参与的 PFG 可用超滤或透析除去。

2. PEG 的循环

在大规模双水相萃取过程中，成相材料的回收和循环使用，不仅可以减少废水处理的费用，还可以节约化学试剂，降低成本。PEG 的回收有两种方法：①加入盐使目标蛋白转入富盐相来回收 PEG。②将 PEG 相通过离子交换树脂，用洗脱剂先洗去 PEG，再洗出蛋白质。

3. 无机盐的循环

将含无机盐的相冷却，结晶，然后用离心机分离收集。除此之外，还有电渗析法、膜分离法回收盐类或除去 PEG 相的盐。

下面以蛋白质的分离为例说明双水相分离的流程（图 3-5）。蛋白质分离过程包括三步双水相萃取，在第一步中所选择的条件应使细胞碎片及杂蛋白等进入下相，而所需的蛋白质进入富含 PEG 的上相。第二步萃取是将目标蛋白质再次转入富含 PEG 的上相，方法是向分相后的上相中加入盐以再一次形成双水相体系，使蛋白质再次进入富含 PEG 的上相，以便与杂蛋白进一步分开。第三步萃取是将杂蛋白质转入富盐相，方法是在上相中加入盐，形成新的双水相体系，从而使蛋白质进入富盐的下相，将蛋白质与 PEG 分离，以利于使用超滤或透析将 PEG 回收和目的产物进一步加工处理。

初期的双水相萃取过程仍以间歇操作为主。近年来，在天冬氨酸氨基转移酶、乳酸脱氢酶、富马酸酶与青霉素酰化酶等多种产品的双水相萃取过程中均采用了连续操作，有的还实现了计算机过程控制。这不仅对提高生产能力，实现全过程连续操作和自主控制，保证得到高活性和质量均一的产品具有重要意义，而且也标志着双水相萃取技术在工业生产中的应用正日趋成熟和完善。

应用双水相萃取法应满足下列条件：①目标物（生物大分子物质）与细胞碎片应分配在不同的相中。②分配系数应足够大，在一定的相体积比时，经过一次萃取，就能得到较高的回收率。③两相用离心/沉降法容易分离。

四、影响双水相萃取的因素

物质在双水相体系中的分配系数不是一个确定的量，它要受许多因素的影响。对某一物质，只要选择合适的双水相体系，控制一定的条件，就可得到合适的

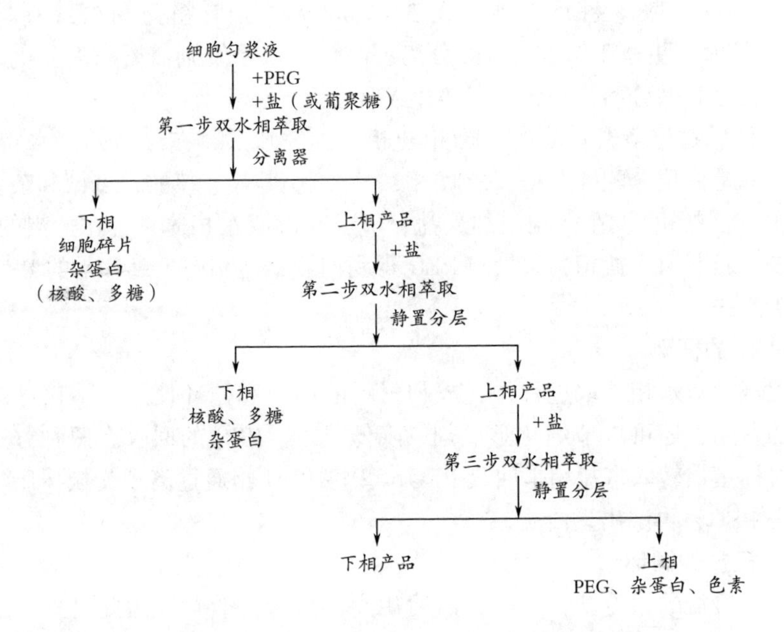

图 3-5　细胞内蛋白质的三步双水相萃取流程图

(较大的）分配系数，从而达到分离纯化的目的。例如，可以用双水相萃取直接从细胞破碎匀浆液中萃取蛋白质，而无需将细胞碎片分离。

1. 聚合物相对分子质量及其浓度的影响

不同聚合物的水相系统显示出不同的疏水性，水溶液中聚合物的疏水性按以下次序递增：葡萄糖硫酸盐<甲基葡萄糖<葡萄糖<羟丙基葡聚糖<甲基纤维素<聚乙烯醇<聚乙二醇<聚丙三醇。这种疏水性的差异对目的产物的相互作用非常重要。

聚合物疏水性变化可对酶等亲水性物质的分配产生较大的影响。同一聚合物的疏水性随其相对分子质量的增加而增加。其大小的选择取决于萃取过程的目的和方向。若想在上相获得较高的大分子物质（如蛋白质、核酸、细胞粒子等）回收率，则应降低 PEG 聚合物的平均相对分子质量，从而增加蛋白质的分配系数；相反，若想在下相获得较高的目标物收率，则应增加 PEG 聚合物的相对分子质量，减小回收物的分配系数。但双水相体系中高分子聚合物的分子质量对于氨基酸、多肽等的分配系数影响不大。

当双水相系统位于临界点附近时，蛋白质等大分子物质的分配系数接近 1 时，对萃取不利。可增加高聚物的浓度使系统组成偏离临界点，蛋白质的分配系数也偏离 1，对于不同的物质，需要对高聚物浓度进行优化。

2. 体系中盐的种类和浓度的影响

在双水相聚合物系统中，电解质的阴阳离子在两相间会有不同的分配。同时，由于各相要保持电中性，因此会在两相的界面形成电位差，是影响带电荷大分子如蛋白质和核酸等分配的主要因素。同样对粒子迁移也有相似的影响，粒子因迁移而在界面上积累。因此，只要设法改变界面电势，就能控制蛋白质等带电荷大分子转入某一相。

例如，在 PEG/Dex 体系中加入 NaCl，对卵蛋白和溶菌酶分配系数的影响如下：当 pH＝6.9 时，溶菌酶带正电荷，卵蛋白带负电荷，Cl^- 的分配系数大于 Na^+ 的分配系数，产生电位差，$U_2-U_1>0$，相 1 电位小于相 2 电位，导致带正电的溶菌酶大量迁移到 1 相，其 K 值增大，而带负电荷的卵蛋白迁移到 2 相，其 K 值减小，从而使溶菌酶和卵蛋白得以较好地分离。可见在体系中加入适当的盐类，会大大促进带相反电荷的两种蛋白质的分离。

3. pH 的影响

体系的 pH 对被萃取物的分配有很大影响，这是由于体系的 pH 变化能明显地改变两相电位差，而且 pH 的改变影响蛋白质中可离解集团的离解度，因而改变蛋白质所带电荷和分配系数。体系 pH 与蛋白质的等电点相差越大，则蛋白质在两相中的分配越不平均，因此酶蛋白体系应控制在酶稳定的 pH 范围。

另外，pH 还影响系统缓冲磷酸盐的离解程度，从而影响 $H_2PO_4^-$ 和 HPO_4^{2-} 的比例，即影响 PEG/KPi 系统的相间电位和蛋白质分配系数。对于某些蛋白质，pH 的微小变化有时会使分配系数改变 2~3 个数量级。

4. 温度的影响

温度会影响相图，同时影响分配率和蛋白质的生物活性。一般临界点附近，温度对分配率的影响较大，但是在离临界点足够远时，温度对分配系数的影响较小，这是由于成相聚合物对蛋白质有稳定化作用。

大规模双水相萃取操作一般在室温下进行，不需低温操作。这是因为室温时亲水聚合物的多元醇或糖结构可保护蛋白质，且室温下溶液黏度较低温（如 4℃）时低，有助于相的分离并且省却了降温的成本。

五、双水相萃取技术的应用

1. 分离和提纯各种蛋白质（酶）

双水相萃取技术目前较多用于胞内酶的提取和精制上。胞内酶提取第一步必须先破碎细胞，由此所得的细胞匀浆液黏度大，且有微小细胞碎片存在。传统处理是离心去除碎片，但耗能大，去除不彻底。用双水相萃取技术处理匀浆液，可方便地去除细胞碎片，还可使酶得到精制。

用 PEG/（NH_4）$_2SO_4$ 双水相体系，经一次萃取从 α-淀粉酶发酵液中分离提取 α-淀粉酶和蛋白酶，萃取最适条件为 PEG1000（15g/100mL）－（NH_4）$_2SO_4$（20g/100mL），pH8，α-淀粉酶收率为 90%，分配系数为 19.6，蛋白酶分离系数高达 15.1。蛋白酶在水相中收率高于 60%，向萃取相（上相）中加入适当浓度（NH_4）$_2SO_4$ 可达到反萃取。随着（NH_4）$_2SO_4$ 浓度增加，两相间固体析出量也增加。

2. 提取抗生素和分离生物粒子

用双水相萃取技术直接从发酵液中将丙酰螺旋霉素与菌体分离后进行提取，可实现全发酵液萃取操作。采用 PEG/Na_2HPO_4 体系，最佳 pH 条件为 pH8.0～8.5。相对分子质量不同的 PEG 对双水相体系的影响不同，适当选择低相对分子质量的 PEG 有利于减小高聚物分子间的排斥作用，并能降低黏度，利于抗生素分离。采用双水相萃取技术，可直接处理发酵液，且基本消除乳化现象，提高了萃取收率，但会引起纯度下降。

3. 天然产物的分离与纯化

中草药是我国医药宝典中的瑰宝，历史悠久，但由于天然植物中所含化合物众多，特别是中草药有效成分和提取技术发展缓慢。双水相萃取技术可用于多种天然产物的分离与纯化。

尽管双水相萃取技术在提取生物活性物质上有很多优势，但其目前没有在工业上大量应用，主要问题是原料成本高和纯化倍数低。因此，开发廉价双水相体系及后续层析纯化工艺，降低原料成本，采用新型亲和双水相萃取技术，提高分离效率将是双水相萃取技术的重要发展方向。

【知识链接】

生物大分子物质的分离

生物大分子物质（蛋白质等）在有机溶剂中容易变性失活，通常不适于有机溶剂萃取法进行提取，但是在含水量很高的双水相系统中，生物大分子可以保持其天然的空间构型，不易变性，可达到很高的收率。双水相萃取能直接将胞内物质从细胞破碎后的匀浆液中分离出来。由于胞内产物经细胞破碎后的细胞碎片很细小，分离除去细胞碎片长期以来是提取过程中的一个难点。细胞匀浆液经双水相萃取后可使目标产物分配在上相，而细胞碎片分配在下相，进而可以将其分离出去。因此，双水相萃取技术给提取胞内物质提供了一条有效途径。双水相萃取技术在生物小分子如抗生素、氨基酸和天然药物等的分离纯化中同样也取得了较理想的效果。

实训案例5 双水相萃取技术萃取牛奶中蛋白质及相图的绘制

一、实训目的

1. 掌握双水相萃取的原理及方法。

2. 学习双水相萃取相图的制作。

二、实训原理

双水相萃取法是利用物质在互不相溶的两水相间分配系数的差异来进行萃取的方法。高聚物 PEG 和盐 $(NH_4)_2SO_4$ 形成的互不相溶的两相，倒入牛奶中，使蛋白质富集在其中一相。

双水相的形成和定量关系可用相图表示，对于有两种聚合物和水组成的系统，如图 3-6 和图 3-7 所示。图中的曲线称为双节线，将把均匀区和两相区分隔开来。曲线上方表示两相区，下方表示均相区。相图中 TMB 称为系线；T 代表上相组成；B 代表下相组成；同一条系线上各点分成的两相具有相同的组成，但体积比不同。

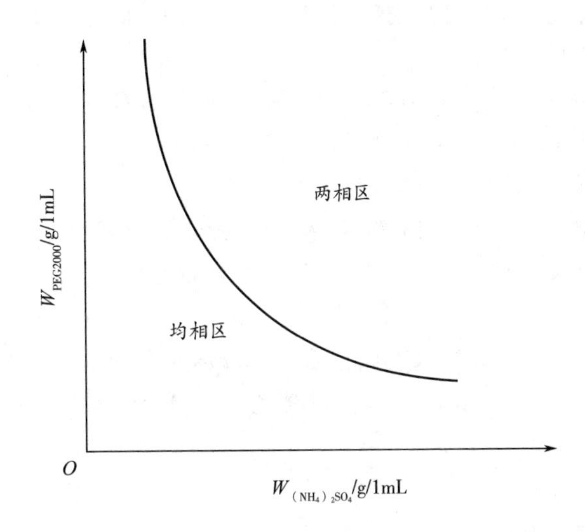

图 3-6　PEG2000-（NH_4）$_2SO_4$ 双水相体系相图

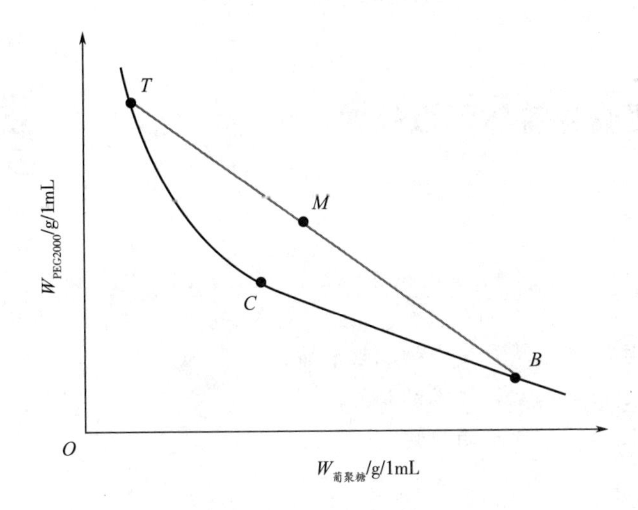

图 3-7　PEG2000-葡聚糖双水相体系相图

三、实训器材

离心机、试管、天平、离心管、三角瓶、滴定管。

四、实训试剂和材料

聚乙烯二醇 2000（PEG2000）、硫酸铵、牛奶。

五、实训操作步骤

1. PEG2000-硫酸铵双水相体系相图的测定

(1) 取 10g/100mL PEG2000 溶液 10mL 于三角瓶中。

(2) 将 40g/100mL 硫酸铵溶液装入滴定管中，滴定至三角瓶中溶液出现浑浊，记录硫酸铵消耗的体积。加入 1mL 水溶液使溶液澄清，继续用硫酸铵滴定至浑浊，重复 7~8 次，记录每次硫酸铵消耗的体积，计算每次出现浑浊时体系中 PEG 和硫酸铵的浓度，单位为 g/100mL。

(3) 以硫酸铵的浓度（g/100mL）为横坐标，PEG2000 浓度（g/100mL）为纵坐标，绘制出 PEG2000-硫酸铵双水相体系相图。

2. PEG2000-硫酸铵双水相体系的配制

根据相图中双水相区的 PEG2000 浓度和硫酸铵浓度，分别量取适量的 10g/100mL PEG2000 溶液和硫酸铵溶液，混合均匀后以 2000r/min 离心 10min 后分相，得到双水相体系。

3. 利用 PEG2000-硫酸铵双水相体系萃取分离牛乳中的蛋白质

取 1mL 牛乳于上述双水相体系，搅拌均匀，于 500r/min 离心 5min，静置分层，分别量取上下相的体积。

六、结果与讨论

1. 怎样正确地绘制相图?

2. 如何根据相图配制双水相体系，并对混合物进行分离?

任务三 超临界流体萃取技术

超临界流体萃取技术

知识目标

1. 掌握超临界流体萃取技术的原理和方法。
2. 熟悉超临界流体萃取技术的特点。
3. 了解超临界流体技术的应用。

能力目标

能根据所学的超临界流体萃取的原理及方法，熟知超临界流体萃取的影响因素及基本工艺流程，会操作超临界流体萃取装置。

思政目标

通过超临界流体萃取技术的学习，培养学生精益求精的工匠精神。

任务导入

超临界流体萃取（supercritical fluid extraction，SFE）是近几十年来新发展起来的一种新型的萃取分离技术，是利用超临界流体（supercritical fluid，SCF）作为萃取剂，对物质进行溶解和分离的技术。

早在1850年，英国女皇学院的Thoms Andrew博士对CO_2超临界现象进行了研究，1879年，J. B. Hanny和J. Hograth发现超临界乙醇具有极佳的溶解能力，这种超临界流体的独特溶解现象引起关注。20世纪50年代，美国Todd和Elgin从理论上提出超临界流体用于萃取分离的可能性。20世纪60年代，超临界流体萃取技术在石油、化工等领域得到应用，并开始了在食品行业中应用超临界流体萃取的研究。1979年，联邦德国的HAG公司首先建成了用超临界流体萃取技术除去咖啡碱的生产线，随后在20世纪80年代，国外的超临界工业萃取装置接连开始应用。我国在20世纪90年代，相继有工业萃取装置问世。

目前超临界流体萃取技术已经广泛应用于食品、香料、医药、化工和环境等多个领域之中。

一、超临界流体

1. 临界点

任何一种物质都存在气、液、固三种相态，三相成平衡态共存的点称为三相点，如图3-8所示。液、气两相成平衡状态时的点称为临界点，这一点相对应的温度和压力分别称为临界温度（T_c）和临界压力（p_c）。在临界点和临界点以上，液体和气体不再以明显的气液两相存在，分界消失，形成即使提高压力也不会液化的非凝聚性气体。在纯物质中，当操作温度超过它的临界温度，无论施加多大的压力，也不可能使其液化，所以临界温度是气体可以液化的最高温度，临界压力是临界温度下气体液化所需要的最小压力。不同的物质有其固定的临界压力和临界温度。

2. 超临界流体特征

超临界流体（SCF）是指处于超过物质本身的临界温度和临界压力状态时的非凝缩性高密度流体。超临界流体萃取（SFE）是通过超临界流体分离混合物中的溶质（目的产物），利用超临界流体与待分离溶质具有超常的相平衡行为、传递特性和对溶质的特殊溶解能力特性而达到溶质分离的技术。利用超临界流体作为溶剂，

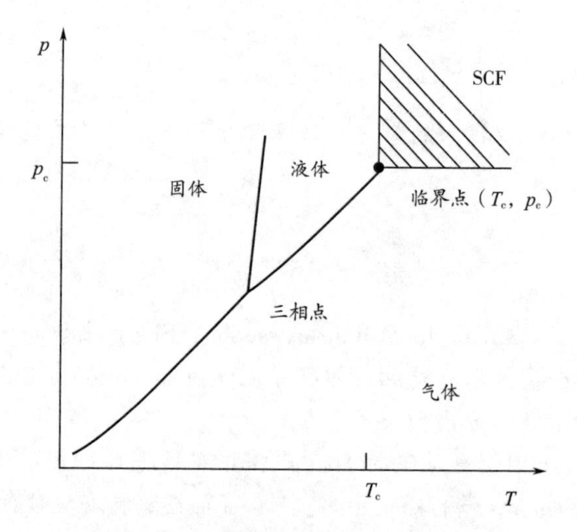

图 3-8　物质临界点附近的 T-p 相图

可从多种液态或固态混合物中萃取出待分离的组分。

超临界流体没有明显的气-液分界面，既不是气体，也不是液体，性质兼具气体与液体性质，具有优异的溶剂性质，黏度低，密度大，有较好的流动、传质、传热和溶解能力。其密度比普通气体大百倍，接近于液体，因而具有与液体溶剂相近的溶解能力；其黏度和扩散系数比液体小（如超临界 CO_2 流体的黏度仅是液体的 1%），与气体相近似，具有低黏度和高扩散系数（超临界 CO_2 流体的自体扩散系数比液体大数百倍）。两者性质的结合使其表现出良好的溶解特性和传质特性。

3. 超临界流体萃取剂

超临界流体萃取技术应用关键在于萃取剂的选择，可作为超临界流体的物质很多，如二氧化碳、一氧化亚氮、六氟化硫、乙烷、庚烷、氨等。用作萃取剂的超临界流体应具备以下条件：

（1）化学性质稳定，对设备没有腐蚀性，不与萃取物发生反应。

（2）临界温度应接近常温或操作温度，不宜太高或太低。

（3）操作温度应低于被萃取溶质的分解变质温度。

（4）临界压力低，以节省动力费用。

（5）对被萃取物选择性高（容易得到纯产品）。

（6）纯度高，溶解性能好，以减少溶剂循环利用量。

（7）易于获取，价格便宜。如果用于食品和医药工业，还应考虑选择无毒气体。

二、超临界流体萃取技术的原理

超临界流体的溶解能力主要取决于密度，密度增加，溶解能力增强；密度减小，溶解能力减弱，甚至丧失对溶质的溶解能力。在临界点附近压力或温度的微小变化都会引起超临界流体密度发生很大变化，溶质在超临界流体中的溶解度随超临界流体密度的增大而增大。因此可利用压力、温度的变化来实现萃取和反萃取的过程。超临界萃取技术就是利用超临界流体的这种性质，使之在高压条件下与待分离的固体或液体混合物相接触，萃取出目的产物，然后通过降压或升温的办法降低超临界流体的密度，从而使萃取物得到分离。

三、超临界流体萃取技术的特点

与传统的萃取技术相比，超临界流体萃取具有其特有的优势：

（1）因超临界流体黏度小，扩散系数大，故萃取速度比液体萃取快，特别适用于固体物质的分离与纯化。

（2）操作参数易于控制，很容易通过调节压力和温度来调节溶剂的选择性。

（3）选择适当的提取条件和溶剂，可在接近室温（35～40℃）的条件下进行提取，有效防止了热敏物质的氧化和逸散，可将高沸点、低挥发度、易受热分解或变性的物质分离出来。

（4）溶质和溶剂易分离，不需要复杂的脱除过程，且分离彻底，产品纯净无溶剂残留。一般用 CO_2 作为萃取剂，减少了操作过程中对人体的毒害和对环境的污染。

（5）溶剂回收简便，萃取和分离一体化，工艺简单、能耗少、节约成本。

以上优点使得超临界流体萃取技术成功地应用于食品、医药和轻工业等生物产品的分离过程，但是超临界流体萃取技术也存在一些缺点，如下所示。

（1）分离过程在高压下进行，高压系统的设备价格比较高，初期投资较大，且设备大都为非标设备，制造周期较长。

（2）由于目前国内不能制造压力太大的压力容器，生产规模受到一定限制。

（3）萃取釜无法连续操作，造成装置的空置，产率较低。

（4）更换产品时清洗容器和管道比较困难，因此需要从设计时考虑，并提高对清洗的要求。

但是对于高经济价值的产品以及精馏和液相萃取效果较差的产品，超临界流体萃取技术还是最好的选择。

四、超临界流体萃取技术的影响因素

1. 流体密度

溶质在一种溶剂中的溶解度取决于这两种分子间的作用力。作用力越大，溶解度越大。随流体密度增大，溶剂对溶质的作用力也增大，从而使溶解度增大。不挥发性溶质在超临界流体中，溶解度与流体的密度大致呈正比。因此，通过改变压力或温度来改变流体密度，就可以改变其对溶质的溶解能力，利用不同密度下溶解能力的差异，就可以达到选择性萃取和分离的目的。

2. 压力

压力是影响超临界流体萃取过程的重要因素之一。当温度恒定时，提高压力可以增大溶剂的溶解能力和超临界流体的密度，从而提高超临界流体的萃取容量。以 CO_2 为例，CO_2 的临界温度为 31.06℃。在温度为 37℃时，压力由 7.375MPa 上升到 10.3MPa，CO_2 的密度可增加 2.8 倍，可增大溶质的溶解度，提高萃取能力。当超过临界压力时（7.375~10.3MPa），压力对密度增加的影响变缓慢，相应的溶解度增加的效应也变缓慢。

依据萃取压力的变化范围，可将超临界萃取分为三类基本应用：①高压区的全萃取。②低压区的脱臭，在接近临界点附近，仅能提取易溶解的组分，大部分为有味、有害成分。③中压区的选择性萃取。

3. 温度

与压力相比，温度对超临界流体萃取的影响要复杂一些：一方面是温度对流体密度的影响，温度升高时会降低超临界流体密度从而减小其萃取容量；另一方面，是温度对溶质蒸气压的影响，当萃取压力较高时，温度的提高可以增大溶质蒸气压，从而提高挥发度和扩散系数，增加溶质在超临界流体中的溶解度。但要注意温度过高会使热敏性物质发生降解变性。

4. 溶剂比

当萃取温度和压力确定后，溶剂比是一个重要参数。在低溶剂比时，经一定时间萃取后固体中残留量大；用非常高的溶剂比时，萃取后固体中的残留趋于低限。溶剂比的大小必须考虑经济性。

5. 物料的颗粒度

一般情况下，萃取速率随固体物料颗粒尺寸的减少而增加。当颗粒过大时，固体相内受传质控制，萃取速率慢，即使提高压力、增加溶剂的溶解能力，也不能有效地提高溶剂中溶质的溶解度；另外，当颗粒过小时，会形成高密度的床层，使溶剂流动通道阻塞而造成传质速率下降。

6. 夹带剂

单一组分的超临界溶剂有时达不到理想的萃取效果，如天然药物中的有效成分在超临界流体中的溶解度较小，此时通常通过添加少量与被萃取物亲和力强的组分，来提高溶剂对被萃取组分的溶解能力和选择性，通常将这种组分称为助溶剂或夹带剂。添加夹带剂是实际应用中常见的方法之一。其原理是通过改变分子间的作用力，影响溶质在超临界流体中的溶解度或选择性。夹带剂的作用除能增加溶解度外，还能增加萃取过程的分离因素，也可使溶质的溶解度对温度、压力的敏感程度提高。

常用的夹带剂有水、甲醇、乙醇、丙酮、丙烷等。使用夹带剂不仅可以提高溶质在超临界流体中的溶解度，还可以明显降低萃取压力，大大降低了对容器材料的耐高压要求。如用 CO_2 萃取被孢霉菌体中的 γ-亚麻酸，加入 10%（体积分数）甲醇作为夹带剂可使萃取量提高 4 倍，且操作压力从 38.3MPa 降低至 13.4MP；在 CO_2 中添加约 14%（体积分数）的丙酮后，可使甘油酯的溶解度增加 22 倍。

五、超临界流体萃取技术的操作及工艺

1. 超临界流体萃取技术的基本过程

超临界流体在萃取的过程是由萃取阶段和分离阶段组合成的，如图 3-9 所示。在萃取阶段，超临界流体将所需组分从原料中提取出来。在分离阶段，通过变化温度或压力等参数，或其他方法，使萃取组分从超临界流体中分离出来，并使萃取剂循环使用。

通常超临界流体萃取系统主要由四部分组成：①溶剂压缩机（即高压泵）；②萃取器；③温度、压力控制系统；④分离器和吸收器。其他辅助设备包括：辅助泵、阀门、压力调节器、流量计、热量回收器等。溶质萃取槽和溶质分离回收槽相当于萃取和反萃取单元。萃取过程是高温、高压下，超临界流体溶解目的产物的过程；分离过程是通过降温或降压，析出目的产物并回收萃取剂的过程。

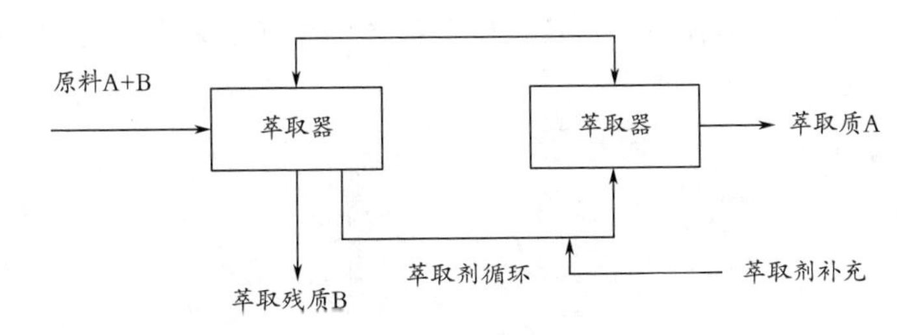

图 3-9 超临界流体萃取的过程

2. 超临界流体萃取技术的分类

根据萃取过程中超临界流体的状态变化和溶质的分离回收方式不同，可将超临界流体萃取技术分为等温法、等压法和吸附法三种典型工艺。

（1）等温法 通过改变操作压力实现溶质在超临界流体中的萃取和回收。如图 3-10 所示，设备主要由萃取槽、膨胀阀、分离槽和压缩机依次串联循环组成。溶质在萃取槽中被高压（高密度）流体萃取后，流体经膨胀阀而压力下降，溶质的溶解度降低。溶质析出后由分离槽分离，萃取剂经压缩机压缩后返回萃取槽循环使用。整个过程中操作温度不变，萃取槽和分离槽等温，萃取槽压力高于分离槽。

（2）等压法 通过改变操作温度实现溶质的萃取和回收。如图 3-11 所示，设备主要由萃取槽、加热器、分离槽、泵（风机）、冷却器依次串联循环组成。在一

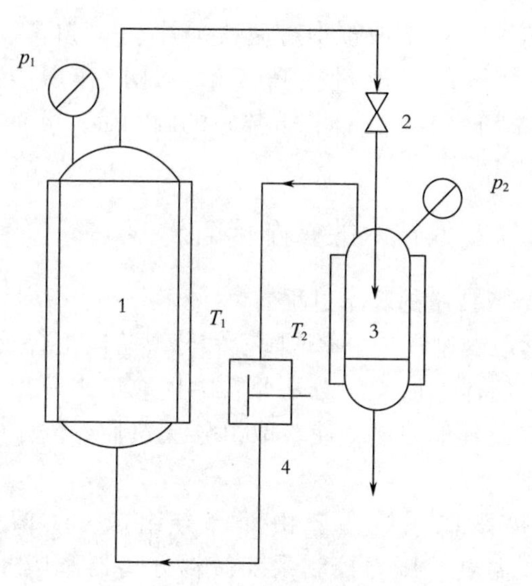

图 3-10 等温法超临界萃取流程

$T_1=T_2$，$p_1>p_2$

1—萃取槽 2—膨胀阀 3—分离槽 4—压缩机

定的操作压力下，萃取槽中含溶质的超临界流体经加热升温后与溶质分离，溶质由分离槽析出，萃取剂则经冷却器冷却后返回萃取槽循环使用。萃取槽和分离槽处于相同压力，利用二者温度不同使超临界流体的溶解度差别来达到分离目的。

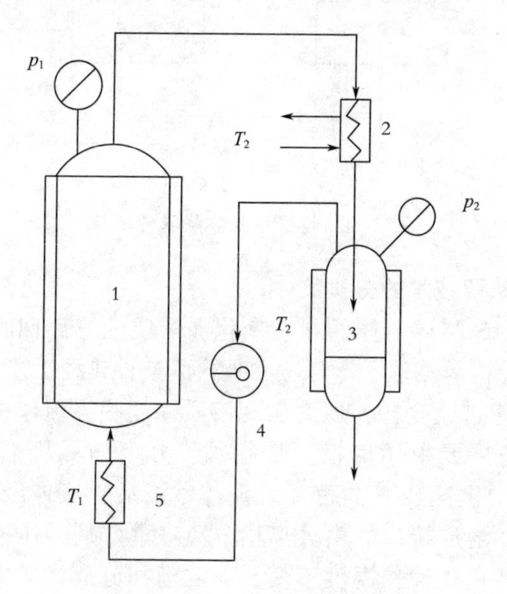

图 3-11 等压法超临界萃取流程

$T_1 < T_2$，$p_1=p_2$

1—萃取槽 2—加热器 3—分离槽 4—泵 5—冷却器

(3) 吸附法　通过选择性吸附目标产物的吸附剂（如选择吸附溶质而不吸附超临界流体）来回收目标产物，以便提高萃取的选择性。萃取剂经压缩后循环使用。如图 3-12 所示，设备主要由萃取槽、泵（风机）、分离槽组成。操作过程中萃取槽和分离槽处于相同的温度和压力下，利用在分离槽中填充特定的吸附剂将目的产物选择性吸附出去，并定期再生吸附剂。

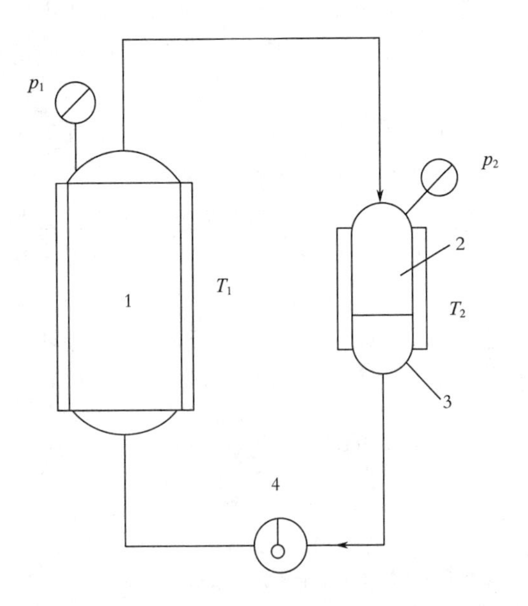

图 3-12　吸附法超临界萃取流程

$T_1=T_2$，$p_1=p_2$

1—萃取槽　2—吸收剂　3—分离槽　4—泵

对比等温、等压和吸附三种基本流程的能耗，吸附法理论上不需压缩能耗和热交换能耗，应该是最节能的过程。但该法只适用于可使用选择性吸附方法分离目的产物组分的体系，绝大多数天然产物分离过程很难通过吸附剂来收集产品，所以吸附法只能用于少量杂质脱除过程。一般条件下，温度变化对 CO_2 流体的溶解度影响远小于压力变化的影响。因此，通过改变温度的等压法工艺过程，虽然可以节省压缩能耗，但实际分离性能受到很多限制，实用价值较少。所以目前超临界 CO_2 萃取过程大多采用改变压力的等温法流程。

六、超临界流体萃取技术的应用

1. 生物活性物质和生物制品的提取

超临界流体萃取技术应用领域相当广泛，特别是对分离或生产高经济价值的产品，如药品、食品和精细化工产品等有着广阔的应用前景。特别适用于食品、中草药中某些热敏性物料的萃取。CO_2 超临界流体萃取在医药领域广泛用于酶和维生素的精制，酵母、菌体生产物的萃取；医药品原料的浓缩、精制、脱溶剂；脂肪类混合物的分离精制及动植物体内药物成分的提取等各个方面。其中最成功的工业化应用是脱咖啡因和啤酒花萃取。具体应用见表3-5。

2. 超临界状态下的酶促反应

除了用超临界CO_2作萃取剂外，作为特殊的非水相的酶反应溶剂，近年来受到越来越多的关注。许多酶蛋白在超临界CO_2中不失活，且具有催化功能。由于在自然界，酶的催化反应是在水相中介质中进行的，所以酶在超临界CO_2介质中的催化行为引起人们的强烈兴趣。

超临界CO_2作为酶催化反应的介质具有以下优点：①与水相比，脂溶性底物和产物可溶于超临界CO_2中，酶蛋白不溶解，有利于三者分离。②产品回收时，不需要处理大量的稀水溶液，因而不产生废水污染问题。③与其他非水相有机溶剂中的酶催化反应相比，超临界CO_2更适合于生物、食品相关的产品体系，产品分离简单。④与萃取一样，超临界CO_2中的质量传递速度快，在临界点附近，溶解能力和介电常数对温度和压力敏感，可控制反应速度和反应平衡。

目前研究的有酯化反应、酯水解反应等，反应条件温和。

表3-5　　超临界流体萃取技术在工业上的应用

行业	应用
医药工业	酶、维生素等的精制回收 动植物中萃取有效药物成分（生物碱、维生素E、EPA、DHA、吗啡等） 原料药中的浓缩、精制和脱溶剂（抗生素等） 酵母、菌体产物的萃取（γ-亚麻酸、甾族化合物、酒精等） 脂质混合物的分离精制（甘油酯、脂肪酸、卵磷脂等）
食品工业	植物油脂的萃取（大豆、向日葵、花生、咖啡等） 动物油脂的萃取（鱼油等） 奶脂中脱除胆固醇等 食品脱脂（炸土豆、油炸食品、无脂淀粉等） 从茶、咖啡中脱除咖啡因，啤酒花的萃取 香辛料的萃取（胡椒、肉豆蔻、肉桂等） 植物色素的萃取（辣椒、栀子等） 共沸混合物的分离（H_2O-C_2H_5OH），酒精饮料的软化 油脂的脱色、脱臭
化妆品及香料工业	天然香料萃取（香草豆提取香精等）、合成香料的精制和分离 烟草脱尼古丁 化妆品原料萃取、精制（表面活性物质、脂肪酸酯、甘油单酯等）

3. 细胞破碎

细胞破碎是生物工程下游过程中分离胞内产物的重要步骤。微生物细胞通常有坚硬的细胞壁，工业上常用的珠磨法和高压匀浆法都会产生大量热量，易使热敏物质受到破坏。超临界 CO_2 渗透力强，能快速渗入细胞内并达到细胞内外压力平衡，此时突然降压，细胞因胞内外压差较大而剧烈膨胀发生破裂。超临界 CO_2 降压膨胀是吸热降温过程，利用这个性质可防止传统破碎过程中升温引起热敏物质的破坏。在近临界点，微小压力变化导致超临界 CO_2 体积和能量变化都很大，因此超临界 CO_2 可用作较厚细胞壁生物的破壁方法，如酵母细胞等。

【知识链接】

超临界流体 CO_2

要充分利用超临界流体的独特性质，必须了解纯溶剂及其和溶质的混合物在超临界条件下的相平衡行为。目前研究较多的是 CO_2。CO_2 临界温度为31.1℃，临界压力为7.375MPa，临界条件容易达到；临界密度（0.448g/cm^3），在超临界溶剂中是较高的，故萃取能力较强；全过程不用有机溶剂，萃取物无残留溶剂，同时具有化学性质稳定，无色无味无毒、安全性好、价格便宜、纯度高、容易获得等优点，特别适合天然产物有效成分的提取。

实训案例6　超临界 CO_2 流体萃取青蒿素

一、实训目的

1. 掌握超临界流体萃取的基本原理。

2. 学习超临界流体萃取的基本操作方法。

二、实训原理

青蒿素是20世纪70年代我国科学家屠呦呦等从黄花蒿（又名青蒿）分离出来的一种抗疟疾药，具有高效、低毒、速效等特点。青蒿素分子式：$C_{15}H_{22}O_5$，相对分子质量：282.14。纯品为无色针状结晶，味苦，熔点156~157℃。

传统工艺提取青蒿素，得率低，周期长，成本高，影响青蒿素药效。利用超临界 CO_2 流体进行萃取，既防止青蒿素被氧化破坏，保持了萃取物全天然，又有效提高了生产效率，且不造成环境污染。

三、实训器材

粉碎机、超临界流体萃取装置、CO_2 钢瓶、电子台秤。

四、实训试剂和材料

黄花蒿（青蒿）、乙醇。

五、实训操作步骤

（一）青蒿粉末制备

称取适量青蒿粗品装入粉碎机粉碎一定时间。注意粉碎机不能连续运行，每运作1min要稍作停歇，防止电机过热以及青蒿素在高温下遭到破坏。粉碎完毕后取出粉末并称取质量。

（二）操作前准备

1. 检查超临界流体萃取装置的各设备、管线、阀门、仪表是否完好。

2. 检查换热器水位、主泵、副泵油的位置并补充至适当位置。

3. 检查管道及阀门，并将各放气阀关紧。

4. 将青蒿粉末装入萃取釜，注意料筒装量不得超过筒有效高度的90%。

（三）系统预热

1. 打开电源开关、各预热开关和制冷开关。

2. 设置预热温度：萃取釜40℃，分离釜1为60℃，分离釜2为50℃，对应的数值预热器温度分别提高10℃。预热至设定温度后开机。

（四）开机和萃取操作

1. 打开钢瓶，将钢瓶中CO_2气体慢慢通入系统容器中，驱赶各容器中的空气。

（1）主泵放气：打开主泵放气阀放气，然后关闭。

（2）萃取器放气：打开萃取器的进气阀和放气阀，排出杂质气体，然后关闭。

2. 打开主泵（压缩泵）。

3. 依次打开萃取器釜、分离釜1、分离釜2的控制阀门，调节萃取釜压力为18MPa，分离器釜1为14MPa，分离釜2为6MPa，并保持压力稳定。

4. 开始循环萃取，记录时间，持续操作3~4h。

5. 关闭CO_2钢瓶。

（五）停机

1. 关闭主泵开关、预热开关、冷凝器开关、几个电源开关。

2. 打开CO_2钢瓶和萃取釜、分离釜1和分离釜2的控制阀门，使气体回流至钢瓶。

3. 关闭CO_2钢瓶和上述各控制阀门。

4. 打开萃取釜放气阀放气。

5. 取出萃取釜，倒出残渣并称重；放出分离釜2中的成品，称重。

六、结果与讨论

1. 填写青蒿原料质量______g，青蒿素成品质量______g，青蒿素成品颜色______。

2. 操作中应特别注意哪些问题。

任务四 其他萃取技术

知识目标

1. 掌握固体浸取和反胶团萃取技术的原理。

2. 熟悉固体浸取和反胶团萃取技术的方法。

3. 了解反胶团萃取技术的应用。

能力目标

能根据所学反胶团的概念及形成原理，熟知反胶团萃取的原理及影响因素。

思政目标

通过固体浸取和反胶团萃取技术的学习，培养学生诚实守信的职业道德。

任务导入

许多生物分子如蛋白质是亲水疏油的，一般仅微溶于有机溶剂，并且蛋白质直接与有机溶剂相接触，往往会导致其变性失活，因此萃取过程中所用的溶剂必须既能溶解蛋白质又能与水分层，同时不破坏蛋白质的生物活性。反胶团萃取技术正是适应上述需求而出现的。

自然界中就存在天然的两性分子组成的结构，即构成细胞膜的磷脂双分子层，将细胞内的生化物质、蛋白质和无机离子分隔开来。利用溶于水的离子型表面活性剂（如丁二酸-2-乙基己基磺基钠、双十二碳烯基甲基溴化铵、氯化三辛基甲基铵）也可形成类似的空间分隔结构。当这些表面活性剂与非极性有机溶剂接触时可形成反胶团结构。反胶团内部是一个极性环境，可以容纳离子、蛋白质、核酸、双链 DNA 甚至细菌、细胞以及少量的水。

一、固体浸取技术

1. 简介

浸取或固-液萃取是用溶剂将固体原料中的可溶组分提取出来的操作。进行浸取的原料，多数情况下是溶质与不溶性固体所组成的混合物。一般在溶剂中不溶解的固体，称为载体或惰性物质。

2. 浸取操作

为了使固体原料中的溶质能够很快地接触溶剂，载体的物理性质对于决定是否要进行预处理是非常重要的。预处理包括粉碎、研磨、切片等。动植物的溶质在细胞中，如果细胞壁没有破裂，浸取作用是靠溶质通过细胞壁的渗透来进行的，因此细胞壁产生的阻力会使浸取速率变慢。但是，如果为了将溶质提取出来，而研磨破坏细胞壁也不实际，因为会使一些相对分子质量较大的组分也被浸取出来，造成溶质精制的困难。通常工业上将这类物质加工成一定的形状。

固-液萃取操作主要包括不溶性固体中所含的溶质在溶剂中溶解的过程和分离

残渣与浸取液的过程。在后一个过程中，不溶性固体与浸取液往往不能分离完全，因此，为了回收浸取残渣中吸附的溶质，通常还需进行反复洗涤操作。

3. 浸取设备

固体浸取设备按其操作方式可分为间歇式、半连续式和连续式。按固体原料的处理方法可分为固定床、移动床和分散接触式。

在选择设备时，要根据所处理的固体原料的形状、颗粒大小、物理性质、处理难易程度及其所需费用的多少等因素来考虑。处理量大时，一般考虑使用连续式。在浸取中，为避免固体原料的移动，可采用多个固定床，使浸取液连续取出。也可采用半连续式或间歇式。

溶剂用量是由过程条件及溶剂回收与否等来决定的。根据处理固体和液体量的比，采用不同的操作过程和设备来解决固-液分离。粗大颗粒固体可由固定床或移动床设备或渗滤器进行浸取。

二、反胶团萃取技术

反胶团萃取的分离原理是表面活性剂在非极性的有机相中超过临界胶团浓度（CMC）而聚集形成反胶团，在有机相内形成分散的亲水微环境。

1. 反胶团的形成及特性

反胶团是两性表面活性剂在非极性有机溶剂中亲水性基团自发地向内聚集而形成的，内含微小水滴，空间尺度仅为纳米级的集合型胶体。

从胶体化学可知，向水溶液中加入表面活性剂，当表面活性剂的浓度超过一定值时，就会形成胶体或胶团，即表面活性剂的聚集体。在这种聚集体中，表面活性剂的极性头向外朝向水溶液，非极性尾向内。当向非极性溶剂中加入超过一定浓度值的表面活性剂时，也会在溶剂内形成聚集体，此时表面活性剂的非极性尾向外，极性头向内，与在水溶液中形成的胶团相反，称为反胶团，如图 3-13 所示。

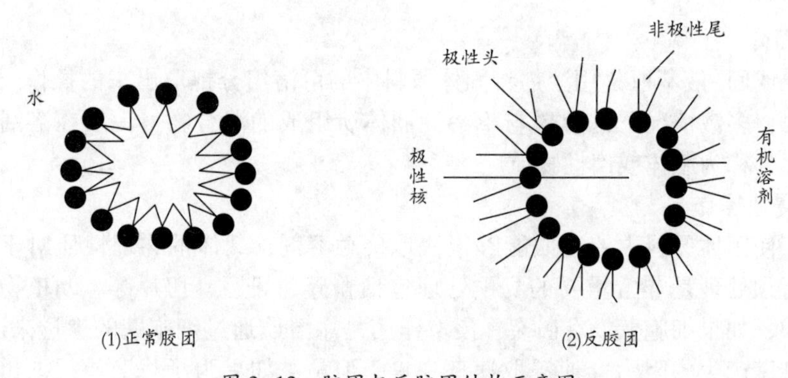

图 3-13　胶团与反胶团结构示意图

反胶团的形成是由很多因素促成的，既取决于表面活性剂和溶剂的种类和浓度，也取决于温度、压力、离子强度、表面活性剂和溶剂的浓度等因素。例如，表面活性剂分子因为既有非极性部分也有极性部分所以趋向于停留在有机-水界面。另外，水分子很容易形成氢键。典型的水相中的胶团内的聚集数是50~100，其形状可以是球形、椭球形或棒状。反胶团的直径一般为5~20nm，聚集数通常小于50，通常为球形，某些情况下可能为椭球形或棒形。

对于大多数表面活性剂，要形成胶团，存在一个临界胶团浓度，即形成胶团所需的表面活性剂的最低浓度。这个数值可随温度、压力、溶剂和表面活性剂的化学结构而改变，一般为0.1~1.0mmol/L。

2. 反胶团中生物分子的溶解

对于反胶团中蛋白质的溶解方式，目前已先后提出了四种模型，如图3-14所示：①水壳模型：蛋白质位于“水池”中心，周围存在水层将其与反胶团壁隔开。②蛋白质分子表面存在强疏水区，该疏水区域直接与有机相接触。③蛋白质吸附于反胶团壁内。④蛋白质疏水区与几个反胶团的表面活性剂疏水端发生相互作用，被几个小反胶团所“溶解”。现在被多数人所接受的是水壳模型，尤其对于亲水性蛋白。在水壳模型中，蛋白质居于“水池”的中心，而此水壳则保护了蛋白质，使其生物活性不会改变。生物分子溶解于反胶团相的主要推动力是表面活性剂与蛋白质的静电相互作用。反胶团与生物分子间的空间阻碍作用和疏水性相互作用对生物分子的溶解度也有重要影响。

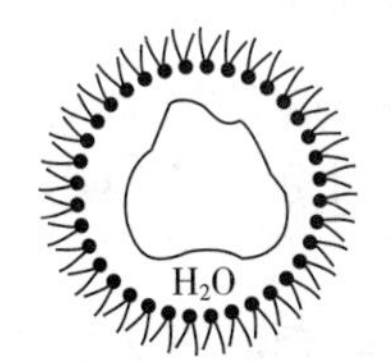

(1)水壳模型

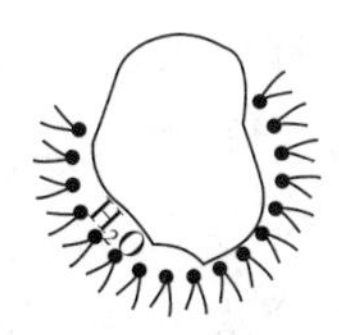

(2)蛋白质中的疏水部分直接与有机相接触

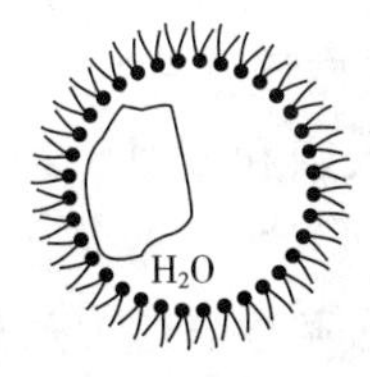

(3)蛋白质被吸附在胶团的内壁上

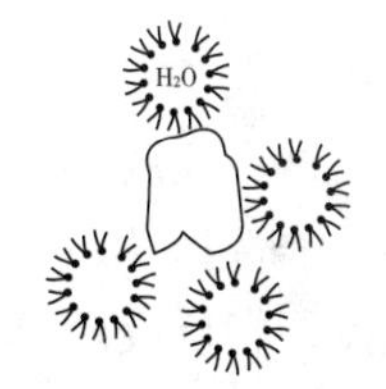

(4)蛋白质的疏水区与几个反胶团的表面活性剂疏水端发生作用

图3-14　蛋白质在反胶团中溶解的四种可能模型

3. 反胶团制备方法

制备反胶团系统一般有以下3种方法。

（1）相转移法　将含有蛋白质的水相和含表面活性剂的有机相接触，在缓慢地搅拌下，蛋白质逐渐转入有机相。过程缓慢，但得到的蛋白质浓度高。

（2）注入法　将含有蛋白质的水相直接注入含表面活性剂的有机相中，进行搅拌直至形成透明溶液。过程较快且可控制反胶团的大小和含水量，多用于水溶性蛋白质。

（3）溶解法　直接将蛋白质粉末加入含有表面活性剂的有机相中，搅拌后使蛋白质进入反胶团中。多用于非水溶性蛋白质。

4. 反胶团萃取技术的过程

蛋白质等生物大分子通过两相界面萃取进入反胶团的主要推动力是蛋白质的表面电荷与反胶团内表面电荷（离子型表面活性剂）之间的静电引力作用。水相中溶质萃取进入反胶团相的传质过程主要通过三个步骤：蛋白质首先通过表面液膜从水相达到两相界面；蛋白质与界面邻近处的表面活性剂发生静电引力作用，从而进入反胶团中；含有蛋白质的反胶团扩散进入有机相。反萃取的溶质经历类似的过程，只是方向相反，在两相界面处从反胶团释放出来。

反胶团萃取工艺可采用多步间歇混合/澄清萃取过程、连续循环萃取-反萃取过程或者中空纤维膜萃取。

5. 反胶团萃取技术的影响因素

蛋白质在反胶团相中的平衡分配主要取决于两种因素：静电引力的作用和空间位阻的作用，空间位阻又和蛋白质与反胶团的相对大小有关。因此凡是可引起静电引力及反胶团尺寸增大的因素均有利于提高分配系数。这些因素主要是 pH、离子强度、表面活性剂种类及浓度等，通过这些因素的优化，对反胶团与生物分子间的相互作用加以控制，从而实现选择性地萃取和反萃取。

（1）表面活性剂种类和浓度　表面活性剂是反胶团萃取的一个关键因素，不同结构的表面活性剂形成的反胶团的大小和性能有很大区别。一般来说，在反胶团萃取过程中，人们通常都希望所选择的表面活性剂能形成体积较大的反胶团，且蛋白质与反胶团间相互作用不应太强，以减少蛋白质失活。常见表面活性剂是 AOT（丁二酸-二-2-乙基己酯磺酸钠）、TOMAC（三辛基甲基氯化铵）等离子型表面活性剂。这些表面活性剂具有易于形成较大反胶团及易分离等特点，但对于相对分子质量大于 30000 的蛋白质萃取效率较差，且酶在反胶团中稳定性也不高，为此人们尝试在反胶团中加入亲和配基，通过配基与蛋白质之间特异性作用提高推动力及萃取选择性。

除此以外，反胶团萃取还应考虑形成反胶团变大（由于蛋白质的进入）所需的能量的大小以及反胶团表面的电荷密度等因素，这些都会对萃取产生影响。增大表面活性剂的浓度可增加反胶团的数量，从而增大对蛋白质的溶解能力。但表面活性剂浓度过高时，有可能在溶液中形成比较复杂的聚集体，同时会增加反胶团萃取过程的难度。

（2）溶剂体系　溶剂的性质，尤其是极性，对反胶团的形成、大小都有很大的影响。常用的溶剂有烷烃类（正乙烷、环乙烷、正辛烷、异辛烷、正十二烷等）、四氯化碳、氯仿等。有时也添加助溶剂，如醇类（正丁醇等）来调节溶剂体系的极性，改变反胶团的大小，增加蛋白质的溶解度。

（3）水相 pH　蛋白质溶入反胶团的推动力是静电引力，而决定蛋白质表面电荷的状态是水相的 pH。在离子强度一定时，当 pH 大于蛋白质等电点时，蛋白质表面带负电，反胶团内表面静电荷为正，因异性电荷相吸而使蛋白质由水相转到反胶团相。通过调节溶液 pH，使其小于蛋白质等电点，就可以使蛋白质又从有机相转入水相，从而实现不同性质（不同等电点）蛋白质间分离。因此水相的 pH 是影响反胶团主要的因素之一。

（4）离子的种类和强度　反胶团相接触的水溶液离子强度以几种不同方式影响着蛋白质的分配。一般认为，增大离子强度将减弱与反胶团内表面间静电引力，使蛋白质溶解度减小。另外，离子强度增大后，将减弱表面活性剂极性头间排斥，导致反胶团变小，使蛋白质不能进入反胶团中。因此，在低离子强度下萃取入反胶团相中蛋白质，可通过使其与另一离子强度较高的水相接触而发生反萃取。由于蛋白质性质不同，其在反胶团相中溶解度达到最低时所对应最小离子强度也不相同，利用这种差别，即可实现不同蛋白质间分离和浓缩。

（5）含水率 ω_0　反映反胶团结构大小的一个重要参数是其含水率（ω_0），即“水池”中溶入水和表面活性剂摩尔比。一般来说，反胶团大小依赖 ω_0，ω_0 增大，反胶团尺寸变大，自由水增多；反之，亦然。ω_0 受盐浓度影响，盐浓度增加，将减弱表面活性剂极性头间排斥，导致反胶团变小；反之，亦然。

（6）温度　温度对反胶团生物催化反应影响与对其他溶液一样，当温度升高到一定程度时，能够提高蛋白质在有机相中的溶解度，不利于蛋白质的萃取；但升高温度可以实现蛋白质的反萃取，由于蛋白质对温度变化较为敏感，所以这种方法值得探讨。

6. 反胶团萃取技术的应用

由于反胶团具有优良的特性，其在食品工业、药物、农业化学等领域具有广泛的应用。下面介绍几种反胶团技术的应用实例。

（1）蛋白质及酶的分离　反胶团萃取技术可以用于蛋白质溶液的浓缩，对于不同的蛋白质，也可利用其溶解度的差异，通过改变反胶团体系的一些参数，有选择性地分离。在这一方面，有人首先利用 AOT/异辛烷反胶团体系，通过调节水相 pH 和离子强度，成功地将 α-核糖核酸酶、细胞色素 C 和溶菌酶逐一地从三者的混合液中分离开来。

（2）氨基酸的分离　司晶星研究了 AOT/异辛烷反胶团体系对色氨酸进行萃取分离的效果。实验表明：在 AOT 浓度 60mmol/L、萃取 pH 为 2.0、离子强度为 0.1mol/L，反萃取 pH 为 10、离子强度为 1mol/L 的条件下，经过一次萃取，回收率可以达到 70%左右。

（3）抗生素的分离　李夏兰等以 AOT/异辛烷反胶束系统提取乳糖酸红霉素为例，探讨了反胶束萃取抗生素的可能性。在室温 24℃，pH5.0，NaCl 浓度为 0.2mol/L，用异辛烷作萃取剂直接萃取红霉素时，萃取效率只有 5.12%左右，而加入 AOT 0.05mol/L 后萃取效率为 94.4%，显著增大，证明 AOT/异辛烷系统萃取时不仅仅是异辛烷作萃取剂的有机溶剂萃取。将反胶束萃取剂循环使用 3 次，其萃取效率都在 87%以上。萃取率变化都保持在较高水平，所以反胶束萃取剂能够循环使用。

吴子生等在室温和 pH 5~8 的条件下进行了青霉素 G 的反胶束相转移提取研究，提取率在 90%以上。研究表明：离子强度及 pH 对青霉素的萃取率、反萃取率的影响不大，但是离子强度对蛋白质的萃取率影响却很大。因此，可利用这些特点去除杂蛋白，提高青霉素的纯度。

（4）用于蛋白质复性　反胶团是一种很有前景的蛋白质复性方法。反胶团应用于蛋白质复性，是通过控制体系的一些参数，使每个微团内恰好包含一个去折叠态的变性蛋白质分子。在降低变性蛋白质分子间作用力的同时，加适量复性缓冲液到含有变性蛋白质的反胶团体系中，可以提供复性时所需的氧化还原环境，并逐渐降低微团中变性剂的浓度。微团中蛋白质会缓慢恢复其天然构象后，然后经过反萃取使天然态蛋白质重新溶于水溶液中。

虽然目前反胶团萃取技术还有一些待研究和解决的问题，如表面活性剂对产品的污染、工业规模所需的基础数据、模拟和放大技术等，但因为反胶团萃取蛋白质具有低成本、选择性高、操作方便、放大容易、萃取剂（反胶团相）可循环利用和蛋白质不易变性等优势，越来越受到各国科研和工业领域的重视与研究开发。

【知识链接】

新型耦合萃取技术

近年来萃取技术发展很快，开发出了许多与其他技术耦合的新型萃取技术，这些技术的集成或简化操作步骤，或提高萃取效率，或增加特异性，使萃取技术应用更为广泛。表3-6总结了一些新型耦合萃取技术。

表3-6　新型耦合萃取技术特点及应用

耦合萃取技术	优点	应用、局限性与发展方向
亲和层析与双水相萃取	具有双水相处理量大的特点，亲和层析专一性高，可连续操作	主要限制是葡聚糖的消耗，找替代物或衍生物，有效回收和循环利用聚合物为关键
膜分离与液液萃取	接触面积大，避免夹带现象和溶剂损失，避免返混，能耗低，萃取效果好，所需停留时间短，单位体积设备处理能力大	膜的稳定性、传质机理、溶胀和破乳是关键，需考虑降低生产成本
电泳技术与萃取分离技术	克服返混的不利影响，又有利于被分离组分的移出，适用于稀溶液，低溶剂消耗的条件下，达到很高的回收率	有效地应用于生物体系的分离及染料水的处理
发酵过程与萃取技术	在发酵过程中利用有机溶剂连续萃取出发酵产物以消除产物抑制，能耗低，溶剂选择性好，无细菌污染	十二烷醇、油醇是常用的萃取剂，也可用双水相萃取
萃取结晶	可有效分离物性相近的组分特别是有机物同分异构体与热敏物料	目前用于酚类、杂环碱的分离，考虑推广至络合反应、加合反应、螯合反应、配合反应等
分子印迹与固相萃取	提高选择性，分离效果主要由结构不“完整”的识别位点控制，MIP-SPE与LC联用，对许多化合物具有强的对映体选择性，如药物、氨基酸衍生物、多肽和抗体	用于生物分析和临床分析，环境分析，药学分析，模板分子渗漏是MIP用于SPE的需要关注的一个主要问题，此外MIP的柱容量相对较低，选择性低于生物抗体，在亲水溶剂中的使用受限

续表

耦合萃取技术	优点	应用、局限性与发展方向
萃取与精馏结合	可分离沸点相近的混合物质，用加盐萃取精馏法可分离恒沸有机水溶液体系	制药废液中回收四氢呋喃

【知识梳理】

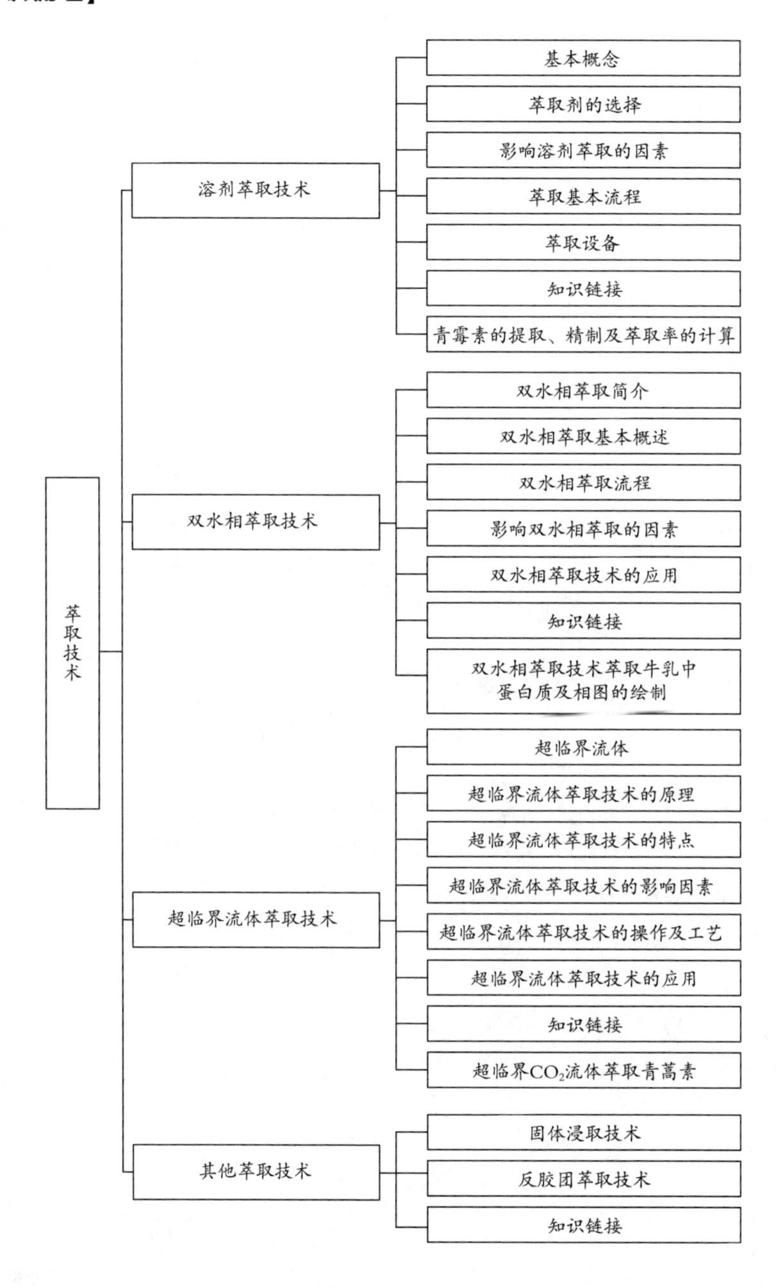

【目标检测】

一、名词解释

萃取技术；双水相萃取；超临界流体；浸取；反胶团。

二、填空题

1. 在萃取过程中，通常将供提取的溶液称为________，从原料中提取出来的物质称为________，加入的用来萃取产物的溶剂称为________。

2. 工业上的萃取操作通常包括三个步骤：________、________和________。

3. 萃取的操作流程一般可分为________和________。

4. 多级萃取分为________和________。

5. 双水相萃取包括三个过程：________、________和________。

6. 根据萃取过程中超临界流体的状态变化和溶质的分离回收方式不同，可将超临界流体萃取技术主要分为________、________和________三种典型工艺。

7. 制备反胶团系统一般有________、________和________三种方法。

三、单选题

1. 在萃取操作中，β 值越小，组分（　　）分离。

A. 越易　　B. 越难　　C. 不变　　D. 不能确定

2. 下列哪一项不是工业生产中常见的萃取过程（　　）。

A. 单级萃取　　B. 多级错流萃取

C. 多级逆流萃取　　D. 多级平流萃取

3. 在萃取过程中，所用的溶剂称为（　　）。

A. 萃取剂　　B. 稀释剂　　C. 溶质　　D. 溶剂

4. 下列哪一项不是常用的夹带剂

A. 水　　B. 乙醇　　C. 丙酮　　D. 二氧化碳

5. 自然界中最常用的超临界流体的物质（　　）。

A. 二氧化碳　　B. 氨气　　C. 乙烷　　D. 一氧化碳

四、简答题

1. 萃取剂选择的影响因素有哪些？

2. 双水相萃取原理是什么？特点有哪些？

3. 超临界流体特征有哪些？

4. 用作萃取剂的超临界流体应具备哪些条件？

5. 超临界流体萃取技术的特点有哪些？

6. 反胶团萃取技术的影响因素有哪些？

项目四

固相析出分离技术

知识要点

在工业生产中，生物技术的最终产品许多是以固体形态出现的。通过加入某种试剂或改变溶液条件，使生化物质以固体形式从溶液中沉降析出的分离与纯化技术称为固相析出分离技术。固相析出分离技术由于设备简单、操作方便、成本低，所以广泛应用于生物产品分离与纯化。

固体有晶体（结晶）和无定形两种形态，所以在固相析出过程中，析出物为晶体时称为结晶法；析出物为无定形固体时称为沉淀法，常用的沉淀法主要有盐析法、有机溶剂沉淀法、等电点沉淀法等。沉淀和结晶在本质上同属一种过程，都是新相析出的过程。两者的区别在于构成单元的排列方式不同，沉淀的原子、离子或分子排列是不规则的，而结晶是规则的。沉淀法具有浓缩与分离的双重效果，但所得的沉淀物可能聚集有多种物质，或含有大量的盐类，或包裹着溶剂。由于只有同类原子、分子或离子才能排列成晶体，故结晶法具有高度的选择性，析出的晶体纯度比较高，但结晶法只有目的物到一定纯度后进行，才能收到良好效果。

任务一 盐析法

知识目标

1. 掌握盐析法的原理和特点。
2. 熟悉影响盐析的主要因素。
3. 了解盐析方法的具体操作方式及注意事项。

能力目标

能根据所学知识熟练地进行盐析操作，熟知盐析法的注意事项，能掌握盐析的影响因素，能运用盐析法进行生物产品的分离与纯化。

思政目标

通过盐析法的学习，培养学生的规范意识和规范行为。

任务导入

肥皂可以说是人类最早发明的用于清洁的表面活性剂。由于制作工序和方法的不同，可以产生各式各样形状和用途的肥皂。根据形态来分，它可以分为固体、液体、粉状；根据用途来分，可以分为洗面、沐浴、洗发、洗涤等，制作肥皂中最常使用的就是皂化盐析法。

皂化盐析法就是把动物脂肪或植物油与氢氧化钠按一定比例放在皂化锅内搅拌加热，反应后形成的高级脂肪酸钠与甘油、水形成的混合物。往锅内加入食盐颗粒，通过一系列搅拌、静置，可以使高级脂肪酸钠与甘油、水分离，浮在液面。而这种使肥皂与甘油和杂质分离的方法，可以制作出高纯度的肥皂，一直沿用至今。

在高浓度中性盐存在的情况下，蛋白质（或酶）等生物大分子在水溶液中的溶解度降低并沉淀析出的现象称为盐析。因此把高浓度中性盐沉淀蛋白质等生物大分子的方法称为盐析沉淀法，简称盐析法。早在19世纪就发现，盐析沉淀法一般不引起蛋白质变性，因此在蛋白质的分离、提纯过程中，经常使用此种方法。

盐析法优点是成本低、不需特殊设备、操作简单、安全、应用范围广、对许多生物活性物质具有稳定作用，但盐析法分离的分辨率不高，一般用于生物分离纯化的初步纯化阶段。

一、盐析法的基本原理

盐析法

1. 中性盐离子中和蛋白质表面电荷

许多生物产品的分子表面具有很多亲水基团和疏水基团，这些基团按是否带电荷又可分为极性基团和非极性基团。在溶液中，各种分子、离子之间的相互作用决定了生物分子的溶解度。产生盐析的一个原因是溶液中加入高浓度的中性盐后，盐离子与生物分子表面的带相反电荷的离子基团结合，中和了生物分子表面的电荷，当盐浓度达到一定的限度时，生物分子之间的排斥力降到很小，此时生物分子很容易相互聚集，在溶液中的溶解度降得很低，从而形成沉淀从溶液中析出。

2. 中性盐离子破坏蛋白质表面水膜

产生盐析的另一个原因是大量盐离子自身的水合作用降低了自由水的浓度，使生物分子脱去了水化膜，暴露出疏水区域，由于疏水区域的相互作用使其沉淀析出。例如：—COOH、—NH_2、—OH，这些基团与极性水分子相互作用形成水化膜，包围于蛋白质分子周围形成1~100nm大小的亲水胶体削弱了蛋白质分子间的作用力，蛋白质分子表面亲水基团越多，水膜越厚，蛋白质分子间溶解度越大。当向蛋白质溶液中加入中性盐时，中性盐对水分子的亲和力大于蛋白质，它会抢夺本来与蛋白质分子结合的自由水，于是蛋白质分子周围的水化膜层减弱乃至消失，暴露出疏水区域，由于疏水区域的相互作用，使其沉淀。

图4-1所示为盐析过程示意图。因中性盐对水分子的亲和力大于蛋白质，随着中性盐加入量的不断增加，蛋白质分子周围的水化膜层被减弱乃至消失，使之“失水”；同时，中性盐加入蛋白质溶液后，由于离子强度发生改变，蛋白质表面电荷大量被中和，破坏了蛋白质胶团表面的双电层，使蛋白质分子之间聚集而沉淀，此时的情况为盐析。

二、盐析法常用盐的选择

（一）选盐要求

1. 盐析作用要强

一般来说，阴离子影响盐析的效果比阳离子显著，含高价阴离子的盐比含低价阴离子的盐盐析效果好。

2. 盐析用盐溶解度大，不易受温度影响

这样便于获得高浓度的盐溶液，尤其是在较低的温度下操作时，不至于造成盐结晶析出，影响盐析效果。

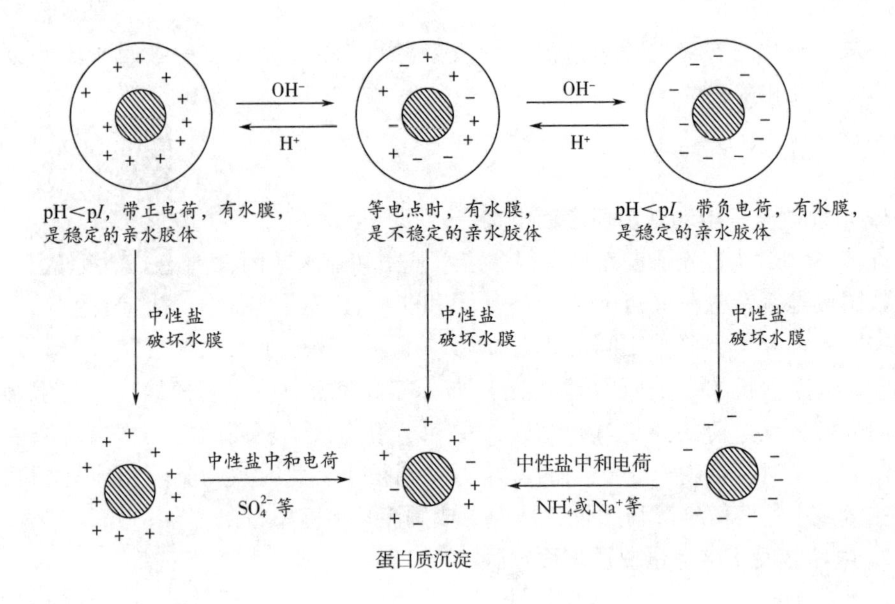

图 4-1　盐析过程示意图

3. 盐析用盐化学惰性强

不影响蛋白质等生物大分子的活性，不与生物活性物质发生反应，导致引入新的杂质。

4. 其他

来源丰富，价格低廉。

（二）盐析常用的盐

盐析常用的盐有硫酸铵、硫酸钠、磷酸盐等，其中硫酸铵无论是在实验室还是在生产中都是最常用的。

1. 硫酸铵

在实际生产中，常用20%～40%饱和度的硫酸铵使病毒沉淀；用30%～60%饱和度的硫酸铵分段沉淀不同的蛋白质；用43%饱和度的硫酸铵沉淀DNA和rRNA，而tRNA保留在上清溶液中。在血浆中，当加到盐浓度达20～30g/100mL时，纤维蛋白会沉淀出来，当盐浓度达50g/100mL时，球蛋白会沉淀出来，达到饱和时，清蛋白会沉淀出来。

硫酸铵有以下优点：

（1）硫酸铵具有受温度影响小而溶解度大的优点。由于具有较高的溶解度，因此能配置高离子强度的盐溶液，在这一溶解度范围内，许多蛋白质均可盐析出来。且分段效果较其他盐好，不易引起蛋白质变性。硫酸铵的溶解度受温度的影响较小，这个特性是其他盐类所不具备的。

（2）硫酸铵具有较低的溶液密度。低密度有利于对蛋白质进行沉淀及后续的离心分离，并且能够获得较好的分级效果。有些抽提液经硫酸铵沉淀处理后，75%以上的杂蛋白可被除去。

（3）硫酸铵不容易引起蛋白质变性。可以在低温下保存较长时间，其活性也没有发生变化。

（4）硫酸铵价格低廉，废液不污染环境。

（5）高浓度的硫酸铵具有抑菌作用。

应用硫酸铵的缺点是硫酸铵水解后变酸，在高 pH 下会释放出氨，腐蚀性较强，因此盐析后要将硫酸铵从产品中除去。

2. 硫酸钠

应用硫酸铵盐析时对蛋白氮的测定有干扰，另外缓冲能力较差，故有时也应用硫酸钠。如盐析免疫球蛋白时，用硫酸钠的效果也不错。应用硫酸钠的缺点是，在 30℃以下溶解度太低，30℃以上时溶解度才升高较快。如 0℃时，Na_2SO_4 在水中的溶解度仅为 138g/L；30℃时，Na_2SO_4 在水中的溶解度可升至 326g/L。而一些生物活性大分子在 30℃以上容易失活，故分离提纯时限制了硫酸钠作为盐析用盐的使用。

3. 磷酸盐

磷酸盐也常用于盐析，具有缓冲能力强的优点，但它们的价格较昂贵，溶解度较低，还容易与某些金属离子生成沉淀，所以应用都不如硫酸铵广泛。例如，盐析免疫球蛋白时，用磷酸钠的效果较好，但由于磷酸钠的溶解度太低，且受温度影响大，故实际应用不多。

三、影响盐析的因素

1. 盐的饱和度

盐类饱和度是影响蛋白质盐析的重要因素。只有按工艺要求，正确计算饱和度，才能达到盐析的目的。由于不同的生物大分子其结构和性质不同，盐析时所需要的盐的饱和度也不相同。因此在实际应用时，应根据具体的工艺要求，通过实验确定所需的盐的饱和度。另外，可以通过调节盐饱和度，使混合溶液中的各种蛋白质组分分段析出。

2. 样品浓度

在相同的盐析条件下，样品的浓度越大，越容易沉淀，所需的盐饱和度也越低。但样品的浓度越高，杂质的共沉作用也越强，从而使分辨率降低；相反，样品浓度小时，共沉作用小、分辨率高，但盐析所需的盐饱和度大，用盐量大，样品的回收率低。所以在盐析时，要根据实际条件选择适当的样品浓度，一般较适当的样品浓度是 2. 5~3. 0g/100mL。

3. 盐加入量

蛋白质在盐溶液中的溶解度随无机盐加入量而降低，当无机盐加入到一定浓度时，蛋白即开始析出。盐析法沉淀蛋白质时，一般应参考各种蛋白质的盐析分布曲线，如图 4-2 所示。横坐标 P 表示无机盐浓度，纵坐标 S 表示蛋白质溶解度。当盐浓度达到一定值，即图中 C_0 点时，蛋白质才开始沉淀。

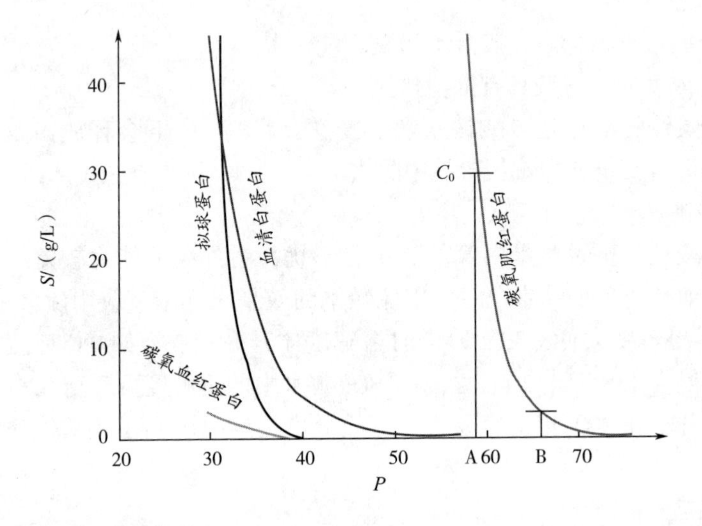

图 4-2　盐析分布曲线

4. pH

蛋白质所带电荷越多，溶解度越大；反之，所带电荷越少，溶解度越少，在等电点时蛋白质溶解度最小。为提高盐析效果，一般将混合液的 pH 调至药物成分蛋白的等电点处，生物分子很容易聚集后析出，对于特定的生物分子，有盐离子存在时的等电点与在纯粹水溶液中的等电点会有一定的偏差。在盐析时，如果要沉淀某一成分，应将溶液的 pH 调整到该成分的等电点，如果希望某一成分保留在溶液中不析出，则应使溶液的 pH 偏离该成分的等电点。

5. 温度

在低离子强度或纯水中，蛋白质的溶解度随温度升高而增加。但在高盐浓度下，蛋白质的溶解度随温度上升而下降。在一般情况下，蛋白质对盐析温度无特殊要求，可在室温下进行，某些对温度比较敏感的酶类等物质，则要求在 0～4℃进行。

6. 操作方式

操作方式的不同会影响沉淀的大小。采用连续加入盐溶液的操作方式，比间歇式加入固体盐方式得到的沉淀颗粒大。操作过程中搅拌方式和速率也会影响盐析效果，适当的搅拌能防止局部浓度过大。在蛋白质或酶等生物分子沉淀期间，温和的搅拌能促进沉淀颗粒的增大，而剧烈的搅拌会对粒子产生较大的剪切力，只能得到较小的颗粒。

四、盐析操作

硫酸铵是盐析中最为常用的中性盐，下面以硫酸铵盐析蛋白质为例介绍盐析操作的过程。

（一）盐析曲线的制作

如果要分离一种新的蛋白质或酶，没有文献可以借鉴，则应先确定沉淀该物质所需的硫酸铵饱和度，具体操作方法如下。取已定量测定蛋白质（或酶）活性与浓度的待分离样品溶液，冷却至0℃，调至该蛋白质稳定的pH，分6~10次分别加入不同量的硫酸铵。第一次加硫酸铵至蛋白质溶液刚开始出现沉淀时，记下所加硫酸铵的量，这是盐析曲线的起点。继续加硫酸铵至溶液微微浑浊时，静置一段时间，离心得到第一个沉淀级分，然后取上清再加至浑浊，离心得到第二个级分，如此连续可得到6~10级分，按照每次加入硫酸铵的量，根据温度不同按照表4-1、表4-2查出相应的硫酸铵饱和度。将每一级分沉淀物分别溶解在一定体积的、适宜的pH缓冲液中，测定其蛋白质含量和酶活力。以每个级分的蛋白质含量和酶活力对硫酸铵饱和度作图，即可得到盐析曲线。

表4-1　0℃下硫酸铵水溶液由原来的饱和度达到所需饱和度时，每100mL硫酸铵水溶液应加入固体硫酸铵的质量　单位：g

硫酸铵初始饱和度/%	需要达到的硫酸铵的饱和度/%																
	20	25	30	35	40	45	50	55	60	65	70	75	80	85	90	95	100
0	10.6	13.4	16.4	19.4	22.6	25.8	29.1	32.6	36.1	39.8	43.6	47.6	51.6	55.9	60.3	65.0	69.7
5	7.9	10.8	13.7	16.6	19.7	22.9	26.2	29.6	33.1	36.8	40.5	44.4	48.4	52.6	57.0	61.5	66.2
10	5.3	8.1	10.9	13.9	16.9	20.0	23.3	26.6	30.1	33.7	37.4	41.2	45.2	49.3	53.6	58.1	62.7
15	2.6	5.4	8.2	11.1	14.1	17.2	20.4	23.7	27.1	30.6	34.3	38.1	42.0	46.0	50.3	54.7	59.2
20	0	2.7	5.5	8.3	11.3	14.3	17.5	20.7	24.1	27.6	31.2	34.9	38.7	42.7	46.9	51.2	55.7
25		0	2.7	5.6	8.4	11.5	14.6	17.9	21.1	24.5	28.0	31.7	35.5	39.5	43.6	47.8	52.2
30			0	2.8	5.6	8.6	11.7	14.8	18.1	21.4	24.9	28.5	32.2	36.2	40.2	44.5	48.8
35				0	2.8	5.7	8.7	11.8	15.1	18.4	21.8	25.4	29.1	32.9	36.9	41.0	45.3
40					0	2.9	5.8	8.9	12.0	15.3	18.7	22.2	25.8	29.6	33.5	37.6	41.8
45						0	2.9	5.9	9.0	12.3	15.6	19.0	22.6	26.3	30.2	34.2	38.3
50							0	3.0	6.0	9.2	12.5	15.9	19.4	23.0	26.8	30.8	34.8
55								0	3.0	6.1	9.3	12.7	16.1	19.7	23.5	27.3	31.3
60									0	3.1	6.2	9.5	12.9	16.4	20.1	23.1	27.9
65										0	3.1	6.3	9.7	13.2	16.8	20.5	24.4

续表

硫酸铵初始饱和度/%	需要达到的硫酸铵的饱和度/%																
	20	25	30	35	40	45	50	55	60	65	70	75	80	85	90	95	100
70											0	3.2	6.6	9.9	13.4	17.1	21.9
75												0	3.2	6.6	10.1	13.7	17.4
80													0	3.3	6.7	10.3	13.9
85														0	3.4	6.8	10.5
90															0	3.4	7.0
95																0	3.5
100																	0

表 4-2　室温 25℃硫酸铵水溶液由原来的饱和度达到所需饱和度时，每升硫酸铵水溶液应加入固体硫酸铵的克数

硫酸铵初始饱和度/%	需要达到的硫酸铵的饱和度/%																
	10	20	25	30	33	35	40	45	50	55	60	65	70	75	80	90	100
0	56	114	144	176	196	209	243	277	313	351	390	430	472	516	561	662	767
10		57	86	118	137	150	183	216	251	288	326	365	406	449	494	592	694
20			29	59	78	91	123	155	189	225	262	300	340	382	424	520	619
25				30	49	61	93	125	158	193	230	267	307	348	390	485	583
30					19	30	62	94	127	162	198	235	273	314	356	449	546
33						12	43	74	107	142	177	214	252	292	333	426	522
35							31	63	94	129	164	200	238	278	319	411	506
40								31	63	97	132	168	205	245	285	375	469
45									32	65	99	134	171	210	250	339	431
50										33	66	101	137	176	214	302	392
55											33	67	103	141	179	264	353
60												34	69	105	143	227	314
65													34	70	107	190	275
70														35	72	153	237
75															36	115	198
80																77	157
90																	79

（二）操作方式

盐析时，将盐加入溶液中有两种方式。

1. 加硫酸铵的饱和溶液

在实验室和小规模生产中溶液体积不大时，或硫酸铵浓度不需太高时，可采用这种方式。它可防止溶液局部过浓，但加量过多时，料液会被稀释，不利于下一步的分离纯化。

为达到一定的饱和度，所需加入的饱和硫酸铵溶液的体积可由式（4-1）求得。

$$V = V_0(S_2 - S_1)/(1 - S_2) \tag{4-1}$$

式中 V——加入的饱和硫酸铵溶液的体积，L

V_0——溶液的原始体积，L

S_1——硫酸铵溶液初始饱和度

S_2——硫酸铵溶液最终的饱和度

饱和硫酸铵溶液配制应达到真正饱和，配制时加入过量的硫酸铵，加热至50~60℃，保温数分钟，趁热滤去不溶物，在0~25℃下平衡1~2d，有固体析出，即达到100%饱和度。

2. 直接加固体硫酸铵

在工业生产溶液体积较大时，或硫酸铵浓度需要达到较高饱和度时，可采用这种方式。加入时速度不能太快，应分批加入，并充分搅拌，使其完全溶解，注意防止局部浓度过高。

为达到所需的饱和度，应加入固体硫酸铵的量，可由表4-1或表4-2查得，或由式（4-2）计算而得。

$$X = G(S_2 - S_1)/(1 - AS_2) \tag{4-2}$$

式中 S_1、S_2——分别为初始和最终溶液的饱和度,%

X——1L溶液所需加入的固体硫酸铵的质量，g

G——经验常数，g/L，0℃时为515g/L，20℃为513g/L

A——常数，0℃时为0.27，20℃为0.29

3. 脱盐

利用盐析法进行初级纯化时，产物中的盐含量较高，一般在盐析沉淀后，需要进行脱盐处理，才能进行后续的纯化操作。通常所说的脱盐就是指将小分子的盐与目的物分离开。最常用的脱盐方法有三种，即透析、凝胶过滤和超滤。

（三）盐析操作注意事项

（1）加固体硫酸铵时，必须看清楚表4-1和表4-2上所规定的温度，一般有

25℃和0℃两种，加入固体盐后体积的变化已考虑在表中。

（2）盐析后一般要放置0.5~1h，待沉淀完全后再离心与过滤，过早的分离将影响收率。低浓度硫酸铵溶液盐析可用离心分离，高浓度硫酸铵溶液则常用过滤方法。因为高浓度硫酸铵密度太大，要使蛋白质完全沉降下来需要较高的离心速度和较长的离心时间。

（3）经过一次分级得到的盐析沉淀，能否进行第二次盐析要靠试验确定。

（4）盐析操作时加入盐的纯度、加量、加入方法、搅拌的速度、温度及pH等参数应严格控制。

（5）分段盐析时，要考虑到每次分段后蛋白质浓度的变化。蛋白质浓度不同，要求盐析的饱和度也不同。

（6）盐析过程中，搅拌必须是有规则和温和的。搅拌太快将引起蛋白质变性，其变性特征是起泡。

（7）为了平衡硫酸铵溶解时产生的轻微酸化作用，沉淀反应至少应在50mmol/L缓冲溶液中进行。

（8）盐析后溶液应进行脱盐，常用的办法有透析、凝胶过滤及超滤等。

【知识链接】

血浆蛋白

血浆蛋白是血浆中最主要的固体成分，含量为60~80g/L，血浆蛋白质种类繁多，功能各异。用不同的分离方法可将血浆蛋白质分为不同的种类。最初用盐析法只是将血浆蛋白分为白蛋白和球蛋白，后来用分段盐析法可细分为白蛋白、拟球蛋白、优球蛋白和纤维蛋白等组分。血浆蛋白质多种多样，各种血浆蛋白有其独特的功能，除按分离方法分类外，亦可采用功能分类法。可分为以下8类：①凝血系统蛋白质，包括12种凝血因子（除Ca^{2+}外）。②纤溶系统蛋白质，包括纤溶酶原、纤溶酶、激活剂及抑制剂等。③补体系统蛋白质。④免疫球蛋白。⑤脂蛋白。⑥血浆蛋白酶抑制剂，包括酶原激活抑制剂、血液凝固抑制剂、纤溶酶抑制剂、激肽释放抑制剂、内源性蛋白酶及其他蛋白酶抑制剂。⑦载体蛋白。⑧未知功能的血浆蛋白质。

血浆蛋白主要功能有：①营养功能。②运输功能。③缓冲血浆中可能发生的酸碱变化，保持血液pH稳定的功能。④形成胶体渗透压，调节血管内外的水分分布。⑤参与机体的免疫功能。⑥参与凝血和抗凝血功能。⑦生理性止血功能。

实训案例7　碱性蛋白酶的盐析沉淀

一、实训目的

1. 了解盐析沉淀法的基本原理和实验方法。

2. 以碱性蛋白酶为实验对象，建立酶溶解度和盐离子强度之间的关系式（Cohn 经验式），并做出曲线图。

3. 通过对酶质量的测定和收率计算，综合评价盐析沉淀的最适工艺条件。

二、实训原理

盐析沉淀法是生物大分子物质蛋白质（酶）常用的提取方法。其原理与蛋白质的表面结构有关，盐析产生沉淀是两种因素共同作用的结果，即蛋白质表面疏水键之间的吸力和带电基团吸附层的静电斥力作用。在低盐溶液中后者作用大于前者，产生盐溶现象，但在高盐溶液中作用相反，故产生盐析沉淀。

对蛋白质（酶）而言，溶解度与盐离子强度之间的关系符合 Cohn 经验式，如式（4-3）所示。

$$\lg S = \beta - k_s I \tag{4-3}$$

式中 S——蛋白质（酶）的溶解度

I——盐离子强度

β——常数，与盐的种类无关，而与温度和 pH 有关

k_s——盐析常数，与温度和 pH 无关，与蛋白质（酶）和盐种类有关

$$I = 1/2\sum C_i Z_i^2$$

式中 C_i——i 离子的物质的量浓度，mol/L

Z_i——i 离子所带电荷

式（4-3）为 $\lg S$ 对 I 的线性方程，反映了不同蛋白质（酶）的盐析特征。通过本实验求出一定的条件下（pH 和温度）碱性蛋白酶的 k_s 和 β，建立其盐析方程。

盐析中，常用的盐析剂为硫酸铵。硫酸铵的加量有不同的表示方法，常用“饱和度”来表征其在溶液中的最终浓度，“饱和度”的定义为在盐析溶液中所含的硫酸铵质量与该溶液达到饱和所溶解的硫酸铵质量之比。25℃时硫酸铵的饱和浓度为 4.1mol/L（即 767g/L），定义它为 100%饱和度，为了达到所需的饱和度，应加入固体硫酸铵的量可查相应的硫酸铵饱和度计算表。

在一定条件下，无机盐的加量对盐析收率和酶的纯度影响很大，适宜的加量应从收率和纯度两方面综合考虑。

三、实训器材

高速冷冻离心机、离心管、电子天平、真空干燥箱、酸度计（或 pH 试纸）、移液吸管（或可调式移液器）、烧杯、搅拌棒、量筒等。

四、实训试剂和材料

碱性蛋白酶粗粉、硫酸铵、NaOH。

五、实训操作步骤

1. 制备酶液：称取 40g 碱性蛋白酶粗粉，加入 400mL 40～50℃温水，40℃水浴中浸泡并搅拌 30min。高速冷冻离心机离心：10℃，9000～10000r/min，30min，

取出上清液，渣再用上述相同方法浸取一次，合并上清液，即为制得的蛋白酶液，要求酶活达到 $1.5\times10^4 \sim 2.0\times10^4$U/mL。

2. 蛋白酶液用 6mol/L NaOH 调 pH 至 8.0~8.5，分别量取 10mL 于 7 只 15mL 离心管中，记录 pH 和室温。

3. 计算达到 20%、30%、40%、50%、60%、70%、80%饱和度所需加入的固体硫酸铵量，计算各饱和度下硫酸铵的离子强度 I。

分别称取计算量的硫酸铵并研细，在不断搅拌下，将其缓慢加入酶液中，加完后再搅拌 5min，注意应使硫酸铵全部溶解，然后，静置 5h 左右，使其沉淀完全。

4. 将含有沉淀的酶液，在台秤上平衡后，再用高速冷冻离心机离心，10℃，9000~10000r/min，离心 20min。

5. 将上清液倒入量筒，记录其体积。

6. 小心挖出湿酶粉沉淀物，放入 55℃干燥箱烘干（约 24h），称干酶粉的质量。

六、结果和讨论

1. 将不同饱和度下冷冻离心后的上清液的各酶质量数据列成 $\lg S-I$ 的表格，建立碱性蛋白酶的溶解度与盐离子强度之间的盐析方程式。

2. 将不同饱和度下所得固体干酶粉的实验结果列成表格，计算各饱和度下所得酶粉的质量，并根据蛋白酶原液的体积和干酶粉的质量计算各饱和度下酶的收率。

3. 根据固体干酶粉的收率综合评价盐的最适加量范围，讨论盐加量对盐析的影响。

4. 将实验数据填入表 1。

表 1　实验数据统计表

编号	1	2	3	4	5	6	7
硫酸铵的饱和度	20%	30%	40%	50%	60%	70%	80%
每 100mL 料液加量/g							
硫酸铵浓度/（mol/L）							
离子强度（I）							

任务二　有机溶剂沉淀法

有机溶剂沉淀法

知识目标

1. 掌握有机溶剂沉淀法的原理、特点及影响因素。
2. 熟悉常用有机溶剂及其选择依据。

能力目标

能根据实际情况选择合适的溶剂进行分离纯化，能熟练操作有机溶剂沉淀法，熟知有机溶剂沉淀法的影响因素，独立完成操作步骤。

思政目标

通过有机溶剂沉淀法的学习，培养学生分析问题、解决问题的能力，提升学生的科研能力和创新意识。

任务导入

谷胱甘肽是普遍存在于细胞中的一种重要的抗氧化剂，是动物组织、植物组织、细菌和酵母内巯基（—SH）最为丰富的化合物，有护肝、解毒、抗氧化等多种医疗功能。谷胱甘肽具有独特的生理功能，被称为长寿因子和抗衰老因子。谷胱甘肽在发达国家食品加工业中得到广泛的应用，日本等国将谷胱甘肽作为生物活性添加剂积极开发保健食品，并广泛应用于食品加工各个领域。另外，谷胱甘肽与运动训练也有着密切的关系，它可以防止损伤、提高运动能力，在训练过度的预防、运动性疲劳和消除运动疲劳机理的探讨以及运动营养的补充方面都备受人们的关注。随着对谷胱甘肽生理、生化等方面研究的深入，谷胱甘肽在食品、医学、保健、抗衰老等方面的应用正引起人们日益广泛的注意，对其需求量也将不断增加。

在制备谷胱甘肽过程中，最主要的步骤就是杂蛋白的去除，而杂蛋白去除主要采取的是有机溶剂沉淀法。该法主要原理是加入有机溶剂于蛋白溶液中产生多种效应，其中最主要的效应是水的活度降低。提取液先用较小浓度酒精沉淀，去除部分亲水性杂蛋白，取其上清液，浓缩，用高浓度酒精沉淀，收集沉淀，去除部分易溶于有机溶液杂质。

利用与水互溶的有机溶剂（如甲醇、乙醇、丙酮等）使蛋白质在溶液中的溶解度显著降低而沉淀的方法，称为有机溶剂沉淀法。不同的蛋白质沉淀时所需的有机溶剂的浓度不同，因此调节有机溶剂的浓度，可以使混合蛋白质溶液中的蛋白质分段析出，达到分离纯化的目的。有机溶剂沉淀法不仅适用于蛋白质的分离纯化，还常用于酶、核酸、多糖等物质的分离纯化。

与盐析法相比，有机溶剂沉淀法具有以下优点：①分辨能力高于盐析法，一种蛋白质或其他溶质只在一个较窄的有机溶剂浓度范围内沉淀。②溶剂容易除去且可回收，沉淀的蛋白质不需要再进行脱盐处理。其缺点有：①容易使蛋白质变性，操作需要在低温下进行，使用上有一定的局限性。②采用了大量的有机溶剂，成本较高，为节省用量，通常将蛋白质溶液先适当浓缩，并回收溶剂。③有机溶剂沉淀法没有盐析法安全，有机溶剂易燃易爆，储存也比较麻烦。因此，蛋白质或酶等生物分子的有机溶剂沉淀法不如盐析法使用普遍。

一、基本原理

有机溶剂沉淀技术的原理如下。

1. 静电作用

有机溶剂的介电常数比水小，加入有机溶剂后，会使水溶液的介电常数降低，而使溶质分子（如蛋白质分子）之间的静电引力增加，从而促使它们互相聚集并沉淀出来。

2. 脱水作用

有机溶剂的亲水性比溶质分子的亲水性强，它会抢夺本来与亲水溶质结合的自由水，破坏其表面的水化膜，导致溶质分子之间的相互作用增大而发生聚集，从而沉淀析出。

二、有机溶剂的选择

（一）选择依据

（1）有机溶剂能与水互溶，其毒性要小。因多数蛋白质在有机溶剂与水的混合液中，溶解度随温度降低而下降，故有机溶剂沉淀过程一般控制在较低的温度下进行；生产过程中常采用先冷却有机溶剂，然后缓慢加入有机溶剂并不断搅拌，以减少有机溶剂与水混合时的局部过浓现象和放热引起的温度升高现象。

（2）对生物大分子的变性作用小，介电常数小，沉淀作用强。表 4-3 所示为一些有机溶剂的介电常数。

表 4-3　常用有机溶剂的介电常数

溶剂	介电常数	溶剂	介电常数
水	80	乙醚	4.3
20%乙醇	70	三氯甲烷	4.8
40%乙醇	60	乙酸乙酯	6.0
60%乙醇	48	甲醇	33
100%乙醇	24	2.5mol/L 尿素	84
丙酮	22	12.5mol/L 甘氨酸	137

（二）常用溶剂

沉淀蛋白质常用的有机溶剂有乙醇、甲醇和丙酮等。其他溶剂如三氯甲烷、二甲基甲酰胺、二甲基亚砜、2-甲基-2，4-戊二醇（MPD）、乙腈等也可作为沉淀剂，但远不如乙醇、丙酮、甲醇使用普遍。

1. 乙醇

乙醇是最常用的有机沉淀剂。因为乙醇分子具有极易溶于水、沉淀作用强、沸点适中、无毒等优点，被广泛用于蛋白质、核酸、多糖等生物大分子及核苷酸和氨基酸等的沉淀过程中。

2. 丙酮

丙酮的介电常数小于乙醇，故沉淀能力较强，用丙酮代替乙醇作沉淀剂一般可减少1/4~1/3有机溶剂用量，但丙酮具有沸点较低、挥发损失大、对肝脏有一定的毒性、着火点低等缺点，使得它的应用不如乙醇广泛。

3. 甲醇

甲醇的沉淀作用与乙醇相当，对蛋白质的变性作用比乙醇、丙酮都小，但甲醇口服有剧毒，所以应用也不如乙醇广泛。

三、影响因素

1. 溶剂的选择

不同的有机溶剂对相同的溶质分子产生的沉淀作用大小有差异，其沉淀能力与介电常数有关。一般情况下，介电常数越低的有机溶剂其沉淀能力就越强。同一种溶剂对不同溶质分子产生的沉淀作用大小也不一样。在溶液中加入有机溶剂后，随着有机溶剂用量的加大，溶液的介电常数逐渐下降，溶质的溶解度会在某个阶段出现急剧降低，从而析出。因此，沉淀反应中应该严格控制有机溶剂的用量，若有机溶剂浓度过低会导致无沉淀或沉淀不完全，若有机溶剂浓度过高则会导致其他组分一起被沉淀出来。

2. 温度

温度影响有机溶剂的沉淀能力，一般温度越低，沉淀越完全。另外，大多数生物大分子（如蛋白质、酶、核酸）在有机溶剂中对温度特别敏感，温度稍高就会引起变性，且有机溶剂与水混合时，会放出大量的热，使溶液的温度显著升高，从而增加生物大分子的变性作用。因此，在使用有机溶剂沉淀生物大分子时，整个操作过程应在低温下进行（0℃左右，同时不断搅拌，少量多次加入，而且要保持温度的相对恒定，防止已沉淀的物质复溶解或者另一物质的沉淀）。通常使沉淀在低温下短时间（0.5~2h）处理后即进行过滤或离心分离，接着真空抽去剩余溶剂或将沉淀溶入大量缓冲溶液中以稀释有机溶剂，旨在减少有机溶剂与目的物的接触。

3. 离子强度

在有机溶剂和水的混合液中，当离子强度很小，物质不能沉析时，补加少量电解质即可解决。盐的浓度太大（0.1~0.2mol/L 以上），就需大量的有机溶剂来沉淀，并可能使部分盐在加入有机溶剂后析出。同时盐的离子强度达一定程度时，还会增加蛋白质或酶在有机溶剂中的溶解度。所以一般离子强度在 0.05mol/L 或稍低为好，既能使沉析迅速形成，又能对蛋白质或酶起一定的保护作用防止变性。由盐析法沉淀得到的蛋白质或酶，在用有机溶剂沉淀前，一定要先透析除盐。

4. pH

当溶液的 pH 在等电点附近时，可以提高有机溶剂沉淀的特异性；但 pH 的控制还必须考虑蛋白的稳定性，不能出现变性失活的现象。另外，在控制溶液 pH 时务必使溶液中大多数蛋白质分子带有相同电荷，而不要让目的物与主要杂质分子带相反电荷，以免出现严重的共沉作用。

【知识链接】

等电点沉淀法

其他沉淀法

沉淀方法较多，除了上面介绍的方法外，还有一些方法如等电点沉淀、反应沉淀法、变性沉淀法、有机聚合物沉淀法等多种。

一、等电点沉淀法

利用两性生化物质在等电点时溶解度最低，以及不同的两性物质具有不同的等电点的特性，对蛋白质、氨基酸等两性物质进行分离纯化的方法称为等电点沉淀法。等电点沉淀法常用于蛋白的分离纯化，也作为去除杂蛋白的辅助手段，一般遵循如下原则：

（1）根据不同蛋白质的等电点不同来分离　在预处理过程中，依据分离目的不同，选择不同的 pH，以除去药物活性成分之外的杂蛋白。如工业上生产胰岛素时，在粗提液中先调 pH 达 8.0 以去除碱性蛋白质，再调 pH 为 3.0 以去除酸性蛋白质。另外由于各种蛋白质在等电点时，仍存在一定的溶解度，使沉淀不完全，而多数蛋白质的等电点都十分接近，因此当单独使用等电点沉淀法效果不理想时，可以考虑采用几种方法结合来实现沉淀分离。

（2）控制 pH，避免药物活性成分的破坏　生产上尽可能避免直接用强酸或强碱调节 pH，同时还要及时搅拌，以免局部过酸或过碱而引起药物活性成分的变性失活。

二、反应沉淀法

某些生化物质（如核酸、蛋白质、多肽、氨基酸、抗生素等）能和重金属、某些有机酸与无机酸形成难溶性的盐类复合物而沉淀，该法根据所用的沉淀剂的不同可分为：金属离子沉淀法、有机酸沉淀法和无机酸沉淀法。值得注意的是反应沉淀法所形成的复合盐沉淀，常使蛋白质发生不可逆的沉淀，应用时必须谨慎。

1. 金属离子沉淀法

许多有机物包括蛋白质在内，在碱性溶液中带负电荷，都能与金属离子形成金属复合盐沉淀。调整水溶液的介电常数（如加入有机溶剂），用 Zn^{2+}、Ba^{2+} 等金属离子可以把许多蛋白质沉淀下来，所用金属离子浓度约为 0.02mol/L。金属离子沉淀法也适用于核酸或其他小分子（氨基酸、多肽及有机酸等）。金属离子沉淀法已有广泛的应用，除提取生化物质外，还能用于沉淀除去杂质。例如，锌盐用于沉淀制备胰岛素；锰盐选择性的沉淀除去发酵液中的核酸，降低发酵液黏度，以利于后续纯化操作；锌盐除去红霉素发酵液中的杂蛋白以提高过滤速度。

2. 有机酸沉淀法

某些有机酸如苦味酸、苦酮酸、鞣酸和三氯乙酸等，能与有机分子的碱性功能团形成复合物而沉淀析出。但这些有机酸与蛋白质形成盐复合物沉淀时，常常发生不可逆的沉淀反应。所以，应用此法制备生化物质特别是蛋白质和酶时，需采用较温和的条件，有时还加入一定的稳定剂，以防止蛋白质变性。

3. 无机酸沉淀法

某些无机酸如磷钨酸、磷钼酸等能与阳离子形式的蛋白质形成溶解度极低的复合盐，从而使蛋白质沉淀析出。用此法得到沉淀物后，可在沉淀物中加入无机酸并用乙醚萃取，把磷钨酸、磷钼酸等移入乙醚中除去，或用离子交换法除去。

三、变性沉淀法

选择性变性沉淀是利用蛋白质、酶与核酸等生物大分子在物理、化学性质等方面的差异，选择一定的条件使杂蛋白等非目的物变性沉淀。从而达到分离提纯目的物的目的。常用的有热变性、选择性酸碱变性、表面活性剂和有机溶剂变性等。

四、有机聚合物沉淀法

有机聚合物是20世纪60年代发展起来的一类重要的沉淀剂，最早应用于提纯免疫球蛋白和沉淀一些细菌和病毒。近年来广泛用于核酸和酶的纯化。这类有机聚合物包括各种不同相对分子质量的聚乙二醇、葡聚糖及右旋糖酐硫酸钠等。其中应用最多的是聚乙二醇，它的亲水性强，可溶于水及许多有机溶剂，对热稳定，相对分子质量范围较广。在生物大分子制备中，用得较多的是相对分子质量为6000~20000的PFG。相对分子质量超过20000以上的PEG，由于黏性较大，因此很少使用。

实训案例8　有机溶剂沉淀法提取柑橘皮中的果胶

一、实训目的

1. 掌握有机溶剂沉淀法的基本操作技术。

2. 学习乙醇沉淀法提取柑橘皮中果胶的基本原理。

二、实训原理

果胶是植物胶，属于多糖类，存在于高等植物的叶、茎、根的细胞壁内，与细胞彼此黏合在一起，尤其是果实及叶的含量较多，也是一种亲水的植物胶，能溶于20倍水中生成黏稠溶液，不溶于乙醇及一般有机溶剂，在酸性条件下稳定。由于其水溶液在适当的条件下可以形成凝胶，具有良好的胶凝化和乳化作用，因此可用于制造果酱、果冻或胶状食物，也可用作食品添加剂、微生物培养基及保护剂等。

果胶因其酯化度不同，可分为高酯果胶和低酯果胶。采用的原料和提取方法不同可得到不同酯化度的果胶。以柑橘皮为原料生产的为高脂果胶（向日葵果胶其酯化度为30%，是低酯果胶）。柑橘皮中果胶含量很高，一般为5%~15%。大部分以果胶质形式存在，果胶质不溶于水，但用稀酸可将其水解为可溶性果胶，利用多糖类物质在乙醇中溶解度的不同，加入一定量乙醇使其沉淀，就可使果胶从溶液中析出，经分离、干燥即得果胶纯品。

三、实训器材

组织捣碎机、烧杯、磁力搅拌器、恒温水浴锅、搪瓷桶、酸度计、不锈钢锅、板框压滤机、真空干燥器。

四、实训试剂与材料

1. 材料

新鲜柑橘皮50g。

2. 试剂

磷酸、0.2mol/L盐酸、焦磷酸钠、80%乙醇、95%乙醇、硅藻土粉末。

五、实训操作步骤

1. 处理

将柑橘皮在组织捣碎机中捣碎，置于不锈钢锅中，加入4~5倍的清水搅拌，加热到50~60℃浸泡10min，加热至沸水中浸5~8min，以达到灭酶的目的。灭酶后的柑橘皮在不断搅动下用流动水冲洗至洗液接近无色为止。

2. 提取

取处理好的柑橘皮置于搪瓷桶中，加入15倍量的自来水，再按已加水量加入0.5g/100mL的焦磷酸钠。在不断搅拌的条件下，用盐酸和0.5%磷酸的混合酸调节提取液的pH，温度控制在75~82℃，调节提取液pH至1.5~2.0时继续搅拌提取20min，然后再调节pH至2.5，继续再提取20min。

3. 分离

依据提取液体积加入1g/100mL的硅藻土作助滤剂，然后送入板框压滤机。过滤后得无色透明的果胶稀溶液，滤渣弃去。

4. 浓缩

将过滤收集的滤液置于真空浓缩装置中，于75℃下浓缩，直至浓缩到果胶浓度为4g/100mL左右。

5. 沉析

将浓缩液置于搪瓷桶中，并冷至室温，然后乙醇以喷淋方式加至已浓缩好的果胶溶液中，乙醇含量控制在40%~50%，不断搅动，这时，果胶聚结成海绵状析出。

6. 分离

将果胶-乙醇混合物经1~2h静置后，送入板框压滤机过滤。收集滤饼（果胶），然后用80%乙醇溶液洗涤滤饼1~2次，再用体积分数95%的乙醇洗涤1~2次。洗完后压干。

7. 干燥

以上滤好的果胶置于真空干燥器中于55℃左右干燥，即得果胶纯品，称重。

六、结果与讨论

1. 提取温度

温度过高容易引起果胶解聚，降低果胶胶凝能力。温度过低，则会延长萃取时间，造成果胶过分脱脂，一般以75~82℃为宜。

2. 提取时间

时间短，提取不完全；时间过长，则会引起果胶降解，难以得到高质量的果胶。提取时间以40~60min为宜。

3. 提取的pH

pH高，获得果胶的胶凝能力强，但果胶收率低，当pH大于3.5时，就很难得到果胶。pH低，果胶收率提高，但质量下降。在提取过程中，体系的pH会发生变化，要经常用试纸检测溶液的pH，要使之保持稳定，以保证提取正常进行。

4. 脱色及醇洗

灭酶后的柑橘皮水洗脱色及进行分离操作时助滤剂的使用都有一定的脱色作用。脱色处理要彻底，最后的高浓度乙醇洗涤果胶滤饼时要充分，否则影响所得果胶纯品色泽及含量。

5. 计算果胶的收率

七、思考题

1. 柑橘皮预处理时为何要加热至沸而灭酶？

2. 如何提高果胶的收率和质量？

3. 提取时加入焦磷酸钠的作用是什么？

任务三 结晶法

知识目标

1. 掌握结晶法的概念、基本原理及影响因素。

2. 掌握结晶的主要过程。

3. 熟悉不同产品对结晶质量的要求。

4. 熟悉结晶的操作方式及常用设备。

能力目标

熟练使用结晶相关知识，正确理解和执行工艺操作规程，能及时分析和处理生产中的异常情况，学会分析结晶过程的各种影响因素，并能找出解决实际问题的思路或方法。

思政目标

通过结晶法的学习，培养学生实事求是的科学精神和职业精神。

任务导入

食盐是指来源不同的海盐、井盐、矿盐、湖盐、土盐等。它们的主要成分是氯化钠，还含有钡盐、氯化物、镁、铅、砷、锌、硫酸盐等杂质，在制作过程中需要将其去除才可食用。早在公元前5000年古人已学会用煎煮法制作海盐，用盘为煎，用锅为煮，史称“煮海为盐”，用煎煮法制取海盐不但产量低，而且质量差。经过十几个世纪的实践改进，由直接用海水煎煮，改为淋卤煎煮。现在，从海水中提取食盐的方法主要是“盐田法”，这是一种古老而至今仍广泛沿用的方法。使用该法需要在气候温和、光照充足的地区选择大片平坦的海边滩涂构建盐田。因此盐田一般分成两部分：蒸发池和结晶池。先将海水引入蒸发池，经日晒蒸发水分到一定程度时，再倒入结晶池，继续日晒，海水就会成为食盐的饱和溶液，再晒就会逐渐析出食盐来。这时得到的晶体就是我们常见的粗盐。剩余的液体称为母液，可从中提取多种化工原料。

结晶法是使溶质从过饱和溶液中以结晶体状态析出的分离方法。结晶作为一种分离提纯方法，具有产品纯度高、生产温度适宜、能耗少、成本低等特点，因其操作简单，对设备腐蚀程度小，在传统工业生产中一直占有相当重要的位置。如在抗生素工业中，除链霉素和新霉素等少数品种是由浓缩液喷雾干燥制成产品外，其他一些重要抗生素如青霉素、红霉素的生产，一般都包含有结晶过程。与其他分离方法相比，结晶法的应用更为广泛。

结晶是固体制造技术中的关键步骤，一方面纯化了产品，另一方面也完成了将产品从溶解状态直接变为固体的过程。结晶过程虽然在实验室中非常简单，但它是一个热力学不稳定的多相、多组分的传热和传质过程，因此受控的变量较多，都会影响晶核的生长和晶体的成长；随着人们对所需固体品质要求的不同，人们对固体产品的质量提出了更高标准和更为严格的要求；所以结晶操作成了各国科技工作者研究的热点，出现了很多新的结晶技术，如超临界结晶、声呐结晶，结晶技术应用上的扩展，不断推动结晶技术的发展。

一、结晶的过程

（一）过饱和溶液的形成

结晶的首要条件是溶液处于过饱和状态，使溶液处于过饱和状态的方法很多，常用的方法如下。

1. 热饱和溶液冷却法

该法适用于溶解度随温度降低而显著减小的物系。由于该法基本不除去溶剂，而是使溶液冷却降温，也称之为等溶剂结晶。

2. 部分溶剂蒸发法

借蒸发除去部分溶剂的结晶方法，也称等温结晶法，它使溶液在加压、常压或减压下加热蒸发达到过饱和。此法主要适用于溶解度随温度的降低而变化不大的物系，也适用于溶解度随温度升高而降低的物系。由于该方法需蒸发大量的溶剂，使热能消耗增大，且加热面结垢问题也使操作问题较多，另外对于热敏性产物的结晶，须严格控制蒸发温度等条件。

3. 真空蒸发冷却法

真空蒸发冷却法采用的是使溶剂在真空下迅速蒸发而绝热冷却的结晶方法，实质上是以冷却及部分溶剂蒸发的双重作用达到过饱和。此法为自20世纪50年代以来一直应用较多的结晶方法，该方法设备简单，操作稳定，最突出的特点是容器内无换热面，所以不存在晶垢的问题，可用于热敏性药物的结晶分离。

4. 化学反应结晶法

化学反应结晶是指采用加入反应剂或调节pH，生成新的溶解度较低的产物，随着反应的进行，其产物浓度超过溶解度时，产生结晶的方法。

（二）晶核的形成

溶质从溶液中析出的过程，可分为晶核生成和晶体生长两个阶段，两个阶段的推动力都是溶液的过饱和度。晶核的生成有3种形式：初级均相成核、初级非均相成核及二次成核。在高过饱和度下，溶液自发地生成晶核的过程，称为初级均相成核；溶液在外来物（如大气中的灰尘）的诱导下生成晶核的过程，称为初级非均相成核；而在含有溶质晶体的溶液中的成核过程，称为二次成核。二次成核也属于非均相成核过程，它是在晶体之间或晶体与其他固体（器壁、搅拌器等）碰撞时所产生的微小晶粒的诱导下发生的。

真正自动成核的机会很少，加晶体能诱导结晶。晶种可以是同种物质或相同晶形的物质，有时惰性的无定形物质也可作为结晶的中心，如尘埃也能导致结晶。添加晶种诱导晶核形成的常用方法如下所示。

（1）如有现成晶体，可取少量研碎后，加入少量溶剂，离心除去大的颗粒，再稀释至一定浓度（稍过饱和），使悬浮液中具有很多小的晶核，然后倒进待结晶的溶液中，用玻璃棒轻轻搅拌，放置一段时间后即有结晶析出。

（2）如果没有现成晶体，可取1~2滴待结晶溶液置于表面玻璃皿上，缓慢蒸发除去溶液，可获得少量晶体。或者取少量待结晶溶液置于一试管中，旋转试管使溶液在管壁上形成薄膜，使溶剂蒸发至一定程度后，冷却试管，管壁上即可形成一层结晶。用玻璃棒刮下玻璃皿或试管壁上所得的结晶，蘸取少量，接种到待结晶的溶液中，轻轻搅拌，并放置一定时间，即有结晶形成。

实验室结晶操作时，人们较喜欢使用玻璃棒轻轻刮擦玻璃容器的内壁，刮擦时产生的玻璃微粒可作为异种晶核。另外，玻璃棒蘸有溶液后暴露于空气中的那部分，很容易蒸发形成一层薄薄的结晶，再侵入溶液中变成同种晶核。同时，用玻璃棒边刮擦边缓慢地搅动，也可以帮助溶质分子在晶核上定向排列，促进晶体的生长。

（三）晶体的生长（养晶）

在过饱和溶液中，晶核一经形成立即开始长成晶体，与此同时，由于新的晶核还在不断地生成，故所得晶体的大小和数量由晶核形成速度与晶体生长速度的对比关系决定。如果晶体生长速度大大超过晶核形成速度，则过饱和度主要用来使晶体成长，可得到粗大而有规则的晶体；反之，则过饱和度主要用来形成新的晶核，所得的晶核颗粒参差不齐，晶体细小，甚至呈无定形态。

化合物的晶体生长是依靠构成单位之间相互作用力来实现的。在离子晶体中，靠静电引力结合在一起；在分子晶体中，可能靠氢键结合在一起，如果分子带有偶极，那么它也靠静电力结合。关于晶体生长的机理有很多种，例如“表面能理论”“扩散理论”“吸附层理论”等，这些理论各有优缺点，目前常用的“扩散理论”认为晶体生长包括两个过程：①分子扩散过程，溶质从溶液主体相扩散通过一层液膜，到达晶体表面；②表面化学反应过程，固-液界面处溶液中的物质沉积在晶体表面或与晶体上的物质结合，形成一定大小的规则晶体。

影响晶体生长速率的因素很多，如过饱和度、粒度、搅拌、温度及杂质等。在实际工业生产中，控制晶体生长速率时，还要考虑设备结构、产品纯度等方面的要求。

（1）过饱和度增高，晶体生长速率增大　但过饱和度增大往往使溶液黏度增大，从而使扩散速率减小，导致晶体生长速率减慢。另外，过高的过饱和度还会使晶型发生不利变化，因此不能一味地追求过高的过饱和度，应通过相关实验确定一个适合的过饱和度，以控制适宜的晶体生长速率。

（2）温度对晶体生长速率的影响要大于成核速率　当溶液缓慢冷却时，得到较粗大的颗粒；当溶液快速冷却时，达到的过饱和度较高，得到的晶体较细小。

（3）搅拌能促进扩散，加速晶体生长，同时也能加速晶核形成，但超过一定范围，效果就会降低，搅拌越剧烈，晶体越细。应确定适宜的搅拌速率，获得需要的晶体，防止晶簇形成。

（4）杂质的存在对晶体的生长有很大影响　有些杂质能完全抑制晶体的生长，有些则能促进生长，有些能对同一种晶体的不同晶面产生选择性影响，从而改变晶体外形。总之，杂质对晶体生长的影响复杂多样。

一般情况下，过饱和度增大、搅拌速率提高、温度升高，都有利于晶体的生长。

二、影响结晶的主要因素

1. 溶液的浓度

结晶主要以过饱和度为推动力，所以溶液的浓度是结晶的首要条件。溶液浓度高，结晶收率高，但溶液浓度过高时，结晶物的分子在溶液中聚集析出的速度超过这些分子形成晶核的速度，便得不到晶体，只能获得一些无定形固体颗粒。另外，溶液浓度过高相应的杂质浓度也高，容易生成纯度较差的粉末结晶。因此，溶液的浓度应根据工艺和具体情况实验确定。一般来说，生物大分子的浓度控制在3%~5%比较适宜，小分子物质如氨基酸浓度可适当增大。

2. 溶剂

溶剂对于晶体能否形成和晶体质量的影响十分显著，故选用合适的溶剂是结晶首先考虑的问题。对于大多数生物小分子来说，水、乙醇、甲醇、丙酮、三氯甲烷、乙酸乙酯、异丙醇、丁醇、乙醚等溶剂使用较多。尤其是乙醇，既亲水又亲脂，而且价格便宜、安全无毒，所以应用较多。对于蛋白质、酶和核酸等生物大分子，使用较多的是硫酸铵溶液、氯化钠溶液、磷酸缓冲溶液、Tris缓冲溶液和丙酮、乙醇等。有时需要考虑使用混合溶剂。

结晶溶剂要具备以下几个条件：①溶剂不能和结晶物质发生任何化学反应；②溶剂对结晶物质要有较高的温度系数，以便利用温度的变化达到结晶的目的；③溶剂应对杂质有较大的溶解度，或在不同的温度下结晶物质与杂质在溶剂中应有溶解度的差别；④溶剂如果是容易挥发的有机溶剂时，应考虑操作方便、安全。工业生产上还应考虑成本高低、是否容易回收等。

3. 样品的纯度

大多数情况下，结晶是同种物质分子的有序堆砌。无疑，杂质分子的存在是结晶物分子规则化排列的空间障碍。所以多数生物大分子需要相当的纯度才能进行结晶。一般来说，纯度越高越容易结晶，结晶母液中目的物的纯度应接近或超过50%。但已结晶的制品不表示达到了绝对的纯化，只能说纯度相当高。有时虽然制品纯度不高，若能创造条件，如加入有机溶剂和制成盐等，也能得到结晶。

4. pH

一般来说，两性生化物质在等电点附近溶解度低，有利于达到饱和而使晶体析出，所选择 pH 应在生化性质稳定范围内，尽量接近其等电点。例如，5g/100mL 的溶菌酶溶液，调 pH 为 9.5~10，在 4℃放置过夜便析出晶体。

5. 温度

对于生物活性物质，一般要求在较低的温度下结晶，因为高温容易使其变性失活。另外，低温可使溶质溶解度降低，有利于溶质的饱和，还可以避免细菌繁殖。所以生化物质的结晶温度一般控制在 0~20℃，对富含有机溶剂的结晶体系则要求更低的温度。但有时温度过低时，由于溶液黏度增大会使结晶速度变慢，这时可在析出晶体后，适当升高温度。另外，通过降温促使结晶时，降温快，则结晶颗粒小；降温慢，则结晶颗粒大。

6. 时间

结晶的形成和生长需要一定时间，不同的化合物，结晶时间长短不同。简单的无机或有机分子形成晶核时需要几十甚至几百个离子或分子组成，而蛋白质、酶等生物大分子形成晶核时，由于大分子内有许多功能基团和活性部位，其结晶的形成过程也复杂得多，虽然仅需很少几个分子即能形成晶核，不过要想使这几个分子整齐排列，比几十个、几百个小分子、离子所费的时间多得多，所以蛋白质、核酸等生物大分子形成结晶常需要较长时间，但在生化产品制备中，时间不宜太长，通常要求在几小时之内完成，以缩短生产周期，提高生产效率。

7. 操作方式

提高搅拌速率，可提高二次成核的速率，同时也提高了溶质的扩散速率，有利于晶体的生长，使结晶速率增大。由于搅拌对这两种速度都有加速作用，因此提高搅拌速度可能得到大的晶体，也可能得到小的晶体，一般通过由弱到强的搅拌试验，根据该产品质量要求和设备特点来确定一个比较适宜的搅拌速度。当搅拌速率超过某一值时，会把晶体打碎而变得细小。因此工业生产中，通过控制搅拌速率和改变搅拌桨的形式来获得需要的晶体，如搅拌速率分阶段控制，在晶核形成阶段的搅拌速率较快，在晶体生长（养晶）阶段的搅拌速率较慢；若采用直径及叶片较大的搅拌桨，则可以降低转速，即可达到较好的混合效果，又能获得较大的晶体；当晶形要求严格时，也可采用气流混合，以防止晶体破碎。

8. 晶种

加晶种进行结晶是控制结晶过程、提高结晶速率、保证产品质量的重要方法之一。工业中的引入有两种方法：一是通过蒸发或降温等方法，使溶液的过饱和状态达到不稳定自发成核一定数量后，迅速降低溶液浓度（如稀释法）至介稳区，这部分自发成核的晶体为晶种；二是向处于介稳区的过饱和溶液中直接添加细小均匀的晶种。工业生产中对于不易结晶（即难以形成晶核）的物质，常采用加入晶种的方法，以提高结晶速率。对于溶液黏度较高的物系，晶核产生困难，而在较高的过饱和度下进行结晶时，由于晶核形成速率较快，容易发生聚晶现象，使产品质量不易控制。因此，高黏度的物系必须采用在介稳区内添加晶种的操作方法。

三、结晶产品的质量控制

结晶产品的主要质量指标包括：大小、形状和纯度。产品不同，对结晶质量指标的要求不同。有的要求晶体粗大而均匀，以保证在贮存过程中不易结块；有的则要求晶体细小，如非水溶性抗生素，需做成悬浮剂，因而要求晶体细小，使人体容易吸收；有的要求纯度较高，如青霉素钠在纯度较低时极易失活，必须达到规定的高纯度要求。因此，必须通过控制结晶过程，实现结晶产品质量的控制。

1. 结晶速率与产品质量的关系

晶核形成速率与晶体生长速率不仅决定了结晶过程速率，也决定了晶体颗粒的大小，若晶核形成速率比晶体生长速率快，则形成的结晶颗粒小而多；若晶核形成速率比晶体生长速率慢，则结晶颗粒大而少。当晶核形成速率与晶体生长速率接近时，形成的结晶颗粒大小参差不齐，将影响产品质量，因此欲保证结晶产品质量，使其达到规定的粒度要求，需要对晶核形成速率和晶体成长速率进行分析和控制，既要满足高的结晶速率要求，又要满足晶体质量要求。

工业生产中通过控制过饱和度的大小、形成过饱和的速率、结晶温度等参数，达到控制结晶速率的目的。过饱和度增大，成核速率增长较多，生长速率增长较少，因而得到细小的晶体；当溶液快速冷却或快速浓缩时，也会使晶体较小；当结晶温度控制较高时，有利于晶体的生长，可得到较大的晶体。另外，晶体的形状、大小和均匀度也常通过添加晶种来得到有效控制。

2. 产率与产品质量的关系

结晶产率是指从溶液中获得的结晶质量与粗品质量的比值，其产率高低不仅取决于溶解度，还与晶体的纯度有关；溶解度越小，晶体纯度要求越低，结晶的产率越高。纯度是指结晶产品中有效药物组分所占的比例（一般为质量分数）。结晶产品的纯度越高，其杂质所占比例越低。因此在要求高产率和高纯度之间，存在一个平衡点。在纯度符合要求的情况下，力争尽可能多的产率，同时为保证一定的纯度，不可能把所要的物质全部结晶析出，因此工业生产中，母液的回收利用也是必须考虑的问题。

3. 结晶工艺过程与产品质量的关系

当结晶液中含有杂质分子时，可影响晶体分子进行有规则的排列，也可能将杂质长入晶粒中，影响产品纯度。一般情况下，溶液的纯度越高，越容易结晶，所得产品的纯度越高。因此在结晶前通常对溶液进行净化处理，以尽量减少杂质含量，如工业上常采用活性炭吸附杂质后，再进行结晶操作。晶体的分离与洗涤过程也是结晶工艺中的重要组成部分，直接影响产品的纯度和收率。由于晶体表面吸附着母液而未洗涤干净，在进行干燥时，溶剂气化被除去，而溶液中的不挥发性杂质则留在结晶上，造成结晶产品纯度降低。晶体越细小，吸附的杂质越多，产品纯度越低；因此应尽可能使溶液与晶体分离，并且通过洗涤晶体，除去吸附的杂质，来提高结晶产品的纯度。

另外，对于同一种物质，选用的溶剂不同，可以得到不同的晶形，如在乙酸戊酯中结晶普卡霉素（光神霉素），得到的是晶体微粒，而在丙酮中结晶，得到的是长柱状晶体。当选用的结晶方法不同，得到的晶形也可能完全不同，通过控制晶体生长速度、过饱和度、结晶温度、选择不同的溶剂、调节溶液 pH 和有目的地加入某种能改变晶形的杂质等方法可以改变晶体外形，以获得所需要的晶形。

在结晶过程中，由于结晶速度过快、颗粒形状等因素的影响，还可能发生颗粒聚结在一起的现象，即形成“晶簇”。由于“晶簇”是在母液中形成的，因此常会把母液包裹在“晶簇”内，难以洗去，从而造成结晶产品纯度降低；生产中为防止“晶簇”现象发生，一般采用适度增强搅拌的方法，防止“晶簇”的形成。

4. 贮存条件与产品质量的关系

晶体在贮存过程中由于晶体与空气之间进行水分交换，温度的影响，或与其存在的杂质（如未洗净的母液）或空气中的氧、二氧化碳等产生化学反应，或在晶粒间的液膜中发生复分解反应，其反应产物溶解度较低而析出结晶，这些物理或化学因素都可能导致结块现象的发生。粒度不均匀的晶体，其晶粒间隙缝较小，相互接触点较多，因而易发生结块现象；相对来说，粒度均匀整齐的晶体，不易发生结块现象，或产生的晶块结构疏松，易于弄碎，因此晶体粒度的均匀性也是质量指标之一。

另外，当晶体受压时，不仅使晶粒紧密接触而增大接触面，还会对其溶解度有影响，因此压力增加将使结块现象严重。同时，随着贮存时间的增长，结块现象也趋于严重，这是因为溶解及重结晶反复次数增多所致。因此结晶产品还应贮藏在干燥、密闭的容器中。

四、结晶设备及操作

（一）结晶方法

根据物质的特性和在工业与试验中的技术要求，结晶方法有两种分类。

第一种分类：

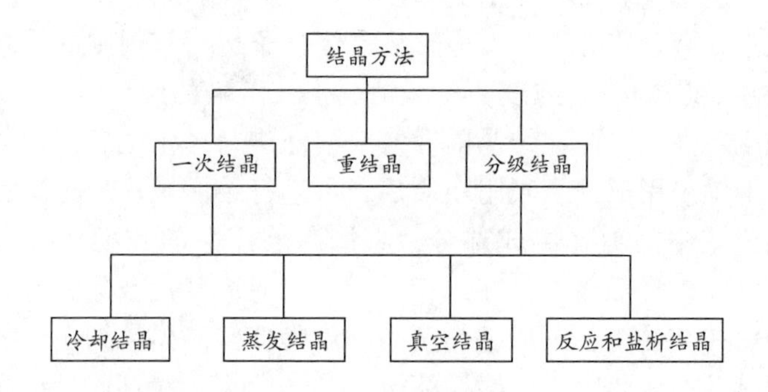

第二种分类：

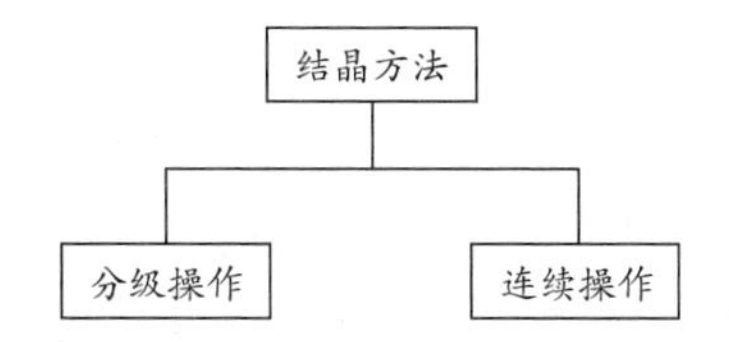

（二）结晶的操作方式

结晶操作可以用各种方法来实现，根据结晶操作方式不同，可以分为间歇（分批）结晶和连续结晶。

1. 分批结晶

选用合适的结晶设备，用孤立的方式，在全过程中进行特殊的操作，并且这个操作仅仅间接地与前面和后面的操作有关系，这样的结晶操作称为分批结晶。其设备结构简单，对操作人员的技术水平要求不高。结晶器的容积可以是100mL的烧杯或几百吨的结晶罐。通常分批结晶过程的操作可以分为下列几个独立的操作步骤：①清洁结晶器。②加入固料或液料到结晶器中。③用任何合适的方法产生过饱和度。④成核和晶体生长。⑤排除晶体。

在各种类型的结晶过程中，过饱和、晶核形成、晶体生长三个步骤是最重要的技术操作。对于结晶设备来说，传热速率的影响最显著，不仅取决于产生过饱和的速率过程，还控制着晶核形成和晶体生长过程。通常必须使结晶器内的温度维持在略低于与介稳区相对应的温度下进行结晶操作。在晶体生长阶段，冷却的控制很重要，决定着晶体大小以及晶体的均匀度。

总之，分批结晶操作最主要的优点是能通过控制传热，生产出满足质量要求的合格晶体，其缺点是操作成本比较高，操作和产品质量的稳定性差。

2. 连续结晶

当结晶的生产规模较大时，为提高生产效率，往往采用连续结晶。

连续结晶过程可以使用多种形式的结晶器，因为一个适宜的结晶器可以使产率增加许多倍。在连续过程中，每单位时间里生成晶核的数目是相同的，并且在理想条件下，它与单位时间里从结晶器中排出的晶体数是相等的。

在美国产的Swensom-Walker连续真空结晶器中（图4-3），溶液在设备内的某一部分达到过饱和，晶核在设备内的某一部分中形成，设备内的某一部分又为晶体生长提供了较长的时间。在连续真空结晶器中，晶体按照它们的大小被分级，小的晶体被保留，直到达到限定的大小为止。然而，没有一个结晶器可以长时间连续不断地操作，这是因为设备在连续结晶一段时间以后，须进行洗涤，然后才能重新正常运转。除此之外，操作周期还受限于晶体的物理和化学特性、设备设计、产生过饱和的方法、工作人员的技术水平等影响，所有这些因素一起决定着连续结晶器的产率，其值通常可达到90%~95%。

劳动力成本是连续结晶器优于分批过程的一个重要因素，特别是在低成本物料的生产时，连续过程总是优越的。连续结晶器的生产效率取决于多方面的因素，一般比分批结晶的效率要高，其显著特点包括：①可较好地使用劳动力。②设备的寿命较长。③有多变的生产能力。④晶体粒度大小及其分布可控。⑤有较好的冷却和加热装置。⑥产品稳定并使损耗减少到最小程度等。

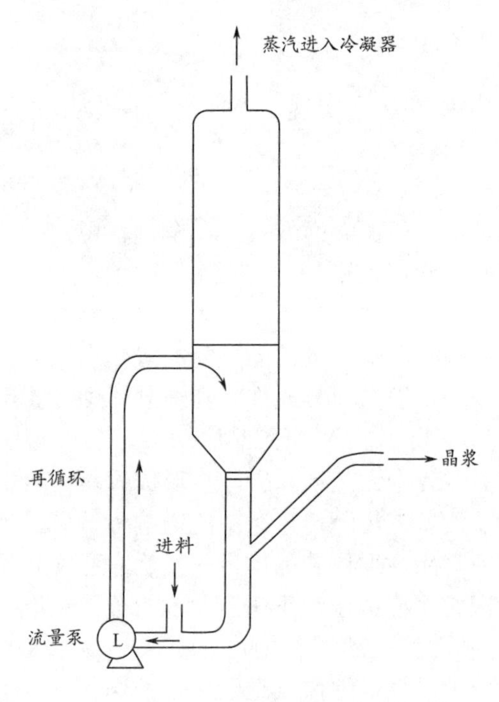

图 4-3　Swensom-Walker 连续真空结晶器

（三）结晶设备

工业结晶器主要分为冷却式和蒸发式两种，根据蒸发操作压力又可分为常压蒸发式和真空蒸发式。

因真空蒸发效率较高，所以蒸发结晶器以真空蒸发为主。结晶器选用的主要依据是产品成分的溶解度曲线，如果产品成分的溶解度随温度升高而显著增大，则可采用冷却结晶器或蒸发结晶器，这里仅介绍常用的结晶器及其特点。

1. 冷却结晶器

冷却式搅拌槽结晶器有夹套冷却式、外部循环冷却式，此外还有槽外蛇管冷却式。搅拌槽结晶器结构简单，设备造价低。夹套冷却式结晶器的冷却表面积比较小，结晶速度较低，不适于大规模结晶操作。另外，因为结晶器壁的温度较低，溶液过饱和度较大，所以器壁上容易形成晶垢，影响传热效率。为消除晶垢的影响，槽内常设有除晶垢装置。外部循环式冷却结晶器通过外部热交换器冷却，由于强制循环，溶液高速流过热交换器表面，通过热交换器的温差较小，使热交换器表面不易形成晶垢，交换效率较高，可较长时间连续运作。

2. 蒸发结晶器

（1）Krystal-Oslo 蒸发结晶器　又称为生长型结晶蒸发器，由结晶器主体、蒸发室和外部加热器构成。图 4-4 是一种常用的 Krystal-Oslo 蒸发型常压结晶器。溶液经外部循环加热后送入蒸发室蒸发浓缩，达到饱和状态，通过中心导管下降到结晶生长槽中。在结晶生长槽中，流体向上流动的同时结晶不断生长，大颗粒结晶发生沉降，从底部排出产品晶浆。因此，Krystal-Oslo 结晶器同时具备结晶分级能力。

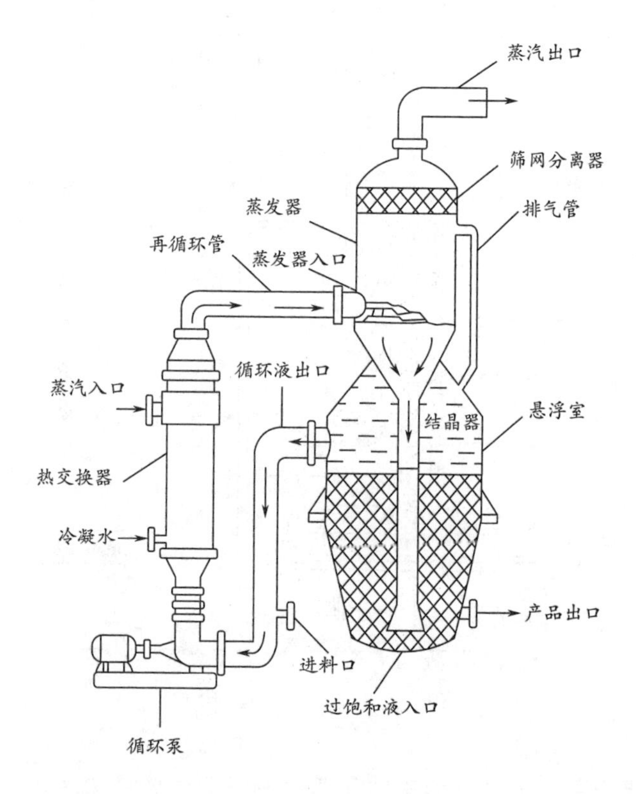

图 4-4　Krystal-Oslo 蒸发型常压结晶器

将蒸发器与真空泵相连，可进行真空绝热蒸发。与常压蒸发结晶器相比，真空蒸发结晶器不设加热设备，进料为预热的溶液，蒸发室中发生绝热蒸发。因此，在蒸发浓缩的同时，溶液温度下降，操作效率更高。此外，为便于结晶产品从结晶槽内排出和澄清母液的溢流，真空蒸发结晶器设有气压真空脚。

（2）DTB 型结晶器　又称导流式结晶器，如图 4-5 所示。内设导流管和钟罩形挡板，导流管内又设螺旋桨，驱动流体向上流动进入蒸发室。在蒸发室内达到过饱和的溶液沿导流管与钟罩形挡板间的环形面积缓慢向下流动。在挡板与器壁之间流体向上流动，其间较大结晶沉积，澄清母液循环加热后从底部返回结晶器。另外，结晶器底部可设淘析腿，细小结晶在淘析腿内溶解，而大颗粒结晶作为产品排出回收。若对结晶产品的结晶度要求不高，可不设淘析腿。

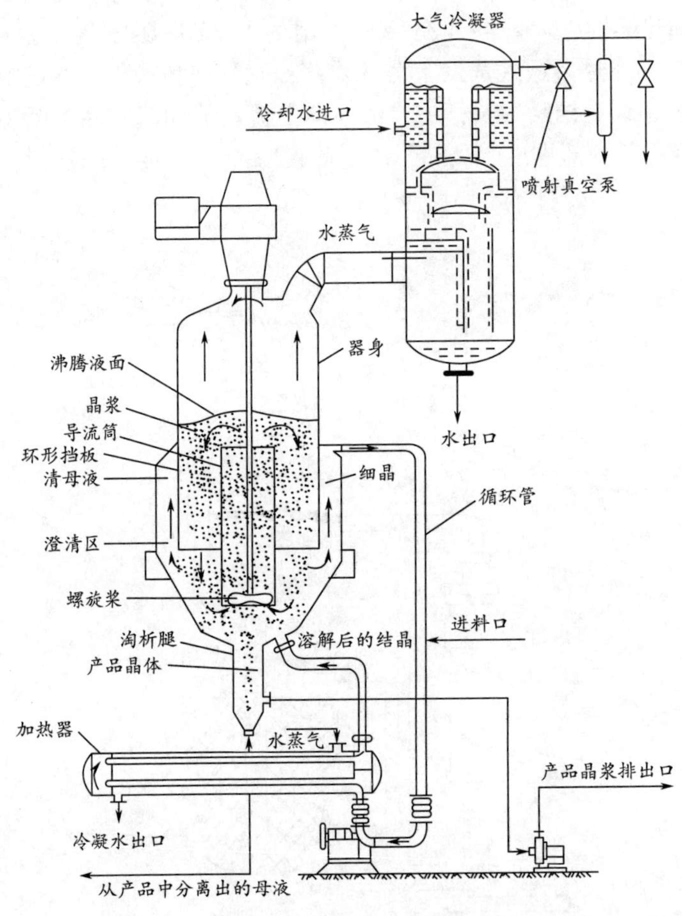

图 4-5　DTB 型结晶器

DTB 型结晶器的特点是：由于结晶器内设置了导流管和高效搅拌螺旋桨，形成内循环通道，内循环效率很高，过饱和度均匀，并且较低（一般过冷度<1℃）。因此，DTB 型结晶器的晶浆密度可达到 30%~40%的水平，生产强度高，可生产粒度达 600~1200μm 的大颗粒结晶产品。

（3）DP 结晶器　即双螺旋桨结晶器，如图 4-6 所示。DP 结晶器是对 DTB 型结晶器的改良，内设两个同轴螺旋桨。其中之一与 DTB 型一样，设在导流管内，驱动流体向上流动，而另外一个螺旋桨比前者大一倍，设在导流管与钟罩形挡板之间，驱动液体向下流动。由于是双螺旋桨驱动流体内循环，所以在低转数下即可获得较好的搅拌循环效果，功耗较 DTB 结晶器低，有利于降低结晶的机械破碎。但 DP 结晶器的缺点是大螺旋桨要求运动平衡性能好、精度高、制造复杂。

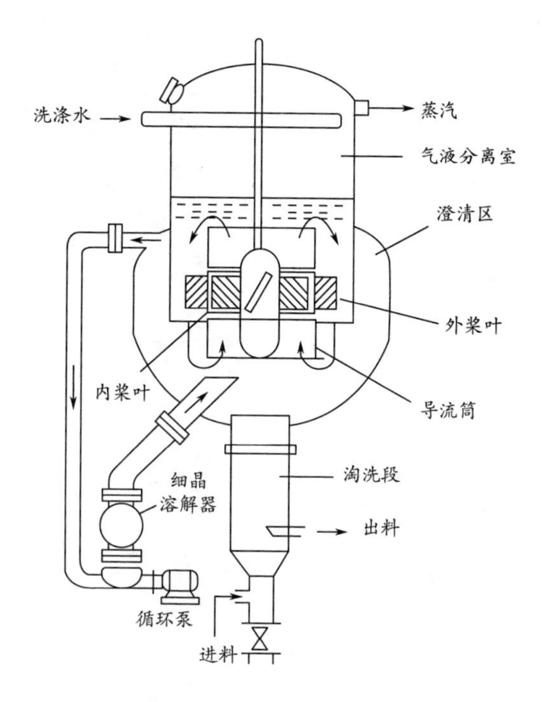

图 4-6　DP 结晶器

【知识链接】

溶解度曲线

在给定温度条件下，与一种特定溶质达到平衡的溶液称为该溶质的饱和溶液。当知道了温度时，便会有一个确定的浓度与溶质相对应，这个浓度称为该温度下的饱和浓度，同样如果知道体系的平衡浓度，也就知道了相应的温度，这个温度称为饱和温度，因此对于一个平衡体系温度与浓度之间有一个确定的关系，这种关系在温度-浓度图中，就是一条曲线，称为饱和曲线，也称为溶解度曲线。如图 4-7 所示，图中 *AB* 曲线为溶解度曲线，曲线上各点的溶液均处于饱和状态；*CD* 曲线为自发产生晶核的温度-浓度曲线，称为过饱和曲线，它与溶解度曲线大致平行。两条曲线将图分为三个区域，相应的溶液也处于三种状态。

(1) 稳定区及其相应的状态　为 AB 曲线以下的区域，又称不饱和区。当溶液的状态点落在此区域内时，其浓度等于或低于平衡状态的浓度，说明溶液未达到饱和。

(2) 介稳区　又可细分为两个区，第一个分区称为亚稳区，为 AB 曲线与 C′D′曲线之间的区域，在该区若有晶体存在，则晶体长大，但没有新的晶核形成，工业上称为养晶区；第二个分区称为过渡区，为 C′D′与 CD 线之间的区域，该区域

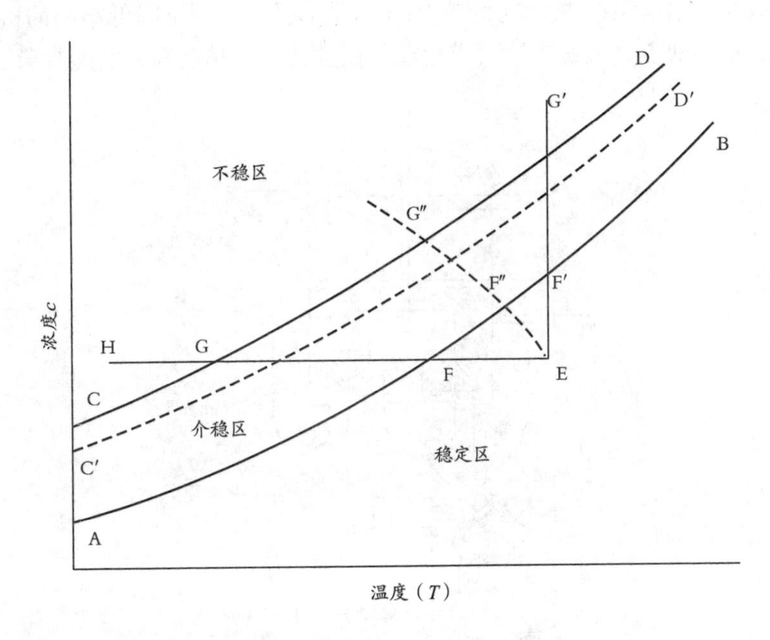

图 4-7　溶解度曲线与过饱和曲线

内的溶液易受刺激而结晶，在晶体长大的同时，有新的晶核生成，工业上称为刺激结晶区。

(3) 不稳区　又称为自发成核区，为 CD 曲线以上的区域。当溶液的状态点一旦进入该区域，其浓度远远大于饱和浓度，说明溶液处于极不稳定的状态，能立即自发结晶，可在短时间内出现大量微小晶核，使溶液浓度降至溶解度。

对于一定的结晶体系，溶解度曲线的位置固定不变，过饱和曲线的位置则随结晶过程的条件如产生过饱和度的速度（冷却和蒸发速度）、加晶种的情况、机械搅拌的强度等变化而变化。在生产中都希望曲线 AB 和 C′D′之间有一个比较宽的区域，以便于结晶操作条件的控制。

典型的结晶过程可在图 4-7 中表示出来。E 点表示一个不饱和溶液的状态点，当对该溶液冷却时，溶液浓度不发生变化，其状态点沿水平直线 EFG 向低温方向移动，温度降至水平线与溶解度曲线的交点 F 点时，说明溶液处于饱和状态，若再进一步冷却，溶液处于过饱和区域中的介稳区，可进行结晶操作；当降温至 G 点时，结晶过程自发进行，难以控制，此为典型的降温结晶过程。另一种典型的蒸发结晶过程如图 4-7 所示，若将 E 点溶液在等温下蒸发，其状态点则沿垂直线 E′F′G′向浓度升高的方向移动，浓度提高至垂线与溶解度曲线的交点 F′点时，说明溶液处于饱和状态，若继续等温蒸发，浓度进一步提高至垂线与过饱和曲线的交点 G′点时，结晶过程进入不稳区而自发进行，难以控制。在实际结晶操作中，很少采用单一的冷却结晶和蒸发结晶，一般是先进行蒸发过程，然后再冷却结晶，其溶液的状态点变化曲线随过程条件的变化而变化。

实训案例9　结晶法提纯胃蛋白酶

一、实训目的

1. 掌握结晶的原理、方法和基本操作。

2. 熟悉不同条件下对结晶产品质量的影响。

3. 了解结晶在分离与纯化工艺中的重要性。

二、实训原理

药用胃蛋白酶是胃液中多种蛋白水解酶的混合物，含有胃蛋白酶、组织蛋白酶、胶原蛋白酶等，为粗制的酶制剂。临床上主要用于因食用蛋白性食物过多所致的消化不良及病后恢复期消化机能减退等。胃蛋白酶广泛存在于哺乳类动物的胃液中，药用胃蛋白酶系从猪、牛、羊等家畜的胃黏膜中提取。

药用胃蛋白酶制剂，外观为淡黄色粉末，具有肉类特殊的气味及微酸味，吸湿性强，易溶于水，水溶液呈酸性，可溶于70%乙醇和pH4的20%乙醇中，难溶于乙醚、氯仿等有机溶剂。

干燥的胃蛋白酶稳定，100℃加热10min不被破坏。在水中，于70℃以上或pH 6.2以上开始失活，pH 8.0以上呈不可逆失活，在酸性溶液中较稳定，但在2mol/L以上的盐酸中也会慢慢失活。最适pH 1.0~2.0。

结晶胃蛋白酶呈针状或板状，经电泳可分出4个组分。其组成元素除N、C、H、O、S外，还有P、Cl。相对分子质量为34500，p*I*为1.0。

胃蛋白酶能水解大多数天然蛋白质底物，如鱼蛋白、黏蛋白、精蛋白等，尤其对两个相邻芳香族氨基酸构成的肽键最为敏感。它对蛋白质水解不彻底，产物为胨、肽和氨基酸的混合物。

胃蛋白酶是具有生物活性的大分子物质，其活性很容易受到有机溶剂的破坏，所以本任务采用结晶法提纯胃蛋白酶，可以大大保留胃蛋白酶的活性。

三、实训器材

烧杯、玻璃棒、试管、水浴锅、旋转蒸发仪、真空干燥箱、可见分光光度计、研钵等。

四、实训试剂和材料

猪胃黏膜、盐酸、硫酸、氯仿、5g/100mL三氯醋酸、血红蛋白试液、硫酸镁。

五、实训操作步骤

（一）操作流程

操作流程见图1。

（二）操作步骤

1. 酸解、过滤

在烧杯内预先加水500mL，加盐酸，调pH 1.0~2.0，加热至50℃时，在搅拌下加入1kg猪胃黏膜，快速搅拌使酸度均匀，45~48℃，消化3~4h，用纱布过滤

猪胃黏膜 $\xrightarrow[45\sim48℃、3\sim4h]{酸解、过滤（H_2O,HCl）}$ 酸解液 $\xrightarrow[30℃以下、24\sim48h]{脱脂、去杂质}$ 酶液 $\xrightarrow[40℃以下]{结晶、干燥}$ 成品

图1　结晶法提纯胃蛋白酶操作流程

除去未消化的组织，收集滤液。

2. 脱脂、去杂质

将滤液降温至30℃以下用氯仿提取脂肪，水层静置24~48h，使杂质沉淀，弃去，得脱脂酶液。

3. 结晶、干燥

将脱脂酶液加入乙醇中，使乙醇体积为20%，加硫酸调pH至3.0，5℃静置20h后过滤，加硫酸镁至饱和，进行盐析。盐析物再在pH 3.8~4.0的乙醇中溶解，过滤，滤液用硫酸调pH至1.8~2.0，即析出针状胃蛋白酶。沉淀再溶于pH 4.0的20%乙醇中，过滤，滤液用硫酸调pH至1.8，在20℃放置，可得板状或针状结晶。真空干燥，球磨，即得胃蛋白酶粉。

4. 活力测定

胃蛋白酶系药典收载药品，按规定每1g胃蛋白酶应至少能使3000g凝固卵蛋白完全消化。在109℃干燥4h，减重不得超过4.0%。每1g含胃蛋白酶中蛋白酶活力不得少于标示量。

取6支试管，其中3支各精确加入对照品溶液1mL，另3支各精确加入供试品溶液1mL，摇匀，并准确计时，在（37±0.5）℃水浴中保温5min，精确加入预热至（37±0.5）℃的血红蛋白试液5mL，摇匀，并准确计时，在（37±0.5）℃水浴中反应10min。立即精确加入5g/100mL三氯乙酸溶液5mL，摇匀，过滤，弃去初滤液，取滤液备用。另取试管2支，各精确加入血红蛋白试液5mL，置（37±0.5）℃水浴中，保温10min，再精确加入5g/100mL三氯乙酸溶液5mL，其中1支加供试品溶液1mL，另一支加酸溶液1mL，摇匀，过滤，弃去初滤液，取续滤液，分别作为对照管。按照分光光度法，在波长275nm处测吸光度，算出吸光度平均值A_s和A，按下式计算：

$$每克含蛋白酶活力 = \frac{A \times W_s \times n}{A_s \times W \times 10 \times 181.19}$$

式中　A——供试品的平均吸光度

A_s——对照品的平均吸光度

W——供试品取样量，g

W_s——对照品溶液中含酪氨酸的量，μg/mL

n——供试品稀释倍数

181.19——酪氨酸相对分子质量。

六、结果与讨论

1. 该实训项目不仅仅是结晶技术的操作训练，也包括盐析法、等电点沉淀法等方法，要注意认真复习学过的知识，预习还没有学到的知识，才能在实训中真正理解和掌握有关技术。

2. 实训过程中，各步骤的操作条件要严格控制，当条件发生变化时，要及时记录变化情况，以便对可能引起的结果变化进行分析。

3. 通过该实训项目，认识到各种分离与纯化技术之间的关系，提高分析设计分离与纯化工艺的能力。

七、思考题

1. 影响胃蛋白酶纯化的因素有哪些？

2. 结晶过程中调节 pH 的目的是什么？

【知识梳理】

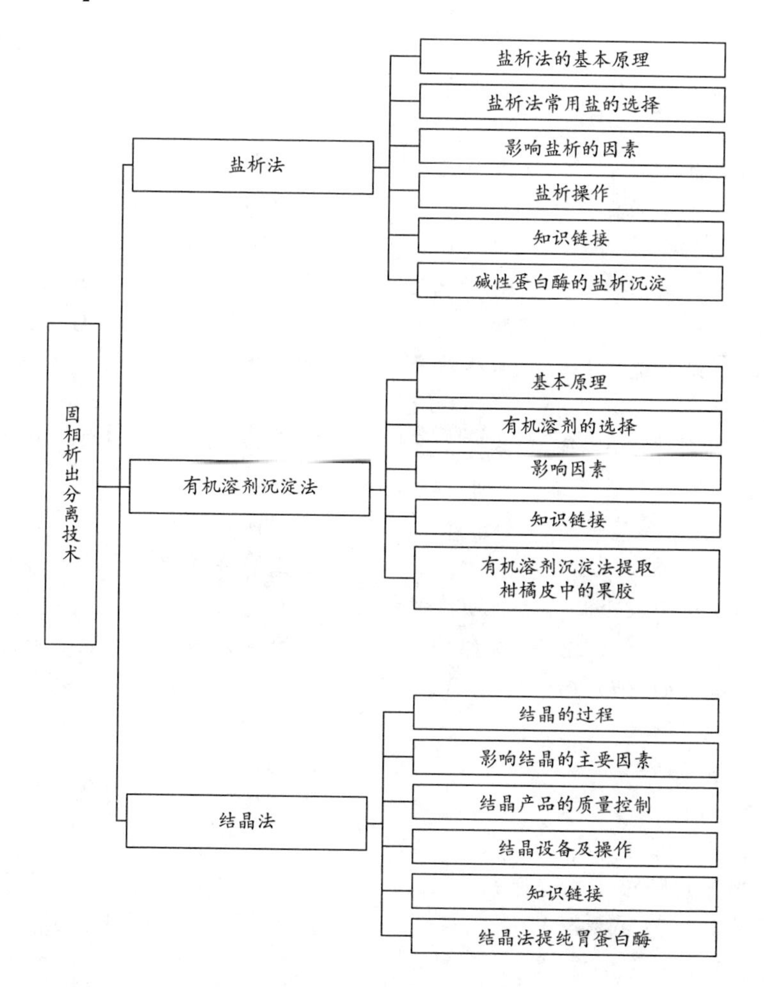

【目标检测】

一、填空题

1. 盐析中常用的中性盐有________、________、________等，其中________是最常用的。

2. 有机溶剂沉淀法的原理有________和________。

3. 使溶液处于过饱和状态的方法很多，常用的有________、________、________、________。

4. 晶核的生成形式有________、________及________。

5. 结晶方法有________和________。

二、单选题

1. 温度对盐析的影响很大，对于比较敏感的酶类等物质，要求在（　　）进行。

A. 25~30℃　　B. 0~4℃　　C. 0℃以下　　D. 60~80℃

2. 有机溶剂沉淀法不用于下列哪种物质的分离纯化（　　）。

A. 酶　　B. 核酸　　C. 多糖　　D. 生物碱

3. 常用有机溶剂介电常数从小到大的顺序正确的是（　　）。

A. 乙醚、乙酸乙酯、水　　B. 40%乙醇、100%乙醇、甲醇

C. 甲醇、乙醚、丙酮　　D. 丙酮、100%乙醇、乙酸乙酯

4. 下列哪种试剂常作为蛋白质等生物高分子溶液的稳定剂（　　）。

A. 乙醇　　B. 甲醇　　C. 甘氨酸　　D. 丙醇

5. 为提高结晶速率，对于不易结晶（难以形成晶核）的物质，常采用的方法是（　　）。

A. 加入晶种　　B. 蒸发　　C. 冷却　　D. 搅拌

6. 结晶的首要条件是溶液处于（　　）。

A. 饱和状态　　B. 不饱和状态

C. 过饱和状态　　D. 固液共存状态

7. 当生产规模较小时，结晶操作方式最好选用（　　）。

A. 分批操作　　B. 连续操作　　C. 冷却操作　　D. 蒸发操作

8. 结晶过程的推动力是（　　）。

A. 温度差　　B. 浓度差

C. 过饱和度　　D. 溶解度的差异

三、多选题

1. 硫酸铵的特点有（　　）。

A. 受温度影响小，溶解度大　　B. 价格低廉，对环境污染小

C. 不易引起蛋白质变性　　D. 水解后变酸，腐蚀性强

2. 常用的脱盐方法有（　　）。

A. 萃取　　B. 透析　　C. 凝胶过滤　　D. 超滤

3. 沉淀蛋白质常用的有机溶剂有（　　）。

A. 乙醚　　B. 乙醇　　C. 甲醇　　D. 丙酮

4. 影响有机溶剂沉淀法的主要因素有（　　）。

A. 温度　　B. pH　　C. 离子强度　　D. 操作方式

5. 使溶液达到过饱和的方法包括（　　）。

A. 热饱和溶液冷却法　　B. 部分溶剂蒸发法

C. 真空蒸发冷却法　　D. 化学反应结晶法

6. 结晶的原理有（　　）。

A. 过饱和溶液的形成　　B. 晶核的形成

C. 晶体的干燥　　D. 晶体的生长

四、判断题

1. 在相同的盐析条件下，样品的浓度越大，越容易沉淀，所需的盐饱和度也越低。（　　）

2. 在工业生产溶液体积较大时，或硫酸铵浓度需要达到较高饱和度时，可采用加硫酸铵的饱和溶液法。（　　）

3. 有机溶剂沉淀法中的有机溶剂不一定要与水互溶。（　　）

4. 甲醇的沉淀作用与乙醇相当，对蛋白质的变性作用比乙醇、丙酮都小，所以应用比乙醇广泛。（　　）

5. 在使用有机溶剂沉淀生物大分子时，整个操作过程应在低温下进行。（　　）

6. 如果晶体生长速度大大超过晶核形成速度，可得到细小而不规则的晶体。（　　）

7. 一般情况下，过饱和度增大、搅拌速率提高、温度升高，都有利于晶体的生长。（　　）

8. 一般来说，纯度越高越容易结晶，结晶母液中目的物的纯度应接近或超过50%。（　　）

9. 在结晶前通常对溶液进行净化处理，以尽量减少杂质含量，如工业上常采用活性炭吸附杂质后，再进行结晶操作。（　　）

10. 当结晶的生产规模较大时，为提高生产效率，往往采用分批结晶。（　　）

五、简答题

1. 对比其他盐析的中性盐，硫酸铵有何优缺点？

2. 影响盐析的因素有哪些？

3. 有机溶剂的选择依据有哪些？常用的有机溶剂种类及特点分别是什么？

4. 有机溶剂沉淀法有哪些影响因素？

5. 简述结晶及其原理。

6. 影响结晶颗粒大小均匀的主要因素有哪些？

7. 简述结晶产率与结晶产品纯度之间的关系。

8. “晶簇”是怎样形成的？对产品质量会造成哪些影响？

项目五

吸附分离技术

知识要点

吸附分离是一种古老的分离技术，吸附现象在很早以前就已被人们发现并应用到生产实践中。两千多年前我国劳动人民已经采用木炭来吸湿和除臭。吸附普遍存在于人们的生活和生产活动中。近几十年来，吸附分离技术得到了迅速发展，该法广泛应用于各种生物行业。例如，在酶、蛋白质、核苷酸、抗生素、氨基酸的分离与纯化中，可应用选择性吸附的方法；发酵行业中净化空气和除菌离不开吸附过程；在生物药物的生产中，还常利用吸附分离技术来去除杂质如脱色、去热原和去组胺。

知识目标

1. 掌握吸附分离的有关概念和吸附的分类。
2. 熟悉常用吸附剂的性质和适用范围，了解吸附剂的活化与再生方法。
3. 掌握不同因素对吸附的影响。

能力目标

能根据所学知识熟练进行吸附分离操作，熟知吸附分离的影响因素，独立完成人造沸石吸附分离细胞色素 C 和大孔吸附树脂吸附分离葛根素的操作。

思政目标

通过吸附分离技术的学习，培养学生探索和钻研的创新意识。

任务导入

1915 年，第一次世界大战期间，德军向英法联军使用了可怕的新武器——化学毒气（氯气）18 万 kg。英法士兵当场死了 5000 人，受伤的有 15000 人。有“矛”必然就会发“盾”，有化学毒气必然就会发明防毒武器。仅过了两个星期，军事科学家就发明了防护氯气毒害的武器，他们给前线每个士兵发了一种特殊的口罩，这种口罩里有用硫代硫酸钠和碳酸钠溶液浸过的棉花。这两种药品都有除氯的功能，能起到防护的作用。但若敌方改用第二种毒气，这种口罩就无能为力了。事实也是如此，此后不到一年，双方已经用过几十种不同的化学毒气，包括现今人们所熟知的芥子毒气及氰化物。所以，必须找到一种能使任何毒气都会失去毒性的物质才好。1915 年末，科学家找到了这种解毒剂，它就是活性炭。

一、吸附分离技术及其特点

吸附分离技术

（一）基本概念

吸附是一种表面现象，是指当流体与固体颗粒（尤其是多孔性颗粒）接触时，由于流体分子与固体表面分子之间的相互作用，流体中的某些组分便富集于固体表面，这种现象称为吸附。表面发生吸附作用的固体称为吸附剂，而被吸附的物质称为吸附物。

吸附分离技术是利用物质的吸附现象将混合物加以分离的方法。即在一定的条件下，将待分离的料液（或气体）通入适当的吸附剂中，利用吸附剂对料液（或气体）中某一组分具有选择吸附的能力，使该组分富集在吸附剂表面。流体分子被吸附在固体上后，通过改变操作条件（或利用适当的洗脱剂），使吸附物从固体上脱离下来，这种现象称为脱附。吸附分离过程正是利用吸附质在吸附剂上的吸附与脱附，来实现混合物中组分的分离。

吸附分离可通过两种方式实现：如果需要的组分较容易（或较牢固地）被吸附，可在吸附后除去不吸附或较不容易吸附的杂质，然后将样品脱附；反之，当需要的成分较难吸附时，则可将杂质吸附除去，所以吸附法也用来去除杂质。吸附分离通常包括以下四个过程：流体与吸附剂的混合；吸附质被吸附；剩余的流体流出以及吸附质的脱附。

（二）吸附分离的特点

吸附法一般具有以下特点。

（1）操作简便、设备简单，价廉、安全。

（2）常用于从大体积料液（稀溶液）中提取含量较少的目的物，由于受固体吸附剂的影响，处理能力较低。

（3）不用或少用有机溶剂，吸附和洗脱过程中 pH 变化小，较少引起生物活性物质的变性失活。

（4）选择性差，收率低，特别是一些无机吸附剂吸附性能不稳定（人工合成的大孔网状聚合物吸附剂性能有很大改进）。

二、吸附的分类

根据吸附剂与吸附质之间相互作用力的不同，吸附可分为物理吸附、化学吸附和交换吸附三种类型。

1. 物理吸附

由于吸附质与吸附剂的分子之间存在分子间力即范德华力，而发生的吸附称为物理吸附，又称为范德华吸附。因为分子间引力普遍存在于吸附剂与吸附质之间，故一种吸附剂可以吸附多种吸附质，不具有选择性。但吸附剂与吸附质的种类不同，分子间引力大小各异，因此吸附量可能相差悬殊。吸附物分子的状态变化不大，需要的活化能很小，所以物理吸附多数可在较低的温度下进行。由于物理吸附时，吸附剂除表面状态外，其他性质都未改变，所以物理吸附的吸附速度和解吸（在吸附的同时，被吸附的分子由于热运动离开固体表面的现象）速度都较快，容易达到平衡状态。

2. 化学吸附

由于吸附质与吸附剂的分子之间形成化学键而引起的吸附称为化学吸附。发生化学吸附时，被吸附的分子与吸附剂的表面分子之间发生了电子转移、原子重排或化学键的破坏与生成。与物理吸附不同的是，化学吸附具有选择性，只有当吸附剂与吸附质的分子之间形成化学键时，才会发生化学吸附。例如，氢在钨或镍的表面上可发生化学吸附，但在铝或铜的表面上却不发生化学吸附。

3. 交换吸附

如果吸附剂表面为极性分子或离子所组成，则它会吸引溶液中带相反电荷的离子而形成双电层，这种吸附称为极性吸附。当吸附剂与溶液间发生离子交换时，即吸附剂吸附离子后，同时要放出相应物质的量的反离子于溶液中。离子的电荷是交换吸附的决定因素，离子所带电荷越多，它在吸附剂表面的相反电荷点上的吸附力就越强。

必须指出，各种类型的吸附之间不可能有明确的界限，有时几种吸附同时发生，且很难区别。因此，溶液中的吸附现象较为复杂。

三、常用的吸附剂

固体吸附剂可分为无机吸附剂和有机吸附剂；常用的无机吸附剂有氧化铝、硅胶、人造沸石、白陶土、羟基磷灰石；有机吸附剂的代表就是活性炭、聚酰胺和大孔吸附树脂等。

（一）活性炭

活性炭是广泛应用的一种吸附剂，具有吸附力强，廉价易得的优点，常用于生物产物的脱色和除臭，还应用于糖、氨基酸、多肽及脂肪酸等的分离提取。但活性炭色黑质轻，易污染环境。活性炭的生产原料和制备方法不同，吸附力就不同，一般分为以下三种。

1. 粉末活性炭

该类活性炭颗粒极细，呈粉末状，其总表面积大，是活性炭中吸附能力（吸附力、吸附量）最强的一类。但因其颗粒太细，静态使用时不容易与溶液分离，层析时流速太慢，需要加压或减压操作，操作烦琐、成本增加。

2. 颗粒活性炭

该类活性炭颗粒较前者大，其总表面积相应减少，因此吸附能力次于粉末活性炭，但静态使用时容易与溶液分离，不需加压或减压操作，层析流速易于控制。

3. 锦纶活性炭

该类活性炭是以锦纶为黏合剂，将粉末活性炭制成颗粒。其总表面积介于粉末活性炭和颗粒活性炭之间，其吸附力较两者弱（因为锦纶是活性炭的脱活性剂）。可用于分离前两种活性炭吸附太强而不容易洗脱的化合物。

在提取分离过程中，根据所分离物质的特性，选择适当吸附力的活性炭是成功的关键。三种活性炭性能对比见表 5-1。当欲分离的物质不容易被活性炭吸附时，要选用吸附力强的活性炭；当欲分离的物质很容易被活性炭吸附时，要选择吸附力弱的活性炭。在首次分离料液或样品时，一般先选用颗粒状活性炭。如果待分离的物质不能被吸附，则改用粉末状活性炭。如果待分离的物质吸附后不能洗脱或很难洗脱，造成洗脱剂体积过大，洗脱高峰不集中，则改用锦纶活性炭。

表 5-1　三种活性炭性能对比

种类	颗粒大小	表面积	吸附力	吸附量	脱附
粉末活性炭	小	大	大	大	难
颗粒活性炭	较小	较大	较小	较小	难
锦纶活性炭	大	小	小	小	易

由于活性炭是一种强吸附剂，对气体的吸附能力很大，气体分子占据了活性炭的吸附表面，会造成活性炭“中毒”，使其活力降低。因此，使用前可加热烘干，以除去大部分气体。对于一般的活性炭，可在160℃加热干燥4~5h。锦纶活性炭受热容易变形，可于100℃干燥4~5h。

（二）硅胶

硅胶是应用最广泛的一种极性吸附剂，层析用硅胶可用 $SiO_2 \cdot nH_2O$ 表示，具有多孔性网状结构。它的主要优点是化学惰性，吸附量大，可以制备不同类型、不同孔径和不同表面积的多孔性硅胶。用于萜类、固醇类、生物碱、酸性化合物、磷脂类、脂肪类、氨基酸类等的吸附分离。

硅胶的吸附能力与吸附物的性质有关，硅胶能吸附非极性化合物，也能吸附极性化合物，对极性化合物的吸附力更大（因为硅胶是一种亲水性吸附剂）；硅胶的吸附能力还与其本身的含水量密切相关。硅胶吸附活性随含水量的增加而降低。所以，硅胶一般于105~110℃活化。

硅胶的再生需要用5~10倍量的1g/100mL NaOH水溶液回流30min，热过滤，然后用蒸馏水洗3次，再用3~6倍量的5%乙酸回流30min过滤，用蒸馏水洗至中性，再用甲醇洗、水洗两次，然后在120℃烘干活化12h，即可重新使用。

（三）氧化铝

氧化铝也是一种常用的亲水性吸附剂，它具有较高的吸附容量，分离效果好，特别适用于亲脂性成分的分离，广泛应用在醇、酚、生物碱、染料、苷类、氨基酸、蛋白质以及维生素、抗生素等物质的分离。活性氧化铝价廉，再生容易，活性容易控制；但操作不便，手续烦琐，处理量有限，因此也限制了在工业生产上大规模应用。氧化铝的吸附活性也与含水量的关系很大，与硅胶相似，吸附能力随含水量增多而降低。因此，氧化铝在使用前也需在一定条件下（150℃下2h）除去水分以使其活化。氧化铝通常可按制备方法的不同，分为以下三种。

1. 碱性氧化铝

由氢氧化铝高温脱水而得，碱性氧化铝主要用于甾体化合物、醇、生物碱、中性色素等成分的分离。

2. 中性氧化铝

用碱性氧化铝加入蒸馏水，在不断搅拌下煮沸10min。倾去上清液，反复处理至水洗液的pH为7.5左右，滤干活化后即可使用。中性氧化铝使用范围最广，常用于分离脂溶性生物碱、脂类、大分子有机酸以及酸碱溶液中不稳定的化合物（如酯、内酯）。

3. 酸性氧化铝

氧化铝用水调成糊状，加入2mol/L盐酸，使混合物对刚果红呈酸性反应。倾去上清液，用热水洗至溶液对刚果红呈浅紫色，滤干活化备用。酸性氧化铝适用于天然和合成的酸性色素、某些醛和酸、酸性氨基酸和多肽的分离。

（四）羟基磷灰石

羟基磷灰石又名羟基磷酸钙 [$Ca_5(PO_4)_3 \cdot OH$]，简称 HA。在无机吸附剂中，羟基磷灰石是唯一适用于生物活性高分子物质（如蛋白质、核酸）分离的吸附剂。一般认为，羟基磷灰石对蛋白质的吸附作用主要是其中 Ca^{2+} 与蛋白质负电基团结合，其次是羟基磷灰石的 PO_4^{3-} 与蛋白质表面的正电基团相互反应。由于羟基磷灰石吸附容量高，稳定性好（在温度小于 85℃，pH 为 5.5~10.0 均可使用），因此在制备及纯化蛋白质、酶、核酸、病毒等生命物质方面得到了广泛的应用。有些样品，如 RNA、双链 DNA、单链 DNA 和杂型双链 DNA、RNA 等，经过一次羟基磷灰石柱层析，就能达到有效的分离。

羟基磷灰石为干粉时，预处理时要先在蒸馏水中浸泡，使其膨胀度（水化后所占有的体积）达到 2~3mL/g 后，再按 1∶6 体积比加入缓冲液（如 0.01mol/L 磷酸钠缓冲溶液，pH 为 6.8）悬浮，以除去细小颗粒。

羟基磷灰石层析柱再生时，要先挖去顶部的一层羟基磷灰石，然后用 1 倍床体积的 1mol/L NaCl 溶液洗涤，接着用 4 倍床体积的平衡液洗涤平衡，如此处理后即可使用。

（五）聚酰胺

聚酰胺是一类化学纤维的原料，国外称为尼龙，国内称为锦纶，由己二酸与己二胺聚合而成的称为锦纶 66，由己内酰胺聚合而成的称为锦纶 6，因为这两类分子都含有大量的酰胺基团，故统称为聚酰胺。适于分离含酚羟基、醌基的成分，如黄酮、酚类、鞣质、蒽醌类和芳香酸类等。

聚酰胺通过与被分离物质形成氢键而产生吸附作用，各种物质由于与聚酰胺形成氢键类和芳香族酸类等的能力不同，聚酰胺对它们的吸附力也不同，一般说，形成氢键的基团（如酚羟基）多，吸附力大，难洗脱；具有对、间位取代基团的化合物比具有邻位取代基团的化合物吸附力大；芳核及共轭双键多者吸附力大；能形成分子内氢键的化合物吸附力减少。

聚酰胺和各类化合物形成氢键的能力和溶剂的性质有密切关系。通常，在碱性溶液中聚酰胺和其他化合物形成氢键的能力最弱，在有机溶剂中其次，在水中最强。因此聚酰胺在水中的吸附能力最强，在碱液中的吸附能力最弱。

（六）人造沸石

人造沸石是人工合成的一种无机阳离子交换剂，其分子式为 $Na_2Al_2O_4 \cdot xSiO_2 \cdot yH_2O$，人造沸石在溶液中呈 $Na_2Al_2O_4 \rightleftharpoons 2Na^+ + Al_2O_4^{2-}$，而偏铝酸根与 $xSiO_2 \cdot yH_2O$ 紧密结合成为不溶于水的骨架。我们以 Na_2Z 代表沸石，M^+ 表示溶液

中阳离子，则：

$$Na_2Z+2M^+ \rightleftharpoons M_2Z+2Na^+$$

使用过的沸石可以用以下方法再生：先用自来水洗去硫酸铵，再用0.2~0.3mol/L氢氧化钠和1mol/L氯化钠混合液洗涤至沸石成白色，最后，用水反复洗至pH至7~8，即可重新使用。

（七）白陶土（白土、陶土、高岭土）

白陶土可分为天然白陶土和酸性白陶土两种。在生物制药工艺中常作为某些活性物质的纯化分离吸附剂，也可作为助滤剂与去除热原质的吸附剂，天然白陶土的主要成分是含水的硅酸铝，其组成与 $Al_2O_3 \cdot 2SiO_2 \cdot 2H_2O$ 相当。新采出的白陶土含水50%~60%，经干燥压碎后，加热至420℃活化，冷却后再压碎过滤即可使用，经如此处理，白陶土具有大量微孔和大的比表面积（一般为120~140m^2/g，可称为活性白土），能吸附大量有机杂质，将白陶土浸于水中，pH为6.5~7.5，即中性，由于它能吸附氢离子，所以可起中和强酸的作用。

我国产的白陶土质量较好，色白而杂质少，白陶土作为药物可用于吸附毒物，如吸附有毒的胺类物质、食物分解产生的有机酸等，并可吸附细菌。在生化制药中，白陶土能吸附一些相对分子质量较大的杂质，包括能导致过敏的物质，也常用它脱色。应该注意，天然产物白陶土差别可能很大，所含杂质也会不同。商品药用白陶土或供吸附用的白陶土虽已经处理，如果产地不同，在吸附性能上也有差别。所以在生产上，白陶土产地和规格更换时，要经过试验。临用前，用稀盐酸清洗并用水冲洗至近中性后烘干，效果较好。

酸性白陶土（也可称为酸性白土）的原料是某些斑土，经浓盐酸加热处理后烘干即得。其化学成分与天然白陶土相似，但具有较好的吸附能力，如其脱色效率比天然白陶土高许多倍。

（八）大孔吸附树脂

大孔吸附树脂

大孔吸附树脂又称为大网格聚合物吸附剂，是一种有机高聚物，具有与大网格离子交换树脂相同的大网格骨架（由于在聚合时加入了一些不能参加反应的致孔剂，聚合结束后又将其除去，因而留下永久性孔隙，形成大网格结构），一般为白色球形颗粒，它借助的是范德华力从溶液中吸附各种有机物质。

1. 大孔吸附树脂类型和结构

大孔吸附树脂按骨架极性强弱，可分为非极性、中等极性和极性吸附剂三类，其性能见表5-2和表5-3。

表 5-2 常用国产大孔吸附树脂的型号和主要特性

树脂	极性	结构	粒径范围/mm	比表面积/(m^2/g)	平均孔径/nm	用途
S-8	极性	交联聚苯乙烯	0.3~1.25	100~120	28~30	有机物提取分离
AB-8	弱极性		0.3~1.25	480~520	13~14	有机物提取，甜菊糖、银杏叶黄酮提取
X-5	非极性		0.3~1.25	500~600	29~30	抗生素、中草药提取分离
NKA-2	极性		0.3~1.25	160~200	145~155	酚类、有机物去除
NKA-9	极性		0.3~1.25	250~290	15~16.5	胆红素去除、生物碱分离、黄酮类提取
H103	非极性		0.3~0.6	1000~1100	85~95	抗生素提取分离，去除酚类、氯化物
D101	非极性	苯乙烯型	0.3~1.25	480~520	13~14	中草药中皂苷、黄酮、内酯、萜类及各种天然色素的提取分离
HPD100	非极性	苯乙烯型	0.3~1.2	650	90	天然物提取分离，如人参皂苷、三七皂苷
HPD400	中极性	苯乙烯型	0.3~1.2	550	83	中药复方提取，氨基酸、蛋白质提纯
HPD600	极性	苯乙烯型	0.3~1.2	550	85	银杏黄酮、甜菊苷、茶多酚、黄芪苷提取
ADS-5	非极性	含氨基		500~600	20~25	分离天然产物中的苷类、生物碱、黄酮等
ADS-7	强极性			200		提取分离糖苷，对甜菊苷、人参皂苷、绞股蓝皂苷等具高选择性，去除色素
ADS-8	中极性			450~500	25.0	分离生物碱，如喜树碱、苦参碱
ADS-17	中极性			124		高选择性分离银杏黄酮苷和银杏内酯

表 5-3 国外 Amberlite XAD 系列大孔吸附树脂的主要特性

粒径范围	极性	结构	粒径范围/mm	比表面积/(m^2/g)	平均孔径/nm	用途
XAD-1	非极性	苯乙烯		100	20	分离甘草类黄酮、甘草酸、叶绿素

续表

粒径范围	极性	结构	粒径范围/mm	比表面积/(m^2/g)	平均孔径/nm	用途
XAD-2	非极性	苯乙烯		330	9	人参皂苷提取，去除色素
XAD-4	非极性	苯乙烯		750	5	麻黄碱提取，除去小分子非极性物
XAD-6	中极性	丙烯酸酯		498	6.3	分离麻黄碱
XAD-9	极性	亚砜		250	8	挥发性香料成分分离
XAD-11	强极性	氧化氮类		170	21	提取分离合欢皂苷
XAD-1600			0.40	800	0.15	提取小分子抗生素和植物有效成分
XAD-1180			0.53	700	0.40	提取大分子抗生素、维生素、多肽
XAD-7HP			0.56	500	0.45	提取多肽和植物色素、多酚类物质

非极性吸附树脂是以苯乙烯为单体、二乙烯苯为交联剂聚合而成的，故称为芳香族吸附剂；中等极性吸附树脂是以甲基丙烯酸酯作为单体和交联剂聚合而成的，也称为脂肪族吸附剂；而含有硫氧、酰胺、氮氧等基团的为极性吸附剂。

2. 大孔吸附树脂吸附机理

大孔吸附树脂是一种非离子型共聚物，它能够借助范德华力从溶液中吸附各种有机物质。大孔吸附树脂的吸附能力，不但与树脂的化学结构和物理性能有关，而且与溶质及溶液的性质有关。根据“类似物容易吸附类似物”的原则，一般非极性吸附剂适宜于从极性溶剂（如水）中吸附非极性物质；相反，高极性吸附剂适宜于从非极性溶剂中吸附极性物质；而中等极性的吸附剂则在上述两种情况下都具有吸附能力。

大孔吸附树脂的吸附作用可用图 5-1 表示。非极性吸附剂从极性溶液中吸附溶质时，溶质分子的疏水性部分优先被吸附，亲水性部分在水相中定向排列［图 5-1（1）］；相反，中等极性吸附剂从非极性溶剂中吸附溶质时，溶质分子以亲水性部分附着在吸附剂上［图 5-1（3）］；而当它从极性溶剂中吸附时，则可同时吸附溶质分子的极性和非极性部分［图 5-1（2）］。

3. 吸附剂的预处理和再生

（1）预处理　由于商品吸附树脂在出厂前没有经过彻底清洗，常会残留一些致孔剂、小分子聚合物、原料单体、分散剂及防腐剂等有机残留物。因此树脂使

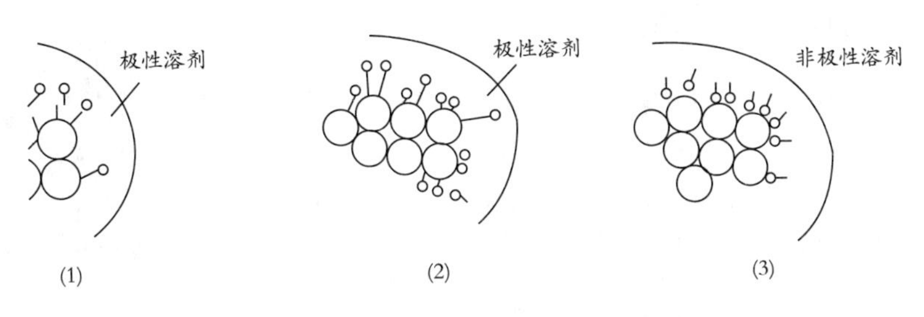

图 5-1 大孔吸附树脂的吸附作用示意图

○—亲水性部分 ——疏水部分 ◯—吸附剂分子

用之前，必须进行预处理，以除去树脂中混有的这些杂质。此外，商品吸附树脂都是含水的，在储存过程中可能因失水而缩孔，使吸附树脂的性能下降，通过合理的预处理方法还可以使树脂的孔得到最大程度的恢复。

可将新购的大孔吸附树脂用乙醇浸泡 24h，充分溶胀，然后取一定量树脂湿法装柱。加入乙醇在柱上以适当的流速清洗，洗至流出液与等量水混合不呈白色浑浊为止，然后改用大量水洗至无醇味且水液澄清后即可使用（必须洗净乙醇，否则将影响吸附效果）。通过乙醇与水交替反复洗脱，可除去树脂中的残留物，一般洗脱溶剂用量为树脂体积的 2~3 倍，交替洗脱 2~3 次，最终以水洗脱。必要时用酸、碱，最后用蒸馏水洗至中性，备用。

（2）再生　树脂经过多次使用后，其吸附能力有所减弱，会在表面和内部残留一些杂质，颜色加深，需经再生处理后继续使用。再生时先用 95%乙醇将其洗至无色，再用大量水洗去乙醇，即可再次使用。如果树脂吸附的杂质较多，颜色较深，吸附能力下降，应进行强化再生处理，其方法是在柱内加入高于树脂层 10cm 的 2%~3%盐酸溶液浸泡 2~4h，然后用同样浓度的盐酸溶液通柱淋洗，所需用量约为 5 倍树脂体积，然后用大量水淋洗，直至洗液接近中性。继续用 5g/100mL 氢氧化钠同法浸泡 2~4h，同法通柱淋洗，所需用量为 6~7 倍树脂体积，最后用水充分淋洗，直至洗液 pH 为中性，即可再次使用。树脂经反复多次使用后，使树脂破碎过多，影响流速和分离效果，可将树脂从柱中倒出，用水漂洗除去小的颗粒和悬浮的杂质，然后用乙醇等溶剂按上述方法浸泡除去杂质，再重新装柱使用。一般纯化同一品种的树脂，当其吸附量下降 30%时不宜再使用。

4. 大孔吸附树脂的应用特点

大孔吸附树脂与经典吸附剂活性炭相比具有许多优点：①脱色、去臭效力与活性炭相当；②对有机物质具有良好的选择性；③吸附树脂的物理化学性质稳定，机械强度好，经久耐用；④吸附树脂品种多，可根据不同需要选择不同品种；⑤吸附树脂吸附速率快，易解吸，易再生；⑥吸附树脂一般直径在 0. 2~0. 8mm；⑦不污染环境，使用方便。但大孔吸附树脂的吸附效果容易受流速和溶剂浓度等因素的影响，且价格较高。

四、影响吸附的因素

影响吸附的因素

固体在溶液中的吸附比较复杂，影响因素也较多，主要有吸附剂、吸附物、溶剂的性质以及吸附过程的具体操作条件等。了解这些影响因素有助于根据吸附物的性质和分离目的选择合适的吸附剂及操作条件。现将影响吸附作用的主要因素简述如下。

（一）吸附剂的性质

吸附剂的比表面积（每克吸附剂所具有的表面积）、颗粒度、孔径、极性对吸附的影响很大，比表面积主要与吸附容量有关，比表面积越大，空隙度越高，吸附容量大。颗粒度和孔径分布则主要影响吸附速度，颗粒度越小，吸附速度就越快，孔径适当，有利于吸附物向空隙中扩散，加快吸附速度所以要吸附相对分子质量大的物质时，就应该选择孔径大的吸附剂，要吸附相对分子质量小的物质，则需选择比表面积高及孔径较小的吸附剂。

（二）吸附物的性质

吸附物的性质会影响到吸附量的大小，它对吸附量的影响主要符合以下规律。

（1）溶质从较容易溶解的溶剂中被吸附时，吸附量较少。所以极性物质适宜在非极性溶剂中被吸附，非极性物质适宜在极性溶剂中被吸附。

（2）极性物质容易被极性吸附剂吸附，非极性物质容易被非极性吸附剂吸附。因而极性吸附剂适宜从非极性溶剂中吸附极性物质，而非极性吸附剂适宜从极性溶剂中吸附非极性物质。例如，活性炭是非极性的，它在水溶液中是吸附一些非极性有机化合物的良好吸附剂；硅胶是极性的，它在非极性有机溶剂中吸附极性物质较为适宜。

（3）结构相似的化合物，在其他条件相同的情况下，具有高熔点的容易被吸附，因为高熔点的化合物，一般来说，其溶解度较低。

（4）溶质自身或在介质中能缔合有利于吸附，如乙酸在低温下缔合为二聚体，苯甲酸在硝基苯内能强烈缔合，所以乙酸在低温下能被活性炭吸附，而苯甲酸在硝基苯中比在丙酮或硝基甲烷内容易被吸附。

（三）吸附条件

1. 温度

吸附一般是放热的，所以只要达到了吸附平衡，升高温度会使吸附量降低。但在低温时，有些吸附过程往往在短时间内达不到平衡，而升高温度会使吸附速度加快，并出现吸附量增加的情况。对蛋白质或酶类的分子进行吸附时，被吸附的高分子是处于伸展状态的，因此这类吸附是一个吸热过程，在这种情况下，温度升高会增加吸附量。

生化物质吸附温度的选择，还要考虑它的热稳定性。对酶来说，如果是热不稳定的，一般在0℃左右进行吸附；如果比较稳定，则可在室温操作。

2. pH

溶液的pH往往会影响吸附剂或吸附物解离，进而影响吸附量，对蛋白质或酶类等两性物质，一般在等电点附近吸附量最大。各种溶质吸附的最佳pH需要通过实验来确定。例如，有机酸类溶于碱，胺类物质溶于酸，所以有机酸在酸性条件下，胺类在碱性条件下较易为非极性吸附剂所吸附。

3. 盐的浓度

盐类对吸附作用的影响比较复杂，有些情况下盐能阻止吸附，在低浓度盐溶液中吸附的蛋白质或酶，常用高浓度盐溶液进行洗脱。但在另一些情况下盐能促进吸附，甚至有的吸附剂一定要在盐的存在下，才能对某种吸附物进行吸附。盐对不同物质的吸附有不同的影响，因此盐的浓度对于选择性吸附很重要，在生产工艺中也要靠实验来确定合适的盐浓度。

（四）溶剂的影响

单溶剂与混合溶剂对吸附作用有不同的影响。一般吸附物溶解在单溶剂中容易被吸附；若是溶解在混合溶剂（无论是极性与非极性混合溶剂或者是极性与极性混合溶剂）中不容易被吸附。所以一般用单溶剂吸附，用混合溶剂解吸。

【知识链接】

大孔吸附树脂在生物药物分离纯化中的应用

近年来大孔吸附树脂在各类抗生素、免疫抑制剂、酶抑制剂以及蛋白质类药物分离与纯化上的应用越来越多。主要有β-内酰胺类、肽类、糖苷类、醌类、含氮杂环类、多烯类、蒽环类、大环内酯类、聚醚类和其他新抗生素、免疫抑制剂、酶抑制剂以及蛋白质类药物分离纯化上均有应用。

1. 在抗生素生产中的应用

在抗生素工业中，大孔吸附树脂的应用正在日益得到发展。国外发表的具有不同结构的新抗生素中，很多采用了大孔树脂作为分离的手段。对于某些结构为弱电解质或非离子型的抗生素，不能用离子交换树脂法提取纯化，现在可使用大孔树脂，这为微生物制药和从重组微生物发酵液中分离与纯化等提供了新的途径。近年来，国外应用大孔吸附剂作为分离与纯化微生物药物有不少报道，其中抗生素的分离与纯化方面几乎包括目前已知抗生素的各种类型化合物。

2. 在蛋白质、多肽和氨基酸分离纯化中的应用

大孔吸附树脂具有吸附和筛选性能，容易再生。所以在分离与纯化蛋白质、

多肽和氨基酸等生物活性物质时具有条件温和、设备简单和操作方便的特性。在多肽和氨基酸的制备过程中，往往样品在第一步处理中存在着缓冲液或其他小分子物质（如无机盐类），限制了它的进一步处理，如离子交换、薄层色谱或高效液相色谱。多肽和氨基酸的分子质量较小，不能用常规的分离手段如透析、超滤来进行脱盐，所以去除多肽和氨基酸中的这些盐类是很有必要的。不同极性的吸附树脂对氨基酸的吸附选择性是不同的。

实训案例10 细胞色素 C 的吸附分离

一、实训目的

1. 理解吸附分离的原理。

2. 熟悉吸附分离的基本操作。

3. 能熟练使用吸附分离技术分离可溶性组分。

二、实训原理

人造沸石能吸附细胞提取液中的细胞色素 C，25g/100mL 的硫酸铵溶液能将吸附的细胞色素 C 洗脱下来，因此用吸附分离方法能从细胞色素 C 提取液中分离细胞色素 C。

三、实训器材

恒流泵、电子天平、玻璃柱、烧杯、量筒、玻璃漏斗、滤纸、玻璃棒。

四、实训试剂与材料

1. 试剂

去离子水、氯化钠、硫酸铵、氢氧化钠。

2. 材料

细胞色素 C 提取液、人造沸石。

五、实训操作步骤

1. 人造沸石的预处理

称取人造沸石 5g，放入 500mL 烧杯中，加水搅拌，用倾泻法除去 12s 内不下沉的过细颗粒。

2. 装柱

选择一个底部带有滤膜的干净的玻璃柱，柱下端连接一个乳胶管，用夹子夹住，柱中加入蒸馏水至 2/3 体积，保持柱垂直，然后将已处理好的人造沸石带水装填入柱，注意一次装完，避免柱内出现气泡。

3. 上样

柱装好后，打开夹子放水（柱内沸石面上应保留一薄层水），将准备好的提取液小心加到沸石上面，勿冲动沸石，使之流入柱内进行吸附，控制流出液的速度不超过 10mL/min，随着细胞色素 C 被吸附，人造沸石由白色变为红色，流出液应为淡黄色或微红色。

4. 洗涤

依次用 30mL 自来水、去离子水、0.2g/100mL 氯化钠溶液、去离子水洗柱，洗至水清。

5. 洗脱

用 25g/100mL 硫酸铵溶液洗脱，流速 2mL/min，收集含有细胞色素 C 的红色洗脱液。当洗脱液红色开始消失时，即洗脱完毕，停止收集。

6. 人造沸石再生

将使用过的沸石，先用自来水洗去硫酸铵，再用 0.25mol/L NaOH 和 1mol/L NaCl 混合液洗涤至沸石成白色，前后用蒸馏水反复洗至 pH 7~8，即可重新使用。

六、结果与讨论

1. 装柱前为什么要对人造沸石进行预处理？

2. 人造沸石能吸附细胞色素 C 的机理是什么？

实训案例11　吸附法提取分离葛根素

一、实训目的

1. 掌握大孔吸附树脂的分离原理。

2. 能熟练操作大孔吸附树脂分离葛根素。

二、实训原理

葛根为豆科植物野葛的根，是常用中药，其主要成分为葛根素，即 8-β-D-葡萄吡喃糖-4′，7-二羟基异黄酮。葛根素能够扩张血管，改善血液循环；降低心肌耗氧量，抑制癌细胞；增加冠脉流量，调整血液微循环；治疗各年龄阶段的突发性耳聋；降低心脑血管疾病危险。

本次实训先用 95% 乙醇从葛根中提取葛根素粗品，然后用树脂吸附法对粗品进行分离纯化，具体流程如下：

$$葛根\xrightarrow{粉碎}95\%乙醇\xrightarrow[合并提取液]{浸提2次}葛根素粗品\xrightarrow[水洗除杂质]{D101大孔吸附树脂}含葛根树脂\xrightarrow{70\%乙醇洗脱}乙醇洗脱液\xrightarrow{浓缩回收乙醇}含葛根素水溶液\xrightarrow{正丁醇萃取}正丁醇萃取液\xrightarrow{回收正丁醇}浸膏\xrightarrow[冰醋酸结晶]{乙醇溶解}葛根素$$

D101 型大孔吸附树脂是一种多孔立体结构的聚合物吸附剂，是依靠它和吸附物之间的范德华力通过巨大比表面积进行物理吸附。D101 具有物化性质稳定、对葛根异黄酮选择性吸附能力强、容易解析、再生简单、不容易老化、可反复使用等优点。将葛根醇提取液通过大孔吸附树脂，葛根素被吸附，而大量水溶性杂质随水流出，从而使葛根素与水溶性杂质分离。

三、实训器材、试剂

1. 器材

回流装置、筛子（10 目）、粉碎机、层析柱（20mm×50cm）、旋转蒸发仪、紫外分光光度计。

2. 试剂

乙醇、D101 型大孔吸附树脂、正丁醇、冰醋酸。

四、实训操作步骤

1. D101 型大孔吸附树脂的预处理

先用蒸馏水洗去杂质，再用95%乙醇浸泡24h，充分溶胀后，湿法装柱，用乙醇洗至流出液不浑浊，用蒸馏水洗至无醇味，备用。

2. 葛根素的粗提

将葛根粉碎，过10目筛，取100g葛根粉装入提取瓶中，第一次用4倍量95%乙醇回流提取1.5h，第二次用2倍量95%乙醇回流提取1h，合并两次提取液，得葛根粗提液，浓缩，得粗提浸膏。

3. 葛根素的分离

将葛根素粗提物用水溶解后，滤去不溶物，以2BV/h（BV为柱体积）的流速通过处理好的大孔树脂柱（吸附剂用量为粗提物的7倍）。穿透重复吸附3次，静置30min。用蒸馏水洗去糖类、蛋白质、鞣质等水溶性杂质，至水清。改用70%乙醇洗脱（70%乙醇用量为粗提物的12倍），流速为2BV/h，收集洗脱液。洗脱液加正丁醇萃取4次，合并正丁醇萃取液，回收正丁醇至干，加入少量无水乙醇溶解，然后加入等量冰醋酸，放置析晶，过滤得葛根素精品，60℃真空干燥。

五、结果与讨论

计算葛根素得率。

讨论影响葛根素得率的因素。

【知识梳理】

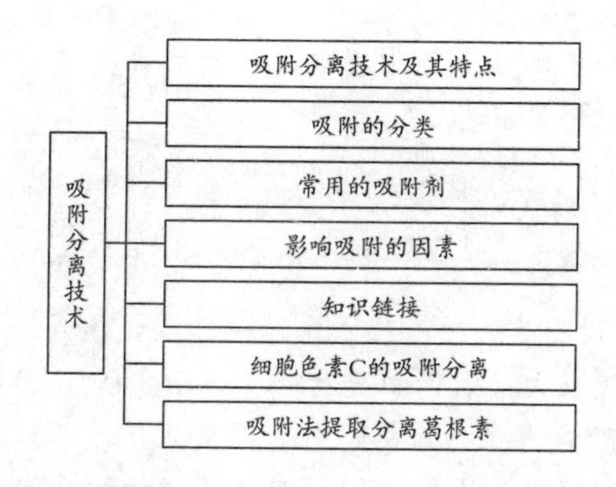

【目标检测】

一、填空题

1. 吸附剂按其化学结构可分为两类，一类是无机吸附剂，如________、________、________、________和________，另一类是有机吸附剂，如________、

________和________。

2. 常用的吸附剂有________、________和________。

3. 大网格聚合物吸附剂与大网格离子交换树脂不同，________对大网格聚合物吸附剂的吸附不仅没有影响，反而可增大吸附量。

4. 由于吸附质与吸附剂的分子之间形成________而引起的吸附称为化学吸附。

5. 硅胶是一种亲水性吸附剂，能吸附非极性化合物，也能吸附极性化合物，但对________的吸附力更大。

二、选择题

1. 极性吸附剂适于从下列哪种溶剂中吸附极性物质？（　　）

A. 水　　B. 乙醇　　C. 极性溶剂　　D. 非极性溶剂

2. 活性炭在下列哪种溶剂中吸附能力最强？（　　）

A. 水　　B. 乙醇　　C. 甲醇　　D. 三氯甲烷

3. 哪种吸附剂适用于生物活性高分子物质（如蛋白质、核酸）的分离？（　　）

A. 活性炭　　B. 羟基磷灰石　　C. 硅胶　　D. 氧化铝

4. 哪种吸附剂的吸附活性与含水量的关系很大，吸附能力随含水量增多而降低？（　　）

A. 大孔吸附树脂　　B. 白陶土　　C. 硅胶　　D. 氧化铝

5. 下列哪项不是影响吸附的因素？（　　）

A. 吸附剂的比表面积　　B. pH

C. 吸附的时间　　D. 吸附温度

三、判断题

1. 吸附质与吸附剂的分子之间由于存在分子间力即范德华力而发生的吸附称为化学吸附。（　　）

2. 物理吸附和化学吸附之间没有严格的界限，在实际吸附过程中，二者可以同时存在，也可以相互转化。（　　）

3. 在首次分离料液或样品时，一般先选用粉末状活性炭。如果待分离的物质不能被吸附，则改用颗粒状活性炭。（　　）

4. 单溶剂与混合溶剂对吸附作用有不同的影响，一般用单溶剂吸附，用混合溶剂解吸。（　　）

5. 吸附都是放热的，所以只要达到了吸附平衡，升高温度会使吸附量降低。（　　）

四、简答题

1. 简述吸附法的定义和特点。

2. 什么是大网格聚合物吸附剂？

项目六

离子交换技术

离子交换分离技术（一）

知识目标

1. 掌握离子交换技术基本概念。
2. 熟悉离子交换的过程和速率。
3. 掌握离子交换树脂的结构组成、分类和命名。
4. 熟悉离子交换树脂的理化性能。
5. 了解影响离子交换树脂选择性的因素。

能力目标

能根据所学的离子交换技术，针对不同的要求选择离子交换树脂；熟练完成离子交换树脂的处理、转型、再生等操作，能独立完成离子交换法静态吸附和洗脱。

思政目标

通过离子交换技术的学习，培养学生脚踏实地、科学严谨的职业精神。

任务导入

从远古时代起，就有人类用沙滤器净化海水及饮用水的记载，但最早确认离子交换现象则是1850年，英国农业化学家H. S. Tompson和J. T. Way，用硫酸铵或碳酸铵处理土壤，铵根离子被吸收而析出钙。1935年迎来离子交换分离技术最重要的里程碑，B. A. Adams和E. L. Holmes首次合成了高分子材料聚酚醛系强酸性阳离子交换树脂和聚苯胺醛系弱碱性阴离子交换树脂，并被第二次世界大战的德国用于水处理。其他东西方国家也大力发展起离子交换技术，1944年美国人D'Aleio合成聚苯乙烯阳离子交换树脂后，又合成性能良好的聚苯乙烯系和聚丙烯酸系的离子交换树脂，开始了低能耗、高效率的离子交换分离技术。20世纪60年代以后，离子交换树脂的合成与离子交换分离技术取得了迅速发展。

中华人民共和国成立后，我国离子交换树脂及其应用技术才开始起步，曾在南开大学任教的何炳林先生为我国离子交换技术的发展及国防工业做出了重大贡献。近年来国产离子交换树脂已逐渐研制出来，离子交换技术得到迅猛发展，并在工业废水处理、有机合成催化、稀有金属提炼、中草药与抗生素提取和人体血液灌流等方面取得了国际领先水平的科研成果。

一、离子交换技术基本概念

离子交换技术是利用离子交换剂作为吸附剂，通过静电引力将溶液中带相反电荷的物质吸附在离子交换剂上，然后用合适的洗脱剂将吸附物依次从离子交换剂上洗脱下来，达到分离纯化目的的分离技术。离子交换技术长期以来应用于水处理和金属的回收。在生物工业中，由于离子交换技术分辨率高、工作容量大且易于操作，几乎所有的生物分子都是极性的，都可以带电，所以离子交换技术已广泛用于生物分子的分离纯化，主要应用在抗生素、氨基酸、有机酸等小分子的提取分离。近年来在蛋白质等生物大分子的分离提取上也有应用。

离子交换技术用于提纯各种生物活性物质具有成本低、工艺操作方便、提炼效率高、设备结构简单、节约有机溶剂等优点；但其缺点是难以找到合适的离子交换剂，再就是生产周期长、生产过程中pH变化较大。

利用离子交换技术进行分离的关键是选择合适的离子交换剂，离子交换剂种类繁多，本任务主要介绍最常用的离子交换树脂。

离子交换树脂是一种不溶于酸、碱和有机溶剂的，具有网状立体结构并含有活性基团，能与溶剂中其他带电粒子进行离子交换的固态高分子聚合物。离子交换树脂由三部分构成：一是惰性、不溶、具有三维空间立体结构的网络骨架，又称为载体或骨架；二是与骨架连成一体的、不能移动的活性基团，又称功能基团；三是与活性基团带相反电荷的阴离子或阳离子，称为活性离子或平衡离子或可交换离子，能与溶液中的同性离子发生交换。

含有带电荷功能基的树脂占离子交换树脂的大多数。能解离出阳离子（如 H^+）的树脂称为阳离子交换树脂，能解离出阴离子（如 Cl^-）的树脂称为阴离子交换树脂。图 6-1 是一种阳离子交换树脂示意图。

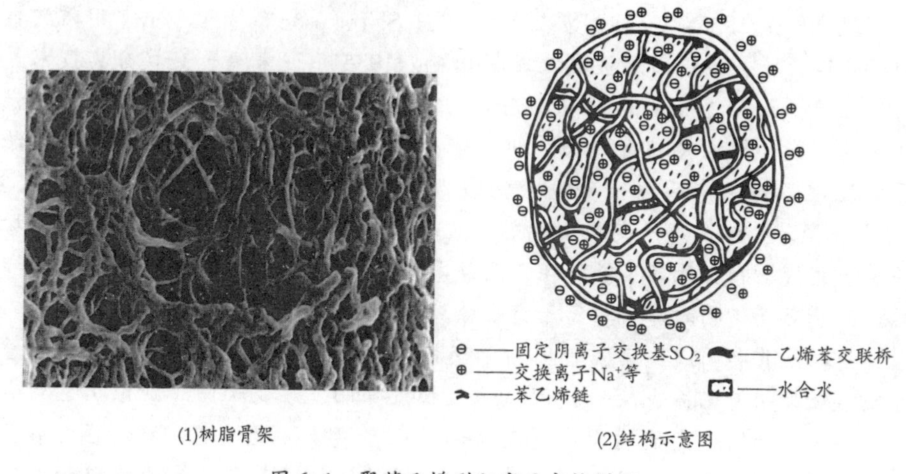

(1)树脂骨架　　(2)结构示意图

图 6-1　聚苯乙烯型阳离子交换树脂

二、离子交换的过程和速率

（一）离子交换平衡

离子交换过程是离子交换剂中的活性离子（反离子）与溶液中的溶质离子进行交换反应的过程，这种离子的交换是按化学式计量比进行的可逆化学反应过程。当正、逆反应速率相等时，溶液中各种离子的浓度不再变化而达到平衡状态，即离子交换平衡。

若以 L、S 分别代表液相和固相，以阳离子交换反应为例，则离子交换反应式，见式（6-1）。

$$A^{n+}_{(L)} + nR^- B^+_{(S)} \longrightarrow R^-_n A^{n+}_{(S)} + nB^+_{(L)} \tag{6-1}$$

其反应平衡常数见式（6-2）：

$$K_{AB} = \frac{[R_A][B]^n}{[R_B]^n[A]} \tag{6-2}$$

式中　[A]、[B]——液相离子 A^{n+}、B^+ 的活度，稀溶液中可近似用浓度代替，mol/L

$[R_A]$、$[R_B]$——离子交换树脂相的离子 A^{n+}、B^{n+} 的活度，在稀溶液中可近似用浓度代替，mmol/（g 干树脂）

K_{AB}——反应平衡常数，又称离子交换常数

（二）离子交换的过程和速率

1. 离子交换的过程

离子交换体系由离子交换树脂、被分离的组分以及洗脱液等几部分组成。离子交换树脂是能与溶液中其他物质进行交换或吸附的聚合物；被分离的离子存在于被处理的料液中，可进行选择性交换分离；洗脱液是一些离子强度较大的酸、碱或盐等溶液，用以把交换到离子交换树脂上的目标离子重新交换到液相中。

当树脂与溶液接触时，溶液中的阴离子（或阳离子）与阴离子（或阳离子）交换树脂中的活性离子发生交换，暂时停留在树脂上。因为交换过程是可逆的，如果再用酸、碱、盐或有机溶剂进行处理，交换反应则向反方向进行，被交换在树脂上的物质就会逐步被洗脱下来，这个过程称为洗脱（或解吸）。离子交换树脂的交换、洗脱反应过程如图 6-2 所示。

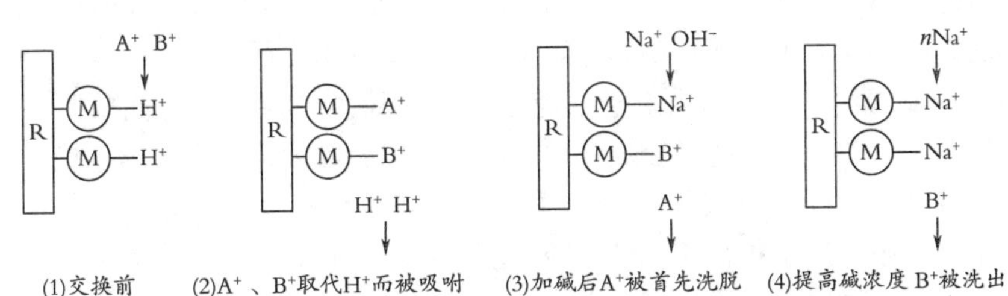

图 6-2 离子交换树脂的交换、洗脱反应示意图

H^+—树脂上的平衡离子 A^+、B^+—待分离离子

一般来说，无论在树脂表面还是在树脂内部都可发生交换作用，故理论上树脂总交换容量与其颗粒大小无关。假设一粒粒树脂在溶液中，发生下列交换反应（式 6-3）：

$$RB+A^+ \rightleftharpoons RA+B^+ \tag{6-3}$$

不论溶液的运动情况怎样，在树脂表面始终存在一层液体薄膜即“水膜”，A^+ 和 B^+ 只能借扩散作用通过水膜到达树脂的内部进行交换，如图 6-3 所示。

离子交换过程分五步进行：①A^+ 从溶液扩散到树脂表面；②A^+ 从树脂表面扩散到树脂内部的有效交换位置；③在树脂内部的有效交换位置处，A^+ 与 B^+ 发生交换反应；④B^+ 从树脂内部活性中心处扩散到树脂表面；⑤B^+ 再从树脂表面扩散到溶液中。

上述五个步骤中，①和⑤在树脂表面的液膜内进行，称为膜扩散或外部扩散过程。②和④发生在树脂颗粒内部，称为粒扩散或内部扩散过程。③为离子交换反应过程。

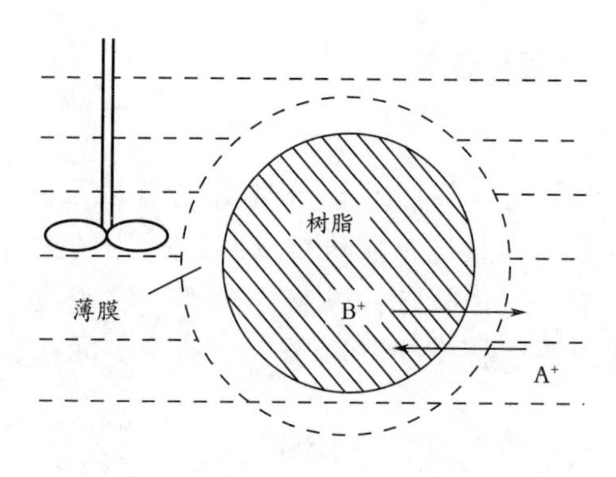

图 6-3　离子交换过程机理示意图

2. 离子交换速率的影响因素

由上可知，离子交换过程实际上只有三个步骤：外部扩散、内部扩散和离子交换反应。众所周知，多步骤过程的总速率取决于最慢一步的速率，最慢一步称为控制步骤。离子交换速率究竟取决于内部扩散速率还是外部扩散速率，要视具体情况而定。影响离子交换速率的因素主要有以下几个方面。

（1）树脂粒度　离子向内扩散的速率与树脂粒子半径的平方成反比，而离子的外扩散速率与树脂粒子的半径成反比。因此，树脂粒度大，交换速率慢。

（2）交联度　交联度表示离子交换树脂中交联剂的含量。交联度大则树脂孔径小，不易膨胀，离子扩散阻力大，交换速率慢。当内扩散控制反应速度时，降低树脂交联度，可提高离子交换速率。

（3）搅拌速率或流速　搅拌速率或流速越大，液膜的厚度越薄，外扩散速率越大，内扩散基本不受搅拌速率或流速的影响。

（4）温度　温度升高，离子内、外扩散速率都将加快。试验数据表明，温度每升高 25℃，离子交换速率可增加一倍，但应考虑被交换物质对温度的稳定性。

（5）离子化合价　离子在树脂中扩散时，和树脂骨架（和扩散离子的电荷相反）间存在库仑引力。被交换离子的化合价越高，引力越大，因此扩散速度越小。化合价增加 1 价，内扩散系数的值就要减少一个数量级。

（6）离子的大小　小分子的交换速度比较快。大分子在树脂中的扩散速度特别慢，因为大分子会和树脂骨架碰撞，甚至使骨架变性。

（7）离子浓度　若是溶液浓度较低（<0.01mol/L）时，交换速度与离子浓度成正比，但达到一定浓度后，交换浓度不再随浓度上升。

三、离子交换树脂

（一）离子交换树脂的分类

离子交换树脂种类繁多，分类方法也有好几种。按树脂

离子交换分离技术（二）

骨架的物理结构分类，可分为凝胶型、大孔型和载体性树脂；按合成树脂所用原料单体分类，可分为苯乙烯系、丙烯酸系、酚醛系、环氧系、乙烯吡啶系；按用途分类时，对树脂的纯度、粒度、密度等有不同要求，可以分为工业用、食品用、化学分析用、核工业用等几类。最常用的分类法则是依据树脂活性基团的类别分为以下几大类。

1. 强酸性阳离子交换树脂

这是指功能基为磺酸基（$—SO_3H$）的一类树脂，它的酸性相当于硫酸、盐酸等无机酸，能在溶液中解离出 H^+，反应简式如式（6-4）所示。

$$R—SO_3H \rightleftharpoons R—SO_3^- + H^+ \tag{6-4}$$

强酸性阳离子交换树脂解离度基本不受 pH 影响。因此，这类离子交换树脂在碱性、中性乃至酸性介质中都具有离子交换功能。能吸附溶液中的其他阳离子，如式（6-5）所示：

$$R—COOH + Na^+ \rightleftharpoons R—COONa + H^+ \tag{6-5}$$

以苯乙烯和二乙烯苯共聚体为基础的磺酸性树脂是最常用的强酸性阳离子交换树脂。在生产这类树脂时，使主要单体苯乙烯与交联剂二乙烯苯共聚合，得到的球状基体称为白球。白球用浓硫酸或发烟硫酸磺化，在苯环上引入一个磺酸基。此时树脂的结构如图 6-4 所示。

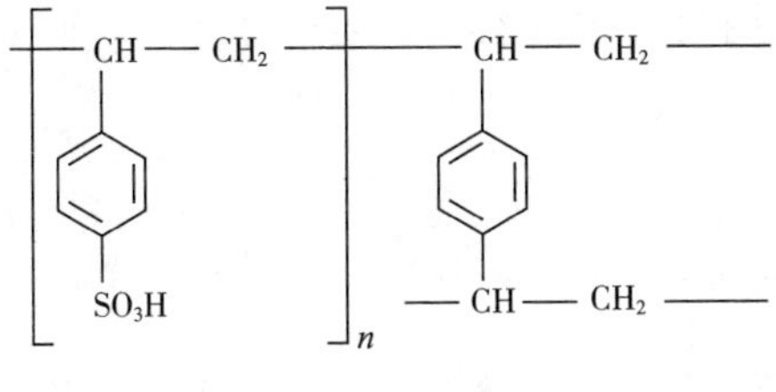

CH — CH_2 — CH — CH_2
SO_3H
— CH — CH_2 —
n

图 6-4　强酸性阳离子交换树脂结构示意图

2. 弱酸性阳离子交换树脂

这种树脂以含羧基（—COOH）和酚羟基（—OH）的为多，是弱酸性基团，解离度受溶液的 pH 影响很大，在酸性环境中的解离度受到抑制，故交换能力差，在碱性或中性环境中有较好的交换能力。弱酸性阳离子交换树脂可进行如式（6-6）所示的反应：

$$R—COOH + Na^+ \rightleftharpoons R\text{-}COONa^+ + H^+ \tag{6-6}$$

弱酸性阳离子交换树脂母体有芳香族和脂肪族两类。脂肪族中用甲基丙烯酸和二乙烯基苯聚合的较多，结构如图 6-5 所示。

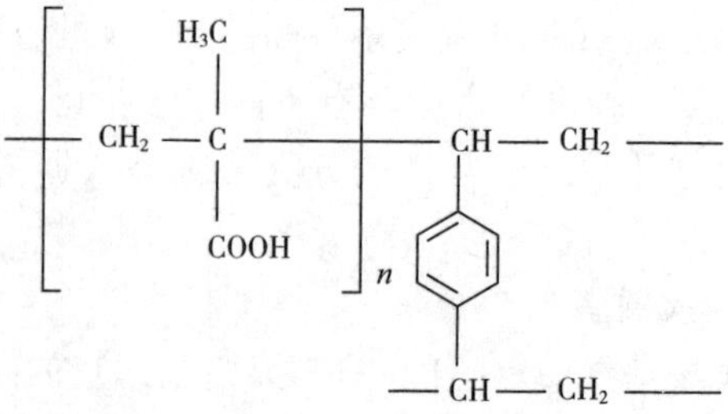

图 6-5　弱酸性阳离子交换树脂结构示意图

3. 强碱性阴离子交换树脂

这种树脂的活性基团常见的有季铵基团（$—NR_3OH$），易在水中解离出 OH^- 而呈碱性，反应简式如式（6-7）所示。

$$R—NR_3OH \rightleftharpoons R—NR_3^+ + OH^- \tag{6-7}$$

强碱性阴离子交换树脂解离度基本不受 pH 影响。树脂中的 OH^- 与溶液中的其他阴离子如 Cl^- 交换，从而使溶液中的 Cl^- 被树脂中的活性基团 NR_3^+ 吸附，反应式如式（6-8）所示。

$$R—NR_3OH + Cl \rightleftharpoons R—NR_3Cl + OH^- \tag{6-8}$$

其骨架多为交联聚苯乙烯。在傅氏催化剂，如 $ZnCl_2$、$AlCl_3$、$SnCl_4$ 等存在下，使骨架上的苯环与氯甲基醚进行氯甲基化反应，再与不同的胺类进行季铵化反应。季铵化试剂有两种。使用第一种（如三甲胺）得到Ⅰ型强碱性阴离子交换树脂，结构如图 6-6 所示。

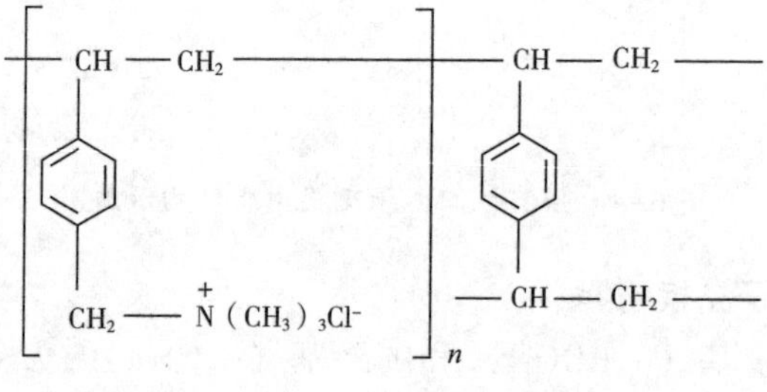

图 6-6　Ⅰ型强碱性阴离子交换树脂结构示意图

Ⅰ型阴离子交换树脂碱性很强，即对 OH^- 的亲和力很弱，当用 NaOH 使树脂再生时效率较低。为了略微降低其碱性，使用第二种季铵化试剂（二甲基乙醇胺），得到Ⅱ型强碱性阴离子交换树脂，结构如图 6-7 所示。Ⅱ性树脂的耐氧化性和热稳定性较Ⅰ性树脂略差。

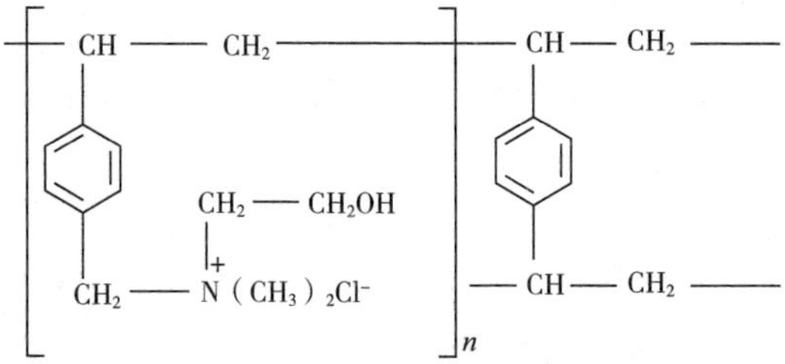

图 6-7 Ⅱ型强碱性阴离子交换树脂结构示意图

4. 弱碱性阴离子交换树脂

这是一些含有伯胺（—NH_2）、仲胺（—NRH）或叔胺（—NR_2）基团的树脂，它们在水中能解离出 OH^-，但解离能力较弱，受 pH 影响较大，在碱性环境中的解离受到抑制，故交换能力差，只能在 pH<7 的溶液中使用，可吸附溶液中的阴离子。基本骨架也是交联聚苯乙烯。经过氯甲基化后，用不同的胺化试剂处理，与六次甲基四胺反应可得伯胺树脂，与伯胺反应可得仲胺树脂，与仲胺反应可得叔胺树脂。有的胺化试剂可导致多种胺基的生成。如用乙二胺胺化时生成既含伯胺基，又含仲胺基的树脂，如图 6-8 所示。

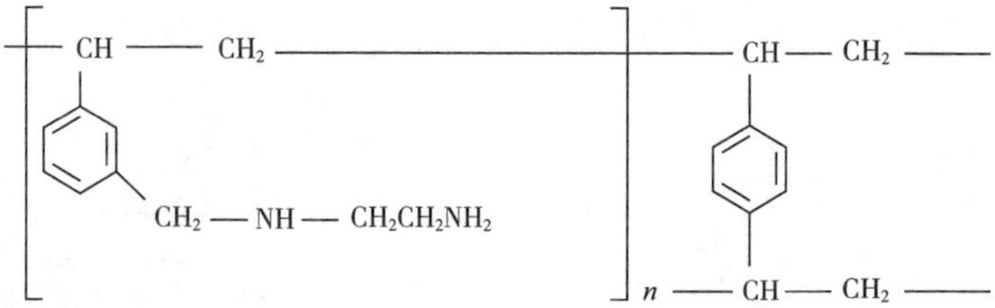

图 6-8 弱碱性阴离子交换树脂结构示意图

以上四种类性树脂性能的比较见表 6-1。

表 6-1　　四种树脂性能的比较

性能	阳离子交换树脂		阴离子交换树脂	
	强酸性	弱酸性	强碱性	弱碱性
活性基团	磺酸	羧酸	季铵	伯胺、仲胺、叔胺
pH 对交换能力的影响	无	在酸性溶液中交换能力很小	无	在碱性溶液中交换能力很小
盐的稳定性	稳定	洗涤时水解	稳定	洗涤时水解
再生	用 3~5 倍再生剂	用 1.5~2 倍再生剂	用 3~5 倍再生剂	用 1.5~2 倍再生剂可用碳酸钠或氨水
交换速率	快	慢（除非离子化）	快	慢（除非离子化）

（二）离子交换树脂的命名

离子交换树脂种类繁多，世界各国对树脂的分类命名都有各自的系统。我国早期沿用的编号也不够系统和统一。为避免混乱，我国科学工作者制定了一套比较合理的科学命名法则。离子交换树脂的型号由三位阿拉伯数字组成，见表 6-2。第一位数字代表树脂的分类，第二位数字代表骨架的高分子化合物类型，第三位数字为顺序号，用以区别基团、交联剂等的差异。

表 6-2　离子交换树脂分类、骨架类型及代号

分类名称	骨架名称	代号
强酸性	苯乙烯系	0
弱酸性	丙烯酸系	1
强碱性	酚醛系	2
弱碱性	环氧系	3
螯合性	乙烯吡啶系	4
两性	脲醛系	5
氧化还原性	氯乙烯系	6

凡大孔型离子交换树脂，在型号前加“D”表示。凝胶型离子交换树脂的交联度数值，在型号后面用“×”号连接阿拉伯字母表示，如图 6-9 所示。

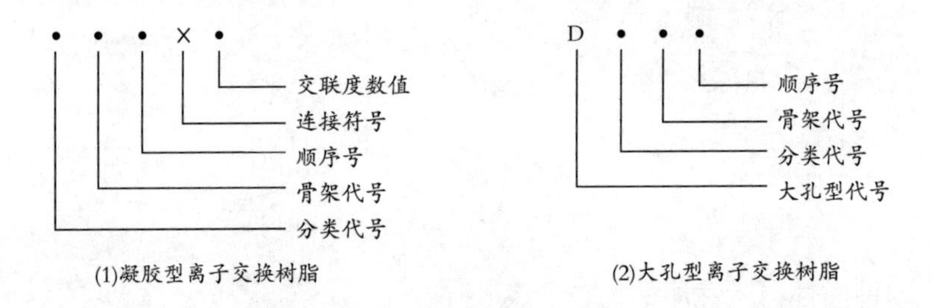

图 6-9　离子交换树脂型号表示示意图

例如：“001×7”树脂，第一位数字“0”表示树脂的分类属于强酸性，第二位数字“0”表示树脂的骨架是苯乙烯型，第三位数字“1”表示顺序号，“×”后的数字“7”表示交联度为 7%。因此，“001×7”树脂表示凝胶型苯乙烯型强酸性阳离子交换树脂。

（三）离子交换树脂的理化性能

各种离子交换树脂的性能，由于基本原料和制备方法的不同，有很大差别。在选用离子交换树脂时一般需要考虑以下理化性能。

1. 外观和粒度

树脂的色泽随合成原料、工艺条件不同而不同，一般有白色、黄色、黄褐色及棕色等，有透明的，也有不透明的。为了便于观察交换过程中色带的分布情况，多选用浅色树脂。用过的树脂色泽会逐步加深，但通常不会明显影响交换容量。树脂一般都做成球状，少数呈膜状、棒状、粉末状或无定形状。球形的优点是液体流动阻力较小，耐磨性能较好，不易破裂。

树脂颗粒在溶胀状态下直径的大小即为粒度。商品树脂的粒度一般为16~70目（1.2~0.2mm），特殊规格为200~325目（0.074~0.044mm）。制药生产一般选用粒度为16~60目占90%以上的球形树脂。大颗粒树脂适用于高流速及有悬浮物存在的液相，而小颗粒树脂则多用作色谱柱和含水量很少的成分的分离。粒度越小，交换速率越快，但流体阻力也会增加。

2. 含水量

每克干树脂吸收水分的量称为含水量，一般为0.3~0.7g。含水量是一定类性树脂的固有性质，与树脂的类别、结构、酸碱性、交联度、交换容量、离子形态等因素有关。交联度对含水量影响很大，树脂的交联度越高，含水量越低。干燥的树脂易破碎，故商品树脂常以湿态密封包装。干树脂初次使用前应用盐水浸润后，再用水逐步稀释以防止暴胀破碎。

3. 交换容量

交换容量或交换量，是离子交换树脂性能的重要指标。树脂可交换离子的多少，取决于树脂中功能基团的多少，实际上可进行交换的离子是功能基团上离解下来的、与功能基团上固定离子电性相反的离子。常用离子交换树脂功能基团的电荷数为1或只能提供一对共用电子，如—SO_3^-，—COO^-，—$N^+(CH_3)_3$，—$N(CH_3)_2$，它们都相当于1价离子。交换容量的单位可以是mol/g，mmol/g，mol/m^3等。

交换容量在科学实验或生产上都是非常重要而实用的量，它随着实验或操作条件的不同而表现不同的数值。

（1）总交换容量　或称全交换容量、极限交换容量、最大交换容量。它是由树脂中功能基团含量所决定的。在记录全交换容量时，一般有两种方式：一种是单位质量干树脂（指在100℃干燥过的树脂）的交换容量；另一种是比较实用的，即被水充分溶胀的单位体积的树脂所具有的交换容量。前一种称为干基全交换容量$q_{干}$，后一种称为湿基体积交换容量$q_{湿}$，二者换算关系如式（6-9）所示：

$$q_{干} = q_{湿}(1-x)d_{视} \tag{6-9}$$

式中　x——含水量

$d_{视}$——湿视密度

值得注意的是，记录交换容量时须注明树脂的离子形态，一般阳离子树脂的交换容量以氢性树脂为准，阴离子树脂的交换容量以氢氧型（或游离胺型）树脂为准。有的树脂功能基团不是单一的，则它的总交换容量应为各种功能基团交换容量极大值的总和。

（2）工作交换容量　是指在一定工作条件下，树脂所能发挥的交换容量。所谓工作条件是指溶液组成、溶液温度、流速、流出液组成及再生条件等，工作交换容量不同程度地小于总交换容量。同一种树脂在不同条件下表现出不同的工作交换容量。

（3）再生交换容量　是指树脂经过再生后所能达到的交换容量，因再生不可能完全，故再生交换容量小于总交换容量。

一般情况下，再生交换容量=（0.5~1.0）×总交换容量；工作交换容量=（0.3~0.9）×再生交换容量。

4. 交联度

离子交换树脂中交联剂的含量即为交联度，通常用质量分数表示，如001×7树脂中交联剂（二乙烯苯）占合成树脂总原料的7%。一般情况下，交联度越高，树脂的结构越紧密，溶胀性越小，选择性越高，大分子物质越难被交换。应根据被交换物质分子的大小及性质选择合适交联度的树脂。

5. 膨胀度

树脂在水或其他溶剂中，由于部分结构的溶剂化发生体积的膨胀，而体积的增大会使交联网络产生一种张力，要把溶剂排挤出去，当溶剂化造成的使树脂膨胀的力与结构网络的抵抗力平衡时，树脂就不再膨胀了。

干燥的树脂接触溶剂后的体积变化称为绝对膨胀度。湿树脂从一种离子形态转变为另一种离子形态时的体积变化称为相对膨胀度或转型膨胀度。

树脂的膨胀度首先同交联度有关，交联度增大，膨胀度减少。当然，交联剂分子长度、大分子链的构象和互相缠绕的程度也对膨胀度有影响。功能基的数量和离子类型在很大程度上影响膨胀度。离子交换树脂的化学结构可视为聚电解质。功能基团的离子类型是不可变的，其水化能力是一定的；可交换离子是可变的，其水化能力因之变化。水化能力与离子势相关，即裸半径小而电荷数大的离子水化能力强。各种阳离子对强酸性阳离子交换树脂膨胀度的影响顺序为：

$$H^+>Li^+>Na^+>Mg^{2+}>Ca^{2+}>NH_4^+\approx K^+$$

各种阴离子对强碱性阴离子交换树脂膨胀度的影响顺序为：

$$OH^->HCO_3^->SO_4^{2-}>Cr_2O_7^{2-}$$

在树脂转型时，水化能力强的离子会使树脂的体积变大。大孔性树脂是凝胶树脂中具有孔结构的树脂，凝胶部分的膨胀在很大程度上被孔的部分“吸收”了，从视体积看，它的膨胀度比凝胶树脂小得多。弱酸性和弱碱性树脂的转型膨胀度大是由于弱电解质变成强电解质，水化力大量增加所致。

6. 滴定曲线

离子交换树脂是聚电解质，其功能团释放出 H^+ 或 OH^- 能力的不同表示其酸碱性的不同。树脂可以视为固态的酸或碱，实际上也可以用酸碱滴定的方法测出各种树脂的酸碱滴定曲线。在滴定过程中考虑到离子交换的速率，到达平衡点要比通常溶液中的酸碱滴定慢一些。滴定曲线能定性地反映出树脂活性基团的特性，从滴定曲线图谱便可鉴别树脂酸碱度的强弱。图 6-10 所示出各种类性树脂的滴定曲线。

图中曲线 A 和 D 分别是强酸性和强碱性树脂的滴定曲线，它们有明显的 pH 突跃，与普通的强酸或强碱的滴定曲线类似。B 是弱酸性树脂的滴定曲线。它在 pH10 附近有一突跃。C 是磷酸型中等强度酸性树脂的滴定曲线，在 pH5 和 pH9 附近有两处不大明显的突跃。在 pH5 处相应于$-PO_3H_2$基团中一个氢离解，在 pH9 处相应于该基团的两个氢均离解。E 是弱碱性阴离子树脂的滴定曲线。在树脂中同时含有叔胺基团和伯胺基团的情况下，看不出明显的突跃。

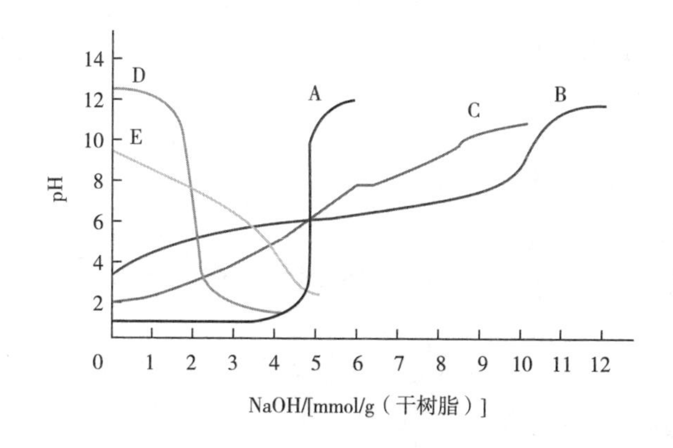

图 6-10　各种类性树脂的滴定曲线

A——强酸性树脂的滴定曲线
B——弱酸性树脂的滴定曲线
C——磷酸型中等强度酸性树脂的滴定曲线
D——强碱性树脂的滴定曲线
E——弱碱性阴离子树脂的滴定曲线

利用滴定曲线的转折点，可估算离子交换树脂的交换容量；利用转折点的数目，可推算不同离子交换基团的数目。同时，滴定曲线还表示交换容量随 pH 的变化。因此，滴定曲线比较全面地表征了离子交换树脂的性质。

7. 稳定性

（1）化学稳定性　不同类型的树脂，其化学稳定性有一定的差异。一般阳离子交换树脂比阴离子交换树脂的化学稳定性更强，阴离子交换树脂中弱碱性树脂最差。如聚苯乙烯型强酸性阳离子交换树脂对各种有机溶剂、强酸、强碱等稳定，可长期耐受饱和氨水、0.1mol/L 高锰酸钾、0.1mol/L 硝酸及温热氢氧化钠等溶液而不发生明显破坏，而羟型阴离子交换树脂稳定性较差，故以氯型存放为宜。

（2）热稳定性　干燥的树脂受热易降解破坏。强酸、强碱的盐型比游离酸（碱）型稳定。聚苯乙烯型比酚醛树脂型稳定，阳性树脂比阴性树脂稳定。

8. 机械性能

机械性能主要是指与树脂颗粒保持完整有关的性能。树脂颗粒的破裂或破碎会直接影响操作，使树脂床的性能下降。树脂破碎的原因有多种，包括原有的裂球，使用中受压、受摩擦造成的破碎，因受热、受氧化作用使树脂骨架破坏造成的强度下降，多次再生和转型过程中树脂经受反复膨胀与收缩造成的破裂等。

凝胶树脂因反复膨胀与收缩造成的颗粒破裂是造成破球的主要原因。在这一方面，强酸性树脂更严重一些。树脂颗粒越大，越容易破裂。大孔树脂要好得多。

四、离子交换树脂的选择性

离子交换树脂的选择性就是某种树脂对不同离子交换亲和能力的差别，离子和树脂活性基的亲和力越大，就越易被该树脂所吸附。影响离子交换树脂选择性的因素很多，如离子化合价、离子的水合半径、离子浓度、溶液环境的 pH、有机溶剂和树脂的交联度、活性基团的分布和性质、载体骨架等，下面分别加以讨论。

1. 离子化合价

在常温的稀溶液中，离子交换呈现明显的规律性：离子的化合价越高，就越容易被交换。例如，常见阳离子的被吸附顺序为：

$$Fe^{3+}>Al^{3+}>Ca^{2+}>Mg^{2+}>Na^{+}$$

阴离子的被吸附顺序为：

柠檬酸根 > 硫酸根 > 硝酸根

2. 离子水合半径

溶液中某一离子能否与树脂上的平衡离子进行交换主要取决于这两种离子与树脂的相对亲和力和相对浓度。一般电荷效应越强的离子与树脂的亲和力越大。而决定电荷效应的主要因素是离子所带电荷和离子水合半径。对无机离子而言，离子水合半径越小，离子和树脂活性基团的亲和力就越大，也就越容易被吸附。对于同价离子而言，当原子序数增加时，离子表面的电荷密度相对减少，因此吸附的水分子也减少，水化能降低，相应地水合离子半径也减少，离子对树脂活性基团的结合力增大。

按水合半径次序，各种离子对树脂亲和力的大小有以下顺序。

对一价阳离子：$Li^{+}<Na^{+}$、$K^{+}\approx NH_4^{+}<Rb^{+}<Cs^{+}<Ag^{+}<Ti^{+}$

对二价阳离子：$Mg^{2+}<Cu^{2+}\approx Ni^{2+}\approx Co^{2+}<Ca^{2+}<Sr^{2+}<Pb^{2+}<Ba^{2+}$

对一价阴离子：$F^{-}<HCO_3^{-}<Cl^{-}<HSO_3^{-}<Br^{-}<NO_3^{-}<I^{-}<ClO_4^{-}$

同价离子中水合半径小的能取代水合半径大的。但在非水介质中，在高温下差别缩小，有时甚至相反。

H^{+}和 OH^{-}在上述序列中的位置则与树脂功能基团性质有关，H^{+}和强酸性树脂的结合力很弱，其序位和Li^+相当；而对弱酸性树脂，H^+具有最强的置换能力，其交换序列在同价金属离子之后。同理OH^-的序位，对强碱性树脂，落在F^-之前；对弱碱性树脂则落在HCO_3^-之后。强酸性、强碱性树脂较弱酸性、弱碱性树脂难再生，酸碱用量大，原因就在于此。

3. 溶液浓度

树脂对离子交换吸附的选择性，在稀溶液中比较大。在较稀的溶液中，树脂选择吸附高价离子。

4. 离子强度

一方面，高的离子浓度必定与目的物离子进行竞争，减少有效交换容量；另一方面，离子的存在会增加蛋白质分子以及树脂活性基团的水合作用，降低吸附选择性和交换速度。所以在保证目的物溶解度和溶液缓冲能力的前提下，尽可能采用低离子强度。

5. 溶液的 pH

溶液的 pH 直接决定树脂交换基团及交换离子的解离程度，不但影响树脂的交换容量，对交换的选择性影响也很大。对于强酸、强碱性树脂，溶液 pH 主要是影响交换离子的解离度，决定它带何种电荷以及电荷量，从而可知它是否被树脂吸附或吸附的强弱。对于弱酸、弱碱性树脂，溶液的 pH 还是影响树脂解离程度和吸附能力的重要因素。但过强的交换能力有时会影响到交换的选择性，同时增加洗脱的困难。对生物活性分子而言，过强的吸附以及剧烈的洗脱条件会增加变性失活的机会。另外，树脂的解离程度与活性基团的水合程度也有密切关系。水合度高的溶胀度大，选择吸附能力下降。这就是在分离蛋白质或酶时较少选用强酸、强碱性树脂的原因。

6. 有机溶剂的影响

离子交换树脂在水和非水体系中的行为是不同的。有机溶剂的存在会使树脂收缩，这是由于结构变紧密降低了吸附有机离子的能力而相对提高了吸附无机离子的能力的关系。有机溶剂使离子溶剂化程度降低，易水合的无机离子降低程度大于有机离子；有机溶剂会降低有机物的电离度。这两种因素就使得在有机溶剂存在时，不利于有机离子的吸附。利用这个特性，常在洗涤剂中加适当有机溶剂来洗脱难洗脱的有机物质。

7. 交联度、膨胀度、分子筛

对树脂来说，交联度大、结构紧密、膨胀度小，树脂筛分能力大，促使吸附量增加，其交换常数亦大。相反，交联度小、结构松弛、膨胀度大，吸附量减少，交换常数亦减少。

8. 树脂与离子间的辅助力

凡能与树脂间形成辅助力如氢键、范德华力等的离子，树脂对其吸附力就大。辅助力常存在于被交换离子是有机离子的情况下，有机离子的相对质量越大，形成的辅助力就越多，树脂对其吸附力就越大；反过来，能破坏这些辅助力的溶液就能容易地将离子从树脂上洗脱下来。例如，尿素是一种很容易形成氢键的物质，常用来破坏其他氢键，所以尿素溶液很容易将主要以氢键与树脂结合的青霉素从磺酸树脂上洗脱下来。

五、离子交换操作过程

（一）树脂的选择及处理

在进行离子交换之前，首先要对不同规格的树脂的性能，如交换量的大小、颗粒的大小、耐热性、酸碱度等有一个了解，然后根据试验的具体要求选择合适规格的树脂，并进行预处理。

1. 树脂的选择

树脂的选择主要考虑被分离物质带何种电荷、解离基的类型及电性强弱（pK_a）。一般规律如下：

（1）被分离的物质如果是生物碱或无机阳离子时，选用阳离子树脂；如果是有机酸或无机阴离子时，选用阴离子交换树脂。

（2）被分离的离子吸附性强（交换能力强），选用弱酸或弱碱性离子交换树脂，如用强酸或强碱性树脂，则由于吸附力过强而使洗脱再生困难；吸附性弱的离子，选用强酸或强碱性离子交换树脂，如用弱酸、弱碱性则不能很好地交换或交换不完全。

（3）被分离物质分子质量大，选用低交联度树脂。分离生物碱、大分子有机酸及肽类，采用1%~4%交联度的树脂为宜。分离氨基酸可用8%交联度的树脂。如制备去离子水或分离无机成分，可用16%交联度的树脂。

（4）作柱色谱用的离子交换树脂，要求颗粒细，一般用200~400目；作提取离子性成分用的树脂，粒度可粗一些，可用100目左右，制备去离子水的交换树脂可用16~60目。但无论什么用途，都应选用交换容量大的树脂。

2. 树脂的预处理与转型

新出厂的树脂是干树脂，要用水浸透使之充分吸水膨胀。因其含有一些杂质，所以要用水、酸、碱洗涤。一般步骤如下：新出厂干树脂用水浸泡24h后减压抽去气泡，倾去水，再用大量去离子水洗至澄清，去水后加树脂体积4倍量的2mol/L HCl搅拌4h，除去酸液，水洗到中性，加4倍量2mol/L NaOH搅拌4h，除碱液，水洗到中性，再加4倍量2mol/L HCl搅拌4h，除去酸液，水洗到中性备用。其中最后一步用酸处理使之变为氢性树脂的操作也可称为转型。对强酸性阳离子树脂来说，应用状态还可以是钠型。若把上面的酸-碱-酸处理，改作碱-酸-碱处理便可得到钠性树脂。对阴离子交换树脂，最后用氢氧化钠溶液处理便呈羟型，若用盐酸溶液处理则为氯性树脂。对于分离蛋白质、酶等物质，往往要求在一定的pH

范围及离子强度下进行操作。因此，转型完毕的树脂还须用相应的缓冲液平衡数小时后备用。

3. 树脂的再生和保存

使用过的树脂恢复原状的过程称为再生。再生方法可采用预处理法。阳离子交换树脂按酸-碱-酸的步骤处理；阴离子交换树脂按碱-酸-碱的步骤处理。如果还要交换同一种样品，只要经转型处理就行了。如阳离子交换树脂需转成钠型，则用4~5倍1~1.5mol/L氢氧化钠（或氯化钠）流经树脂，再用蒸馏水洗至中性即为钠性树脂；如需氢型，则用盐酸处理。阴离子交换树脂需用氯型，用盐酸处理；需用OH^-型，则用氢氧化钠处理。不用时加水保存。一般保存时，阳离子交换树脂均要转为钠型，阴离子交换树脂要转为氯型。若长期不用，可在其中加入0.02g/100mL叠氮化钠，以防树脂被污染。

（二）操作条件的选择

1. 交换时的pH

合适的pH应具备3个条件：①pH应在产物的稳定范围内。②能使产物离子化；能使树脂解离。例如，赤霉素为一弱酸，pK_a为3.8，可用强碱性树脂进行提取。一般来说，对于弱酸性和弱碱性树脂，为使树脂能离子化，应采用钠型或氯型。而对强酸性和强碱性树脂，可以采用任何形式。但若抗生素在酸性、碱性条件下易破坏，则不宜采用氢型和羟性树脂。对于偶极离子，应采用氢性树脂吸附。

2. 溶液中产物的浓度

低价离子浓度增加有利于交换上树脂，高价离子在稀释时容易被吸附。

3. 洗脱条件

洗脱条件应尽量使溶液中被洗脱离子的浓度降低。洗脱条件一般应和吸附条件相反。如果吸附在酸性条件下进行，解吸应在碱性条件下进行；如果吸附在碱性条件下进行，解吸应在酸性条件下进行。例如，谷氨酸吸附在酸性条件下进行，解吸一般用氢氧化钠作洗脱剂。为使在解吸过程中，pH变化不致过大，有时宜选用缓冲液作洗脱剂。如果单凭pH变化洗脱不下来，可以试用有机溶剂，选用有机溶剂的原则是：能和水混合，且对产物溶解度大。

（三）基本操作方式

1. 离子交换操作的方式

离子交换操作一般分为静态和动态两种。静态交换是将树脂与交换溶液混合置于一定的容器中搅拌进行。静态交换操作简单、设备要求低，分批进行，交换不完全。不适宜用作多种成分的分离，树脂有一定损耗。

动态交换是先将树脂装柱，交换溶液以平流方式通过柱床进行交换。该法无须搅拌，交换完全，操作连续，而且可以使吸附与洗脱在柱床的不同部位同时进行，适合于多组分分离。

最简单的间歇离子交换装置就是采用一个具有搅拌器的罐。稍加改进的一种方法是在罐的底部设有一块筛板以支撑离子交换剂，用压缩空气进行搅动，以达到流体化的目的。

柱式固定床是离子交换单元最常用而又有效的装置，其主体是一个直立式的罐，其有两种加料方式，即重力加料和压力加料。采用重力加料时，罐是开放式的；采用压力加料时，罐是封闭的。压力加料又有两种加压方式，即气压力式和水压力式。

2. 洗脱方式

离子交换完成后将树脂所吸附的物质释放出来重新转入溶液的过程称作洗脱。洗脱方式分为静态与动态两种。一般说来，动态交换也称作动态洗脱，静态交换也称作静态洗脱。洗脱液分酸、碱、盐、溶剂等类。酸、碱洗脱液旨在改变吸附物的电荷或改变树脂活性基团的解离状态，以消除静电结合力，迫使目标物被释放出来，盐类洗脱液是通过高浓度的带同种电荷的离子与目标物竞争树脂上的活性基团，并取而代之，使吸附物游离。实际生产中，静态洗脱可进行一次，也可进行多次反复洗脱，旨在提高目标物收率。

动态洗脱在离子交换柱上进行。洗脱液的 pH 和离子强度可以始终不变，也可以按分离的要求人为地分阶段改变其 pH 或离子强度，这就是阶段洗脱，常用于多组分分离。这种洗脱液的改变也可以通过仪器（如梯度混合仪）来完成，使洗脱条件的改变连续化，其洗脱效果优于阶段洗脱。这种连续梯度洗脱特别适用于高分辨率的分析目的。

【知识链接】

几种常用的离子交换树脂型号

系统分类命名法自公布之后，已在很大范围内推广，但在很多地方仍沿用旧的牌号，或者在新的型号后加注旧的牌号。国外生产的树脂名目繁多，各厂家大多有自己的命名系统。在树脂名称中，除商标外用后缀区别不同的结构、性能或形态。表 6-3 列出了某些国产离子交换树脂的产品型号新旧对照以及与国外相对应的产品名称。以便使用时参考。然而，国产树脂和国外树脂不能绝对地对应，但大体上的对应还是很有参考价值的。

表 6-3　　某些国产离子交换树脂的产品名称、型号及性能对照

全名称	型号	曾用型号	交换容量/（mmol/g）	国外对照产品
强酸性苯乙烯系阳离子交换树脂	001×2	735	≥4.5	Dowex 50×2 CBC-3
	001×4	734	≥4.5	Amberlite IR-118
	001×7	732，010，强酸 1 号	≥4.2	Amberlite IR-120
	001×13	1×127	≥4.3	Amberlite IR-124

续表

全名称	型号	曾用型号	交换容量/（mmol/g）	国外对照产品
弱酸性丙烯酸系阳离子交换树脂	112×1	724	≥9.0	KB-4П2
强碱性苯乙烯系阴离子交换树脂	201×2	714	≥3.6	Dowex1×2
	201×4	711	≥3.6	Amberlite IRA-401
	201×7	717，707，强碱201号	≥3.0	Amberlite IRA-400
弱碱性苯乙烯系阴离子交换树脂	303×2	704	≥5.0	Amberlite IR-45
弱碱性环氧系阴离子交换树脂	331	701，330	≥9.0	Duolite A-30B
大孔强碱性苯乙烯系阴离子交换树脂	D202	763，Ⅱ型多孔树脂	≥3.0	Amberlite IRA-910
大孔弱碱性苯乙烯系阴离子交换树脂	D301	D351，D370，710	≥3.5	Amberlite IRA-93
大孔弱碱性丙烯酸系阴离子交换树脂	D311	703	≥6.5	Amberlite IRA-68

实训案例12　离子交换法提取谷氨酸

一、实训目的

1. 掌握树脂的预处理、装柱、洗脱等离子交换法的基本操作。

2. 掌握动态离子交换的基本操作。

3. 了解谷氨酸提取的原理和方法。

二、实训原理

离子交换树脂的选择主要依据被分离物的性质和分离目的，包括被分离物和主要杂质的解离特性、分子质量、浓度、稳定性、所处介质的性质以及分离的具体条件和要求。然后从性质各异的多种树脂中选择出最适宜的进行分离操作。其中最重要的一条是根据分离要求和分离环境保证分离目的物与主要杂质对树脂的吸附力有足够的差异。当目的物具有较强的碱性和酸性时，宜选用弱酸性弱碱性的树脂。这样有利于提高选择性，并便于洗脱。

谷氨酸（GA）是两性电解质，是一种酸性氨基酸，等电点为 pH 3.22，当 pH>3.22 时，羧基离解而带负电荷，能被阴离子交换树脂交换吸附；当 pH<3.22 时，氨基离解带正电荷，能被阳离子交换树脂交换吸附。也就是说，谷氨酸可被阴离子交换树脂吸附也可以被阳离子交换树脂吸附。由于谷氨酸是酸性氨基酸，

被阴离子交换树脂吸附的能力强而被阳离子交换树脂吸附的能力弱，因此可选用弱碱性阴离子交换树脂或强酸性阳离子交换树脂来吸附氨基酸。但是由于弱碱性阴离子交换树脂的机械强度和稳定性都比强酸性阳离子交换树脂差，价格又较贵，因此就都选强酸性阳离子交换树脂而不选用弱碱性阴离子交换树脂。

谷氨酸发酵液中既含有谷氨酸也含有其他妨碍谷氨酸结晶的杂质如蛋白质、残糖、色素等存在。当发酵液流过交换柱时，发酵液中各成分依亲和力的不同进行交换。吸附谷氨酸的树脂再用洗脱液（5g/100mLNaOH）洗脱，收集富含谷氨酸的流分（高流液）。从而实现与杂质的分离及谷氨酸的富集，高流液调等电点 pH 3.22，谷氨酸结晶析出。用过的树脂用稀酸再生以用于下轮交换。主要化学反应有：

交换：　$RSO_3H+NH_4^+ = RSO_3NH_4^+ +H^+$

　　　　$RSO_3H+GA^+ = RSO_3GA+H^+$

洗脱：　$RSO_3^-GA^+ +NaOH = RSO_3Na^+ +GA^+ +OH^-$

　　　　$RSO_3^-GA^+ +NH_4OH = RSO_3NH_4^+ +GA^+ +OH^-$

再生：　$RSO_3Na^+ +HCl = RSO_3H+NaCl$

本实验所用树脂为 001×7（732）型苯乙烯强酸型阳离子交换树脂。732 性树脂的理论交换容量为 4.5mmol/g 干树脂，最高工作温度为 90°C，使用 pH 1~14，对水的溶胀率为 22.5%，湿密度为 0.75~0.85g/mL。

732 性树脂对阳离子的亲和力大小顺序依次为：

$Ca^{2+}>Mg^{2+}>K^+>NH_4^+>Na^+>$碱性氨基酸>中性氨基酸>谷氨酸>天冬氨酸

反之，洗脱时，先下来的是谷氨酸，其后是 NH_4^+、金属离子等，达到分离目的。

谷氨酸离子交换操作循环见图 1。

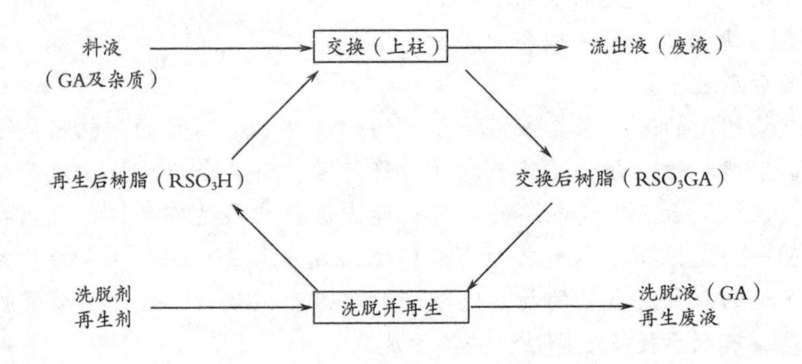

图 1　谷氨酸离子交换操作循环

三、实训仪器

离子交换柱（1.5cm×40cm）、恒流泵、分步收集器、铁架台、水浴锅、量筒、止水夹、离心机、烧杯等。

四、实训药品

732 树脂、谷氨酸发酵液、NaOH，HCl、茚三酮、丙酮。

五、实训操作步骤

1. 树脂的预处理与装柱

将干树脂在烧杯中用水浸泡一定时间，充分溶胀后（切勿将干树脂直接装柱，以防树脂溶胀挤破柱子），倾去溶胀时溶出的杂质及碎树脂。用量筒量取 40mL 湿树脂，于烧杯中带水搅动，在悬浮下倒入柱中，将柱下端的止水夹打开，使柱内水慢慢流出，树脂自由沉降，保持柱中水位高于树脂床 2~4cm，关闭止水夹。

用 4 倍于树脂体积的 2mol/L HCl、水、2mol/L NaOH、水在柱中依次交替重复洗 2~3 次，洗涤速度控制为约 30 滴/min，最后再用 2mol/L HCl 洗涤树脂为氢型，水洗至中性备用，所用的洗涤水必须是去离子水。

2. 上柱交换

将调配好的稀谷氨酸发酵液（谷氨酸含量约 1.0g/100mL，已除菌体）用泵从贮液瓶中正上柱，控制好流速（30 滴/min、6~8 床体积）。收集流出液，不断用茚三酮溶液检验柱下流出液，若有紫红色反应，证明有谷氨酸流出，即停止上柱，关闭止水夹，量出烧杯中流出液体积。

3. 洗脱

洗脱是用 5g/100mL NaOH 为洗脱液将吸附的谷氨酸解吸出来。

（1）水洗杂质及疏松树脂　洗脱前，先用水反洗以排除树脂中残留的杂质，树脂也被疏松。

（2）热水预热树脂　加入树脂体积 3 倍左右的 60~70℃ 热去离子水反洗以预热树脂，以防树脂骤冷骤热破碎，同时也起到温柱以防谷氨酸在柱中析出（结柱）。

（3）碱洗脱　待树脂自由沉降，降液面至高于床层 2~4cm，用 5g/100mL NaOH 洗脱，洗脱流速控制为约 15 滴/min。洗脱时，不断用茚三酮测试流出液，并用 pH 试纸测试 pH 变化。有谷氨酸流出时即开始收集，每 2mL 收集液换一支试管。

收集至 pH 1.0，这部分流出液谷氨酸深度较高，称为高流分。当 pH 达 2.5~3.2 时，谷氨酸含量最高。随后收集 pH 8.0~10.0 流分为碱尾液（后流分），前流分与后流分可用于再交换。

4. 树脂再生

洗脱完毕，用热蒸馏水正洗离子交换柱至 pH 9 后，再反洗至中性，降液面，用 2mol/L HCl 正洗，使 Na 型和 NH_4^+ 型树脂再生为 H 型，至柱下 pH 0.5 用水洗至 pH 为 4 即可再交换。再生流速控制为 10 滴/min。

六、结果分析

1. 测试收集液各管 pH，用 SBA 生化分析仪检测谷氨酸浓度，以收集的洗脱液编号为横坐标，pH 和谷氨酸浓度分别为纵坐标，绘制 pH 的变化曲线和洗脱曲线。

2. 将有谷氨酸的各试管内液体合并，计量体积及浓度，并与上柱稀发酵液量进行比较，看是否达到浓缩目的？

七、注意事项

1. 装柱时保证柱内没有气泡。

2. 上柱交换及洗脱时一定要控制流速，保证交换、洗脱完全。

3. 交换的流出液要时刻注意用茚三酮显色剂（灵敏度为 2μg/mL）检验柱下流出液的颜色变化，用吹风机尽量吹干。

4. 用 NaOH 洗脱开始时，就要注意接收洗脱液，一定要注意接收开始的流分。

5. 洗脱过程中若没有发生明显的变化，可以隔一个取样测定谷氨酸的含量，如果全部都测定的话，需要测定的样品很多。

【知识梳理】

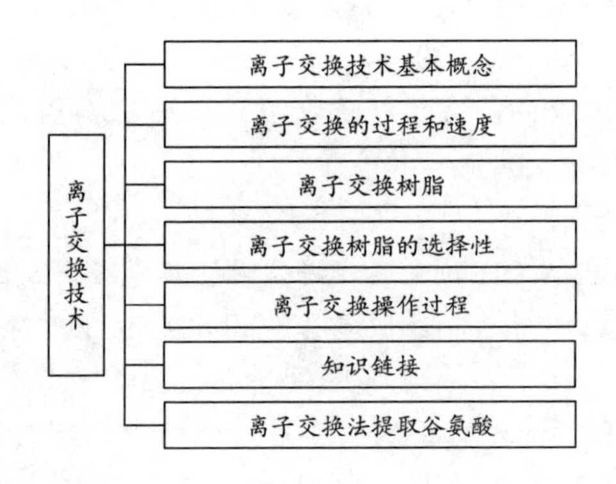

【目标检测】

一、填空题

1. 离子交换树脂由________、________和________三部分组成。

2. 能解离出________的树脂称为阳离子交换树脂，能解离出________的树脂称为阴离子交换树脂。

3. 离子交换体系由________、________及________等组成。

4. 离子交换操作一般分为________和________两种。

5. 离子交换完成后将树脂所吸附的物质释放出来重新转入溶液的过程称作________。

二、选择题

1. Na 型的阳离子交换树脂可交换的离子为（　　）。

A. Na^+　　B. H^+　　C. Cl^-　　D. OH^-

2. 下列哪一项不是离子交换树脂的组成部分？(　　)。

A. 骨架　　B. 极性基团　　C. 活性基团　　D. 可交换离子

3. Na 型的阳离子交换树脂要重新再生为 H 型应该：(　　)。

A. 将 Na 型的阳离子交换树脂浸泡在 HCl 中

B. 将 Na 型的阳离子交换树脂浸泡在 NaCl 中

C. 将 Na 型的阳离子交换树脂浸泡在 NaOH 中

D. 将 Na 型的阳离子交换树脂浸泡在水中

4. “001×7”树脂，第三位数字“1”表示（　　）。

A. 强酸性　　B. 树脂的骨架是苯乙烯型

C. 顺序号　　D. 交联度

5. 在酸性条件下用下列哪种树脂吸附氨基酸有较大的交换容量？(　　)

A. 羟型阴离子交换树脂　　B. 氯型阴离子交换树脂

C. 氢型阳离子交换树脂　　D. 钠型阳离子交换树脂

三、简答题

1. 离子交换过程包括哪几步？离子交换速度的影响因素有哪些？

2. 离子交换树脂按活性基团可分为哪几类，各类有哪些特征？

3. 在选用离子交换树脂时一般需要考虑哪些理化性能？

4. 影响离子交换树脂选择性的因素有哪些？

5. 树脂怎样进行预处理和转型？

项目七

色谱分离技术

知识要点

在天然有机物和生物化学研究工作中，常常需要从极其复杂的、含量甚微的混合物中分析和分离各种成分，尤其是某些关系到人们生命安全的生物药品，如注射剂和基因产品等，都需要高度纯化。但经典的分离方法，如萃取、结晶等单元操作很难达到生产和商业要求的纯度。而色谱分离由于其分离效率高，设备简单，操作方便，条件温和，不易造成物质变性等优点，已经成为化学、化工、医药、食品、生物工程等诸多领域的重要分离、分析工具，它在这些领域的科学研究和生产应用中所起的主导和推动作用，是生物下游加工过程最重要的纯化技术之一。

知识目标

1. 掌握色谱分离技术的概念、分类及特点。
2. 熟悉各种色谱分离技术的分离原理。
3. 熟悉吸附剂和展开剂的选择原则。
4. 熟悉固定相和流动相的选择原则。
5. 了解凝胶的种类和特性。
6. 了解色谱分离技术的应用。

能力目标

根据所学的色谱分离技术，熟知各种色谱分离技术的基本操作，能独立完成薄层色谱、凝胶色谱等色谱分离技术。

思政目标

通过色谱分离技术的学习，培养学生的规范意识和规范行为。

任务导入

1903—1906年，俄国植物学家M. Tswett首先系统提出色谱分离理论。他将叶绿素的石油醚溶液通过碳酸钙管柱，并继续以石油醚淋洗，由于碳酸钙对叶绿素中各种色素的吸附能力不同，色素被逐渐分离，在管柱中出现了不同颜色的色带。M. Tswett把这些色带称为色谱，后来色谱法不断发展，经常用于分离无色的物质，已没有颜色这个特殊的含义，但色谱法这个名称一直被沿用下来。

20世纪40年代出现了纸色谱，20世纪50年代产生了薄层色谱。20世纪50年代，James和Martin开始利用溶质在气相和液相之间的分配来分离物质，称为气相色谱法。到了20世纪60年代后半期，在气相色谱的启发下，人们用增加压力以提高流速，降低装填物粒度和改进支持物和固定液的性质以提高分辨率的办法，使得经典的液相色谱向着快速、高效的方向发展，出现了高效液相色谱。由于对现代色谱法的形成和发展所做的重大贡献，Martin和Synge被授予1952年诺贝尔化学奖。20世纪70年代，离子色谱的出现和各种金属螯合物色谱的迅速发展，改变了现代色谱的面貌。20世纪80年代，高效逆流色谱出现。1992年，模拟移动床色谱首次用于手性拆分。现在，为了解决科学研究和生产中的各种分析、分离问题，色谱法和其他技术的应用越来越普遍。例如：气相色谱和质谱联用，气相色谱和红外光谱联用，液相色谱与紫外光谱联用，液相色谱与质谱联用，色谱法和电泳技术联用等。

一、色谱分离技术概述

色谱技术（一）

（一）色谱分离技术概念

色谱分离是一组相关分离方法的总称，也称为色谱法、层析法、色层法、层离法等，是一种物理化学分离方法，它利用物质在两相中分配系数的差别进行分离，其中一相是固定相，通常为表面积很大的或多孔性固体；另一相是流动相，是液体或气体。当流动相流过固定相时，由于物质在两相间的分配情况不同，各物质在两相间进行多次分配，从而使各组分得到分离。

（二）色谱分离技术的基本特点

色谱分离技术是一门以物理化学为基础的分离与纯化科学，与其他分离纯化方法相比，具有以下几个基本特点。

1. 分离效率高

色谱分离技术的效率之高是其他分离技术所无法相比的，尤其是细颗粒多孔球形的高效填料问世后，色谱柱的柱效有更大的提高。通常使用的色谱柱长只有几厘米到几十厘米。

2. 灵敏度高

可以检测出 10^{-9} 级微量的物质，经一定的浓缩后甚至可检测出 10^{-12} 级数量的物质。

3. 应用范围广

从极性到非极性，从离子型到非离子型，从小分子到大分子，从无机物到有机物及生物活性物质，从热稳定化合物到热不稳定的化合物，可以说无所不包。尤其是对生物大分子样品的分离，是其他方法无法代替的。

4. 选择性强

色谱分离技术可变参数之多也是其他分离技术无法相比的，因而具有很强的选择性。在色谱分离中，既可选择不同的色谱分离方法，也可选择不同的固定相和流动相状态，还可选择不同的操作条件等，从而能够提供更多的方法进行目的产物的分离与纯化。

5. 分析速度快

一般在几分钟或几十分钟内可以完成一个试样的分析。

6. 易于实现自动化操作

对大规模分离与纯化生物样品尤为重要，不但保证了产品质量，提高了产率，而且节约劳动力，降低生产成本。

色谱分离技术不足之处是处理量小、不能连续操作，因此主要用于实验室，工业生产上还应用较少。

（三）色谱分离技术的分类

色谱分离技术的术语较多，根据分类的标准不同，可以分成不同的类型。

1. 按照分离的原理不同进行分类

色谱分离技术根据分离的原理不同可分为吸附色谱、分配色谱、离子交换色谱、凝胶色谱、亲和色谱等，见表 7–1。

表 7-1　按照分离的原理不同进行分类

方法名称	主要分离过程的性质	固定相类型
吸附色谱	吸附	吸附剂
离子交换色谱	静电作用和扩散	离子交换树脂
分配色谱	萃取	液体
凝胶色谱	扩散	凝胶
亲和色谱	生物分子之间特异性吸附与解吸	亲和剂

吸附色谱是各种色谱分离技术中应用最早的一类，以吸附剂为固定相，根据待分离物与吸附剂之间吸附力不同而达到分离目的的一种色谱技术；离子交换色谱是流动相中的组分离子与作为固定相的离子交换树脂上具有相同电荷的离子进行可逆交换，组分离子对离子交换树脂的亲和力的差别导致了色谱分离；分配色谱的固定相和流动相都为液体，由于各组分在两相的分配系数不同从而达到分离的目的；凝胶色谱是以凝胶为固定相，利用凝胶的分子筛作用和组分分子大小的差异来分离混合物的；亲和色谱的固定相是键合着具有特异性生物亲和力的配位体（称为亲和剂）的惰性固体颗粒，亲和色谱法又称为生物亲和色谱法，是利用固相介质上键合的多种不同生物学特性的配体，对不同生物分子之间存在的特异性亲和力大小的差别，而使生物活性物质分离纯化的方法。

2. 按照流动相的状态不同进行分类

按照流动相的状态不同，色谱法可分为气相色谱和液相色谱两大类，流动相为气体的称为气相色谱，根据固定相的不同又分为气-固色谱法和气-液色谱法；流动相为液体的称为液相色谱，根据固定相的不同又分为液-液色谱法、液-固色谱法等。

3. 按照支持物的装填方式不同进行分类

按照支持物的装填方式不同，色谱法可分为柱色谱、纸色谱、薄层色谱等。支持物装在管中呈柱形，在柱中进行的称为柱色谱；支持物是以滤纸为载体的称为纸色谱；支持物铺在玻璃板上呈薄层的，称为薄层色谱。

4. 按照色谱动力学过程不同进行分类

按照色谱动力学过程不同，色谱法可分为洗脱分析法、顶替法和迎头法。

洗脱分析法是色谱过程中最常使用的方法。将试样加入色谱柱入口端，然后再用流动相冲洗柱子，由于各组分在固定相上的吸附（或溶解）能力不同，于是被流动相带出的时间也就不同。这种方法的分离效能高，除去流动相后可得到多种高纯度（99.99%以上）的物质，可用于纯物质的制备。

顶替法就是当试样加入色谱柱后，再将一种吸附能力比所有组分都强的物质加入柱中。此后各组分依次顶替流出，吸附能力最弱的组分将首先流出色谱柱。这种方法有利于组分离，而且可以得到比较大量的纯物质，但方法的局限性较大。

迎头法就是将样品连续不断地通入色谱柱中，在柱后可得到台阶形的浓度变化曲线。根据台阶的位置定性，根据台阶的高度进行各个组分的定量。这种方法很简单，但在分析复杂组成样品时，不易获得准确的结果。

5. 按照色谱分离的规模进行分类

按照色谱分离的规模，色谱分离的规模可分为色谱分析规模（小于 10mg）、半制备（10~50mg）、制备（0.1~1g）和工业生产（大于 20g/d）。

（四）色谱分离基本概念

分配系数是指目的物在固定相和流动相中含量的比值，可用 K 表示，和溶质浓度无关。阻滞因数（或 R_f）是在色谱系统中溶质的移动速率和一理想标准物质（通常是和固定相没有亲和力的流动相，即 $K_d=0$）的移动速率之比，如式（7-1）所示。

$$R_f=\frac{\text{溶质的移动速度}}{\text{移动相在色谱系统中的移动速度}}=\frac{\text{溶质的移动距离}}{\text{在同一时间内溶剂(前缘)的移动距离}} \quad (7-1)$$

二、吸附色谱法

吸附色谱法是靠溶质与吸附剂之间的分子吸附力的差异而分离的方法，也就是混合物随流动相通过由吸附剂组成的固定相时，由于吸附剂对不同组分有不同的吸附力，从而不同组分随流动相移动的速率不同，最终可将混合物中不同组分分离。吸附力主要是范德华力，有时也可能形成氢键或化学键（化学吸附）。吸附色谱法的关键是选择吸附剂和展开剂。

（一）基本原理

色谱技术（二）

当溶液中某组分的分子在运动中碰到一个固体表面时，分子会贴在固定表面上，这就发生了吸附作用。一般来说，任何一种固体表面都有一定程度的吸引力。这是因为固体表面上的质点（离子或原子）和内部质点的处境不同。在内部的质点间的相互作用力是对称的，其力场是相互抵消的。而处在固体表面的质点，其所受的力是不对称的，其向内的一面受到固体内部质点的作用力大，而表面层所受的作用力小，于是产生固体表面的剩余作用力，这就是固体可以吸附溶液组分的原因，也就是吸附作用的实质。

吸附作用按其作用力的本质来划分，可分为物理吸附、化学吸附和交换吸附三大类型，具体原理见项目五。

在吸附色谱过程中，溶质、溶剂和吸附剂三者是相互联系又相互竞争的，构成了色谱分离过程。一定条件下，单位时间内被吸附的分子与解吸附的分子之间可形成动态平衡，即吸附平衡，也就是说，吸附色谱法的过程就是不断产生平衡与不平衡、吸附与解吸附的过程。

（二）分类

根据操作方式不同，吸附色谱法可分为吸附薄层色谱法和吸附柱色谱法。

1. 吸附薄层色谱法

吸附薄层色谱法是将吸附剂或支持剂均匀地铺在玻璃板上，铺成一薄层，然后把要分离的样品点到薄层的起始线上，用合适的溶剂展开，最后使样品中各组分得到分离。

（1）基本原理　在吸附薄层色谱中，展开剂（溶剂）是不断供给的。所以，原点上溶质与展开剂之间的平衡不断遭到破坏，吸附在原点上的溶质不断解吸，解吸出来的溶质溶于展开剂中并随之向前移动，遇到新的吸附剂表面，溶质与展开剂又建立起新的平衡，但又立刻遭到不断移动上来的展开剂的破坏，又有一部分溶质解吸并随之向前移动。如此吸附-解吸-吸附的交替过程就构成了吸附薄层色谱法的分离基础。吸附力弱的组分容易解吸而溶于展开剂中，并随之向前移动，R_f 较大；吸附力强的组分不易解吸，也不易随展开剂向前移动，R_f 较小；如果样品溶液中有两种溶质 A_1、A_2，其极性不同，因而其吸附能力、R_f 也就不同，从而达到分离。

（2）特点

①混合物展开分离迅速。一般展开一次在 15~60min，而纸色谱多在几小时至十几小时，因此薄层色谱法更适于快速鉴定。

②分离效能比纸色谱好。由于展开距离比较短，因此斑点比较致密。

③样品溶液需要量少。一般为 1μL 至几十微升。

④操作简便。不需要特殊昂贵而又复杂的仪器，便于普及。

⑤灵敏度高。与纸色谱比较，其灵敏度高 10~100 倍。

⑥受温度变化影响不大。因展开时间较短，不像纸色谱难以控制温度。

⑦可以使用强腐蚀性的显色剂。因薄层板上的物质多为惰性无机化合物，所以可以使用浓硫酸、浓硝酸、氢氧化钠等强腐蚀性显色试剂，这是纸色谱法所无法比拟的。

⑧薄层色谱的分离容量较纸色谱大，因此用作微量物质分离的制备色谱，较纸色谱好。

⑨可以作为一种纯化手段，与气相色谱法、红外分光光度法等联用。

薄层色谱虽然有以上优点，并在色谱分析领域内构成了独特的一个分支，但薄层色谱也有不足之处。首先，限于操作条件，标准化不易严格控制，因此薄层色谱中 R_f 值重现性不够理想；其次，由于薄层板的脆弱性，色谱不易保存；再次，挥发性物质及高分子质量化合物的应用上还存在着一定的问题等。

（3）吸附剂的选择　选用吸附色谱法分离物质时，必须首先了解被分离物质的性质，然后选择合适的吸附剂，才能得到较好的分离效果。

用于薄层色谱法的吸附剂有硅胶、硅藻土、氧化铝、聚酰胺和纤维素等，其中硅胶和氧化铝的吸附性能良好，适用于各类有机化合物的分离纯化，应用最广。硅胶是微酸性吸附剂，适用于酸性物质和中性物质的分离；而氧化铝是微碱性吸附剂，适用于碱性物质和中性物质的分离，特别是对于生物碱的分离应用得最多。选择何种类型的吸附剂，主要是根据被分离化合物的特性而定。通常薄层色谱板有软板和硬板两类，前者是将吸附剂直接铺在板上制成的；后者是在吸附剂中加入黏合剂和水调制后涂布在板上，再经过除去水而制成的。

薄层板常用的吸附剂如下：

①硅胶 G（薄层色谱用）：黏合剂为石膏（字母 G 为石膏 Gypsum 的缩写），颗粒度为 10~40μm。

②硅胶 H（薄层色谱用）：不含石膏及其他有机黏合剂，颗粒度为 10~40μm。

③硅胶 HF_{254}（薄层色谱用）：与硅胶 H 相同，所不同的是它含有一种无机荧光剂，在 $\lambda=254$nm 紫外灯下发出荧光。

④硅胶 60HR：不含黏合剂的纯产品，适合于需要特别纯的薄层，用于分离需要定量的物质。

⑤氧化铝 G（Type 60G）：含石膏黏合剂，Type 60G 是孔径为 6nm 的氧化铝颗粒。

⑥碱性氧化铝 H（Type 60G）：其黏合力与氧化铝 G 相同，但不含黏合剂。

⑦碱性氧化铝 HF_{254}（Type 60G）：与碱性氧化铝相同，但含有一种无机荧光剂，在 $\lambda=254$nm 紫外灯下发出荧光。

值得注意的是，由于国内不同厂家出售的硅胶、氧化铝等吸附剂的类型编号常不一致，所以应注意其产品的指标。

（4）展开剂的选择　薄层色谱法展开剂主要使用低沸点的有机溶剂。展开剂的选择可以考虑前人的工作经验，但更重要的是依据具体情况，综合考虑溶剂的极性、样品的极性以及它在溶剂中的分配系数等因素。展开剂可以使用单一溶剂，更多的是使用混合溶剂，多到 3~4 种溶剂体系。

常用溶剂的极性次序为：

己烷 < 环己烷 < 四氯化碳 < 甲苯 < 苯 < 氯仿 < 乙醚 < 乙酸乙酯 < 丙酮 < 正丙醇 < 乙醇 < 甲醇 < 水 < 冰醋酸

氧化铝和硅胶薄层色谱使用的展开剂一般以亲脂性溶剂为主，加一定比例的极性有机溶剂。被分离的物质亲脂性越强，所需要展开剂的亲脂性也相应增强。在分离酸性或碱性化合物时，需要少量酸或碱（如冰醋酸、甲酸、二乙胺、吡啶），以防止拖尾现象产生。

有机溶剂在不同的吸附介质上的色谱行为有所不同。表 7-2 列举了常用有机溶剂在硅胶薄层板上洗脱能力顺序；表 7-3 列举了常用有机溶剂在氧化铝薄层上的洗脱能力顺序；表 7-4 列举了聚酰胺薄层色谱常用的展开剂体系。

表 7-2　常用有机溶剂在硅胶薄层板上洗脱能力顺序

溶剂	洗脱能力递增									
	戊烷	四氯化碳	苯	氯仿	二氯甲烷	乙醚	乙酸乙酯	丙酮	二氧六环	乙腈
溶剂强度参数	0.00	0.11	0.25	0.26	0.32	0.38	0.38	0.47	0.49	0.50

表 7-3　常用有机溶剂在氧化铝薄层上的洗脱能力顺序

溶剂	溶剂强度参数	溶剂	溶剂强度参数	溶剂	溶剂强度参数
氟代烷	0.25	氯苯	0.30	乙酸甲酯	0.60
正戊烷	0.00	苯	0.32	二甲基亚砜	0.62
异辛烷	0.01	乙醚	0.38	苯胺	0.62
石油醚	0.01	氯仿	0.40	硝基甲烷	0.64
环己烷	0.04	二氯甲烷	0.42	乙腈	0.65
环戊烷	0.05	甲基异丁基酮	0.43	吡啶	0.71
二硫化碳	0.15	四氢呋喃	0.45	丁基溶纤剂	0.74
四氯化碳	0.18	二氯乙烷	0.49	异丙醇	0.82
二甲苯	0.26	甲基乙基酮	0.51	正丙醇	0.82
异丙醚	0.28	1-硝基丙烷	0.53	乙醇	0.88
氯代异丙烷	0.29	丙酮	0.56	甲醇	0.95
甲苯	0.29	二氧六环	0.56	乙二醇	1.11
氯代正丙烷	0.30	乙酸乙酯	0.58	乙酸	大

表 7-4　聚酰胺薄层色谱常用的展开剂体系

化合物类型	展开剂体系
黄酮苷元	氯仿-甲醇（94：6 或 96：4）；氯仿-甲醇-丁酮（12：2：1）； 苯-甲醇-丁酮（90：6：4 或 84：8：8）；氯仿-甲醇-甲酸（60：38：2）； 氯仿-甲醇-吡啶（70：22：8）；氯仿-甲醇-苯酚（64：28：8）
黄酮苷	甲醇-乙酸-水（90：5：5）；甲醇-水（4：1）；乙醇-水（1：1）； 丙酮-水（1：1）；异丙醇-水（3：2）；30%~60%乙酸； 乙酸乙酯-95%乙醇（6：4）；氯仿-甲醇（7：3）；正丁醇-乙醇-水（1：4：5）；氯仿-甲醇-丁酮（65：25：10）

续表

化合物类型	展开剂体系
酚类	丙酮-水（1∶1）；苯-甲醇-乙酸（45∶8∶4）；环己烷-乙酸（93∶7）；10%乙酸
醌类	10%乙酸；正己烷-苯-乙酸（4∶1∶0.5）；石油醚-苯-乙酸（10∶10∶5）
糖类	乙酸乙酯-甲醇（8∶1）；正丁醇-丙酮-水-乙酸（6∶2∶1∶1）
生物碱	环己烷-乙酸乙酯-正丙醇-二甲基胺（30∶2.5∶0.9∶0.1）； 水-乙醇-二甲基胺（88∶12∶0.1）
氨基酸衍生物	苯-乙酸（8∶2或9∶1）；50%乙酸；甲酸-水（1.5∶1或1∶1）； 乙酸乙酯-甲醇-乙酸（20∶1∶1）；0.05mol/L磷酸钠-乙醇（3∶1）； 二甲基甲酰胺-乙酸-水-乙醇（5∶10∶30∶20）；氯仿-乙酸（8∶2）
甾体、萜类	己烷-丙酮（4∶1）；氯仿-丙酮（4∶1）
甾体苷类	甲醇-水-甲酸（60∶35∶5）；乙酸乙酯-甲醇-水-甲酸（50∶20∶25∶5）

（5）薄层色谱法的操作方法

①薄层板的制备：因为在制备薄层板时，要将吸附剂均匀地分布在玻璃板、塑料薄膜或铝箔上制成薄层，所以使用的板表面必须光滑清洁。使用前先用洗涤剂洗干净，然后用水洗涤、烘干。如果在板表面上有油污的部分，将会发生吸附剂涂不上去或者容易剥落的现象，玻璃板的大小应根据实验的需要来选用，通常作为定性分析的载板片为8.0cm×3.0cm，而作为制备用的载板片为20.0cm×20.0cm。

下面介绍两种使用较多的薄层板制备方法。

第一种为干法铺板（软板）：多用于氧化铝薄板的制备。在一块边缘整齐的玻璃板上，撒上氧化铝，取一合适物品顶住玻璃板右端。两手紧握铺板玻璃棒的边缘，按一定方向轻轻拉过，一块边缘整齐、薄厚均匀的氧化铝薄层即制成。

第二种为湿法铺板（硬板）：可用于硅胶、聚酰胺、氧化铝等薄层板的制备，但最常用的是硅胶硬板。为使铺成的硅胶板坚固，要加入黏合剂，用硫酸钙为黏合剂铺成的板称为硅胶G板，用羧甲基纤维素钠作黏合剂铺成的板为硅胶-CMC板。

硅胶G板：加硅胶质量5%、10%或15%的硫酸钙，与硅胶混匀，得到硅胶G5、G10或G15。用硅胶G和蒸馏水以1∶（3~4）的比例调成糊状，倒一定量的糊浆于玻璃板上，铺匀，在空气中晾干，于105℃活化1~2h，薄层厚度为2.5mm左右。

硅胶-CMC板：取硅胶加适量0.5% CMC水溶液［1∶3左右（g/mL）］，将硅胶调成糊状，倒合适的量在玻璃板上或载玻片，控制铺板厚度在2.5mm左右，转动或借助玻璃棒使其分布于整个玻璃表面，振动使之为均一平面，放于水平处在空气中晾干，于105℃活化1h。一般情况薄层越薄，分离效果越好。

聚酰胺板：称取聚酰胺丝或粉末20g，加甲酸（85%）100mL搅拌溶解，约2~3h，成透明清液。必要时用纱布滤除难溶固体，将清液倒在涤纶片基上，立即用玻璃棒推动，使液体均匀铺在片基上，厚度应为0.15mm左右。薄膜铺好后，立即关闭通风橱，让甲酸慢慢挥发过夜，并在空气中风干，不可高温烘干，否则薄膜变形、折裂。

②点样：首先用合适的溶剂将被检测的样品溶解，最好采用与展开剂相同或极性相近或挥发性高的溶剂，并尽量将溶液配制成0.01%~1%。定性分析可用管口平整的毛细管（内径为0.05mm左右）吸取样品轻轻接触到距离薄层板下端1cm处，如果在一块薄层板上需要点几个样，样品的间隔为0.5~1cm，而且需要在同一水平上。如果一次加样量不够，可在溶剂挥发后，重复点加，但每次加样后，原点扩散直径不超过2~3mm，同时样品的量不能太多，否则会造成斑点过大，相互交叉或拖尾现象。定量分析需要刻度精确的注射器点样，如果一次加样量不足，也可以在溶剂挥发后继续滴加。

③展开：点样后，让溶剂挥发，然后展开。样品展开时要选择合适的溶剂进行，并且必须在密闭容器中进行，根据薄层板的大小，选用不同的容器。展开槽的式样很多，对于探索选择展开剂时，宜采用市售的小展开槽（9cm×28cm×5cm），其他长方形缸和圆形标本缸等都可以使用。

展开方式可分为上行展开和下行展开、单次展开和多次展开、单向展开法和双向展开法三类。

最常用的展开法是上行展开，就是使展开剂从下往上爬行展开，将滴加样品后的薄层，置入盛有适当展开剂的标本缸、大量筒或方形玻缸中，使展开剂浸入薄层的高度约为0.5cm。下行展开是将展开剂放在上位槽中使其由上向下流动，并借滤纸的毛细管作用转移到薄层上，从而达到分离的效果，下行展开法由于展开剂受重力的作用而移动较快，所以展开时间比上行法快些。

单次展开用是用展开剂对薄层展开一次。若展开分离效果不好时，可把薄层板自层析缸中取出，吹去展开剂，重新放入盛有另一种展开剂的缸中进行第二次展开。可以使薄层的顶端与外界敞通，以便当展开剂走到薄层的顶端尽头处，可以连续不断地向外界挥发使展开可连续进行，以利于R_f值很小的组分得以分离。

上面谈到的都是单向展开，也可取方形薄层板进行双向展开，操作方法基本同单向展开。

④显色：显色是薄层色谱法鉴定有机物质的一个重要步骤。通常样品经展开结束后，首先使用紫外灯，观察有无荧光点，用铅笔画出有斑点的位置，再选用显色剂。表7-5列举了薄层色谱法中一些有机物的常用显色剂。常用的显色法有：喷雾法、碘蒸气法和生物显迹法。

喷雾法是当薄层展开结束后，趁吸附剂上的溶剂尚未挥发呈潮湿状态，马上将显色剂喷雾在薄板上，根据显色剂的不同，有立即显色的，也有加热到一定温度后才显色的。

碘蒸气法是当薄层展开结束后，取出让溶剂挥发干，需要时可用电吹风吹干，放入碘蒸气饱和的密闭容器中显色，许多物质都能与碘生成棕色的斑点。

生物显迹法是取一张滤纸，用适当的缓冲溶液浸湿，覆盖在板层上，上面用另一块玻璃压住。10~15min 后取出滤纸，然后立即覆盖在接有试验菌种的琼脂平板上，在适当温度下，经一定时间培养后，即可显出抑菌圈。一般来说，抗生素等生物活性物质可以用生物显迹法进行显色。

表 7-5　　一些薄层色谱常用的显色剂

化合物	显色剂
生物碱类	碘化铋钾试剂；碘蒸气
黄酮类	紫外线氨熏；$AlCl_3$ 乙醇液
蒽醌类	乙酸镁甲醇液；5g/100mL 氢氧化钾
糖类	邻苯二甲酸苯胺
强心苷类	氯胺-*T*-三氯乙酸；Kedde 试剂
甾体类	茴香醛硫酸液；三氯化锑冰醋酸
酚类	三氯化铁；三氯化铁-铁氰化钾液；香草醛盐酸液
酸类	葡萄糖苯胺；溴甲酚绿乙醇液

2. 吸附柱色谱法

（1）基本原理　吸附柱色谱法是一种以固体吸附剂为固定相，以有机试剂或缓冲溶液为流动相的柱状层析方法。基本原理同吸附薄层色谱法，也是利用吸附剂对混合物中各种成分吸附能力的差异，以及在冲洗剂的作用下对它们不断地进行洗脱和吸附，从而达到分离与纯化目的。吸附柱色谱装置如图 7-1 所示。

（2）色谱柱的选择　色谱柱一般使用下端带有活塞的玻璃柱或金属柱。柱的直径与高度比为 1∶（10~40），柱的大小视分离样品的量而定，一般能装样品的 30~50 倍量的吸附剂即可。样品中几个成分的极性相差较小、难以分离者，吸附剂用量可适当提高至样品量的 100~200 倍。

（3）吸附剂的选择　在实际应用中，不论选择哪种吸附剂，都应该具备表面积大、颗粒均匀、吸附选择性好、稳定性强、成本低廉等性能。常用的吸附剂有以下几种。

①氧化铝：氧化铝为亲水性吸附剂，吸附能力较强，适用于分离亲脂性成分。

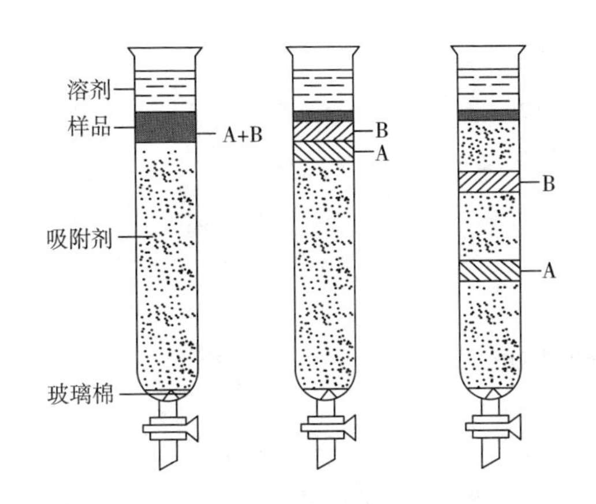

图 7-1　吸附柱色谱装置及分离过程示意图

中性氧化铝适用于分离生物碱、萜类、甾类、挥发油、内酯及某些苷类；酸性氧化铝适用于分离酸性成分；碱性氧化铝适用于分离碱性成分。

②硅胶：硅胶也是亲水性吸附剂，吸附能力较氧化铝弱，但使用范围远比氧化铝广，亲脂性成分及亲水性成分都可适用。天然物中存在的各类成分大都用硅胶进行分离。

硅胶、氧化铝吸附剂属同一类型，在实际工作中用得最多。为避免发生化学吸附，酸性物质宜用硅胶、碱性物质宜用氧化铝进行分离。当然，硅胶、氧化铝用适当方法处理成中性时，情况会有所缓解。吸附柱色谱用硅胶及氧化铝市售品通常以 100 目左右为宜。如采用加压柱色谱，可采用更细的颗粒，甚至直接采用薄层色谱用规格，分离效果可大大提高。

③聚酰胺：聚酰胺的吸附原理主要是分子中的酰胺基团可与酚类、酸类等成分形成氢键，因此，主要用于分离黄酮类、蒽醌类、酚类、有机酸类、鞣质等成分。

④活性炭：活性炭是疏水性（非极性）吸附剂。主要分离水溶性成分，如氨基酸、糖、苷等。

（4）洗脱剂的选择　进行柱色谱时，首先要选好洗脱剂，只要溶剂系统选择适当，就能把结构性质非常近似，甚至是某些异构体的化合物完全分离。原则上要求所选的洗脱剂纯度合格，与样品和吸附剂不起化学反应，对样品的溶解度大，黏度小，容易流动，容易与洗脱的组分分开。

选择洗脱剂时，可根据样品的溶解度、吸附剂的种类、溶剂极性等方面来考虑。一般来说，极性大的洗脱能力大，因此可先用极性小的作洗脱剂，使组分容易被吸附，然后换用极性大的溶剂作洗脱剂，使组分容易从吸附柱中洗出。如单一溶剂洗脱效果不好，可用混合溶剂洗脱；对成分复杂的，可采用梯度洗脱。常用的洗脱剂有饱和烃、醇、酚、酮、醚、卤代烷、有机酸等。

当用氧化铝、硅胶进行柱色谱分离时，常用洗脱剂洗脱能力由小到大排列如下：石油醚＜己烷＜苯＜甲苯＜乙醚＜氯仿＜乙酸乙酯＜乙酸甲酯＜丙酮＜乙醇＜甲醇＜水；当用聚酰胺进行柱色谱分离时，常用洗脱剂的洗脱能力由大到小为：水>30%乙醇>50%乙醇>70%乙醇>95%乙醇>丙酮、稀氢氧化钠水溶液或稀氨水溶液>二甲基甲酰胺；当用活性炭作吸附剂进行柱色谱分离时，常用洗脱剂按洗脱能力由小到大为：水<10%乙醇<20%乙醇<30%乙醇<50%乙醇<70%乙醇<95%乙醇。

（5）基本操作

①装柱：色谱柱装填的好坏，直接影响色谱分离的效果。装柱分为湿法装柱和干法装柱两种。

干法装柱：在柱下端加少许棉花或玻璃棉，再轻轻地撒上一层干净的砂粒，打开下口，然后将吸附剂经漏斗缓缓加入柱中，同时轻轻敲动色谱柱，使吸附剂松紧一致，最后，将色谱柱用最初洗脱剂小心沿壁加入，至刚好覆盖吸附剂顶部平面，关紧下口活塞即可。

湿法装柱：将准备最初使用的洗脱剂装入柱内，然后将吸附剂连续不断地慢慢倒入柱内（或将吸附剂与适量洗脱液调成混悬液慢慢加入柱内），同时将把放好棉花、砂子的色谱柱下口打开，使洗脱剂慢慢流出，带动吸附剂缓慢沉于柱的下端。待加完吸附剂后，继续使洗脱剂流出，直到吸附剂的沉降不再变动。此时再在吸附剂上面加少许棉花或小片滤纸，将多余洗脱剂放出至上面保持有 1cm 高液面为止。

②上样：上样分为湿法上样和干法上样两种。

湿法上样：把被分离的物质溶在少量色谱最初用的洗脱剂中，小心加在吸附剂上层，注意保持吸附剂上表面仍为一水平面，打开下口，待溶液面正好与吸附剂上表面一致时，在上面撒一层细砂，关紧柱活塞。

干法上样：多数情况下，被分离物质难溶于最初使用的洗脱剂，这时可选用一种对其溶解度大而且沸点低的溶剂，取尽可能少的溶剂将其溶解。在溶液中加入少量吸附剂，拌匀，挥干溶剂，研磨使之成松散均匀的粉末，轻轻撒在色谱柱吸附剂上面，再覆盖上一层沙子、石子或玻璃珠即可。

③洗脱：将选择好的洗脱剂放在分液漏斗中，打开活塞连续不断地慢慢滴加在吸附柱上。同时打开色谱柱下端活塞，等份收集洗脱液，也可用自动收集器收集，保持适当流速。一般先选用洗脱能力弱的溶剂洗，逐步增加洗脱能力，等量逐份收集洗脱液，如各成分的结构相似，每份收集的量要小，反之要大些。每份洗脱液采用薄层色谱或纸色谱定性检查，根据分析结果，成分相同的洗脱液合并，回收溶剂，可得某一单体成分。如仍为几个成分的混合物，可再用柱色谱或其他方法进一步分离。

柱色谱洗脱过程中，应特别注意以下几点：

第一点：采用的洗脱剂极性应由小到大按某一梯度逐步递增，称为“梯度洗脱”，使吸附在色谱柱上的各个成分逐个被洗脱。但极性跳跃不能太大，如果极性增大过快（梯度太大），就不能获得满意的分离。实践中多用混合溶剂，并通过巧妙调节比例以改变极性，达到分离的目的。一般，混合溶剂中强极性溶剂的影响比较突出，故不可随意将极性差别很大的两种溶剂组合在一起使用。

第二点：吸附柱色谱的溶剂系统可通过薄层色谱进行筛选。但因薄层色谱用吸附剂的表面积一般为柱色谱用的 2 倍左右，故一般薄层色谱展开时使组分 R_f 值达到 0.2~0.3 的溶剂系统可选为柱色谱该相应组分的最佳溶剂系统。

第三点：通常在分离酸性（或碱性）物质时，洗脱溶剂中分别加入适量乙酸（或氨、吡啶、二乙胺），常可收到防止拖尾、促进分离的效果。

（三）吸附色谱法的应用

吸附色谱在生物化学和药学领域有比较广泛的应用，天然药物的分离制备中占有很大的比例。主要体现在对生物小分子物质的分离，生物小分子物质相对分子质量小，结构和性质比较稳定，操作条件要求不太苛刻，其中生物碱、萜类、苷类、色素等次生代谢小分子物质常采用吸附色谱或反相色谱法。

三、离子交换色谱法

（一）分离原理

离子交换色谱是利用离子交换树脂作为固定相，用水或水混合溶液作为流动相的色谱分离方法。在洗脱过程中，流动相中的离子性物质与固定相中的交换基进行离子交换反应而被吸附，当遇到新的流动相溶液时又发生解吸作用。这是一个动态平衡过程，利用各种物质对离子交换剂亲和力的差异，经过多次的吸附、解吸过程，从而达到分离纯化的目的。图 7-2 显示了离子交换的基本过程。

（1）初始稳定状态：如图 7-2（1）所示，活性离子与功能基团以静电作用相结合形成一个相对稳定的初始状态，此时从柱顶端上样。

（2）离子交换过程：如图 7-2（2）所示，此时引入带电荷的目的分子，则目的分子会与活性离子进行交换结合到功能基团上。结合的牢固程度与该分子所带净电荷量成正比。

（3）洗脱过程：如图 7-2（3）、（4）所示，此时再以一梯度离子强度或不同 pH 的缓冲液将结合的分子洗脱下来。

（4）介质的再生过程：如图 7-2（5）所示，最后以初始缓冲液平衡使活性离子重新结合至功能基团上，恢复其重新交换的能力，过程称为介质的再生。

（二）分类及常见种类

1. 分类

详见项目六。

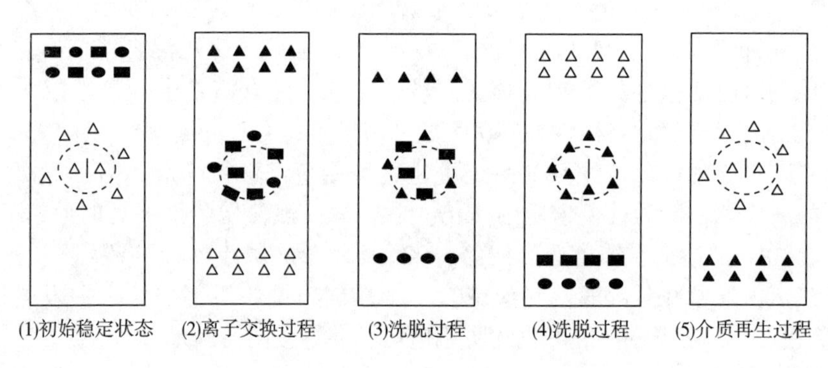

图 7-2　离子交换色谱的分离原理

2. 常见种类

（1）纤维素离子交换树脂　纤维素离子交换树脂是以微晶纤维素为基质，通过化学的方法引入电荷基团形成的。如 DEAE-SepHacel 是在合成过程中破坏微晶结构并经重新组合而得到的珠状颗粒，再用氢代环氧丙烷行交联形成大孔结构。表 7-6 列举了几种主要的纤维素类离子交换树脂的情况。

表 7-6　纤维素类离子交换树脂

名称	外观	全交换容量/（μmol/mL）	有效容量/（mg/mL）	厂家
DE23	纤维状	150	60BSA	Whatman
CM23	纤维状	80	85Lys	Whatman
DE52	微粒状	190	130BSA	Whatman
CM52	微粒状	190	210Lys	Whatman
DE53	微粒状	400	150BSA	Whatman
CM32	微粒状	180	200Lys	Whatman
DEAE-Sephacel	球状	170	160BSA	Amersham Pharmacia Biotech

注：表中缩写：BSA 为牛血清白蛋白，Lys 为溶菌酶。有效容量测定条件为 0.01mol/L、pH 8.0 的缓冲液。

（2）葡聚糖类离子交换树脂　商品名为 Sephadex，在其 Sephadex G25 及 Sephadex G50 两种凝胶过滤介质载体之上引入离子功能基团后成为多种离子交换介质，如表 7-7 所示，名称中 A 表示阴离子交换介质，C 表示阳离子交换介质。由于两种凝胶载体的排阻极限不同，所以分子质量在 30ku 以上者应采用 G50 载体介质为宜。

表 7-7　　葡聚糖类离子交换树脂

名称	功能基团	全交换容量 /（μmol/mL）	有效容量 /（mg/mL）	厂家
DEAE-Sephadex A-25	DEAE	500	70Hb	Amersham Pharmacia Biotech
QAE-Sephadex A-25	QAE	500	50Hb	Amersham Pharmacia Biotech
CM-Sephadex C-25	CM	560	50Hb	Amersham Pharmacia Biotech
SP-Sephadex C-25	SP	300	30Hb	Amersham Pharmacia Biotech
DEAE-Sephadex A-50	DEAE	175	250Hb	Amersham Pharmacia Biotech
QAE-Sephadex A-50	QAE	100	200Hb	Amersham Pharmacia Biotech
CM-Sephadex C-50	CM	170	350Hb	Amersham Pharmacia Biotech
SP-Sephadex C-50	SP	90	270Hb	Amersham Pharmacia Biotech

注：表中缩写 Hb 为血红蛋白。有效容量测定条件为 0.01mol/L、pH 8.0 的缓冲液。

（3）琼脂糖类离子交换树脂　是将 DESE-或 CM-基团附着在 Sepharose CL-6B 上，形成 DEAE-Sepharose（阴离子）和 CM-Sepharose（阳离子），具有硬度大、性质稳定、流速快、分离能力强等优点，如表 7-8 所示。

表 7-8　　琼脂糖类离子交换树脂

名称	功能基团	全交换容量 /（μmol/mL）	有效容量 /（mg/mL）	厂家
DEAE-Sepharose CL-6B	DEAE	150	100Hb	Amersham Pharmacia Biotech
CM-Sepharose CL-6B	CM	120	100Hb	Amersham Pharmacia Biotech
DEAE Bio-Gel A	DEAE	20	45Hb	Bio Rad
CM Bio-Gel A	CM	20	45Hb	Bio Rad
Q-Sepharose Fast Flow	Q	150	100Hb	Amersham Pharmacia Biotech
S-Sepharose Fast Flow	S	150	100Hb	Amersham Pharmacia Biotech

注：表中缩写 Hb 为血红蛋白。有效容量测定条件为 0.01mol/L、pH 8.0 的缓冲液。

（三）操作技术

离子交换柱色谱的关键在于选好固定相（树脂）及流动相（洗脱用缓冲液）。

1. 树脂的选择和预处理

详见项目六。

2. 洗脱剂的选择

离子交换色谱的流动相必须是有一定离子强度并且对 pH 有一定缓冲能力的溶液。基于离子交换的原理，目的分子在与介质上的反离子交换后，释放到溶液中的反离子可以使液相中的离子强度增大，pH 可能会发生改变，有可能导致目的分子失活。所以，使用缓冲液可稳定流动相的 pH，使之在层析过程中不致发生明显变化，同时还可稳定目的分子上的电荷量，保证层析结果的重现性。

要使目的分子带有电荷并以适当的强度结合到离子交换介质上，需要选择一个合适的吸附 pH。对于阴离子交换介质来说，吸附 pH 至少应高于目的分子等电点 1 个 pH 单位；而在阳离子交换介质，则应至少低于目的分子等电点 1 个 pH 单位，这样可保证目的分子与介质间吸附的完全性。

吸附 pH 选好后，还需选择流动相的离子强度。吸附阶段应选择允许目的分子与介质结合达到最高离子强度，而洗脱时要选择可使目的分子与介质解吸的最低离子强度。这也就定出了洗脱液离子强度的梯度起止范围。在介质再生之前往往还需用第三种离子强度更高的缓冲液流洗柱床以彻底清除可能残留的牢固吸附杂质。在大部分情况下，吸附阶段溶液盐浓度至少应在 10mmol/L 以上，以提供足够的缓冲容量，但浓度不可过高而影响载量。

3. 操作技术

(1) 装柱及加样　离子交换用的柱子有玻璃、塑料及不锈钢等各种制品，但都要耐酸碱。柱直径与长度比一般为 1∶（10~20），为了提高分离效果也有用更长的。离子交换树脂的装柱与一般柱色谱法相同。

加样时，将适当浓度的样品溶于水或酸碱溶液中配成溶液，以适当的流速通过离子交换树脂柱。也可将样品溶液反复通过离子交换色谱柱，直到被分离的成分全部被交换到树脂上为止（可用显色反应进行检查）。然后用蒸馏水洗涤，除去附在树脂柱上的杂质。

(2) 洗脱与收集　不同成分所用洗脱剂不同，原则上是用一种比待分离物质更活泼的离子把待分离物质替换出来。对复杂的多组分可采用梯度洗脱法，析出液按体积分段收集，薄层色谱检识，合并斑点相同的流分，回收溶剂即可得单一化合物。

（四）应用

离子交换色谱法有许多突出的特点，交换容量大、解离快速、设备简单、操作方便、生产连续化程度高，而且吸附的选择性高、适应性强，得到的产品纯度高，用过的树脂可以采用酸碱再生处理后反复使用。离子交换树脂自 1933 年开始合成至今，商品品种已达 2000 余种，已广泛应用于化工生产、食品工业、医药工业、环境保护等许多领域。特别适用于水溶性成分如氨基酸、生物碱、肽类、有机酸及酚类化合物的分离。下面举例介绍离子交换色谱法几个方面的应用。

1. 水处理

纯水的制备可以用蒸馏的方法，但要消耗大量的能源，而且制备量小、速度慢，也得不到高纯度。用离子交换色谱法可以大量、快速制备高纯水。一般是将水依次通过 H^+ 型强阳离子交换树脂，去除各种阳离子及与阳离子交换树脂吸附的杂质；再通过 OH^- 型强阴离子交换树脂，去除各种阴离子及与阴离子交换树脂吸附的杂质，即可得到纯水。再通过弱型阳离子和阴离子交换树脂进一步纯化，就可以得到纯度较高的纯水。离子交换树脂使用一段时间后可以通过再生处理重复使用。目前，高纯水的制备、硬水软化以及污水处理等多使用离子交换树脂中的聚苯乙烯树脂。

2. 分离纯化小分子物质

离子交换色谱法也广泛地应用于无机离子、有机酸、核苷酸、氨基酸、抗生素等小分子物质的分离纯化。例如，对氨基酸的分析，使用强酸性阳离子聚苯乙烯树脂，将氨基酸混合液在 pH 2~3 上柱。这时氨基酸都结合在树脂上，再逐步提高洗脱液的离子强度和 pH，这样各种氨基酸将以不同的速度被洗脱下来，可以进行分离鉴定。目前已有全部自动化的氨基酸分析仪。

3. 分离纯化生物大分子物质

由于生物样品中蛋白的复杂性，在生物物质的制备过程中，常常需要很多种分离方法配合使用，方可达到所需的纯度。离子交换色谱法是分离与纯化蛋白质等生物大分子的一种重要手段。它是依据物质带电性质的不同，选择合适的条件，可以得到较高的分离效果。

四、凝胶色谱法

（一）分离原理及特点

1. 分离原理

凝胶色谱法是利用凝胶的多孔隙三维网状结构，根据分子大小进行分离的一种方法。其基本原理是含有尺寸大小不同分子的样品进入层析柱后，较大的分子不能通过孔道及扩散进入凝胶内部，而与流动相一起流出层析柱。较小的分子可通过部分孔道，更小的分子可通过任意孔道扩散进入凝胶内部。这种颗粒内部扩散的结果，使小分子向柱下的移动最慢，中等分子次之，样品根据分子大小的不同依次从柱内流出达到分离的目的（图 7-3）。凝胶像分子筛一样，将大小不同的分子进行分离，因此又称为凝胶过滤、分子筛层析或称尺寸排阻色谱。

2. 特点

①介质为不带电的惰性物质，不与溶质分子作用，因此分离条件温和，蛋白质不易变性，收率高，重现性好。②工作范围广，分离分子质量的覆盖面大，可

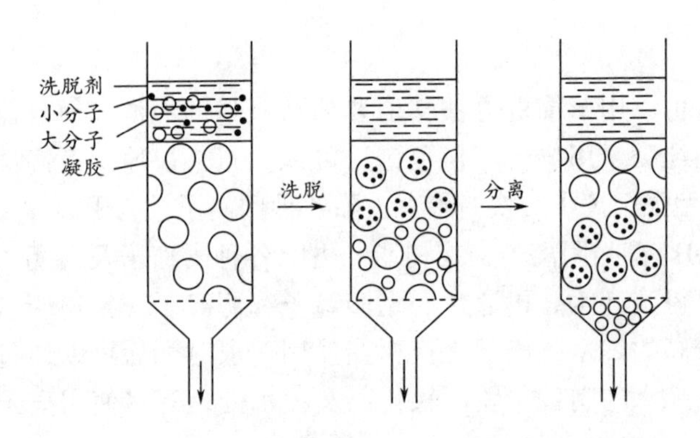

图 7-3　凝胶色谱分离原理示意图

分离分子质量从几百到数百万的分子。③设备简单、易于操作、周期短，每次分离之后不需再生，故可连续使用，有的可连续应用几百次甚至达千次。这些优点使凝胶色谱成为一种通用的分离纯化方法，在生化产品的制备技术中已获广泛应用。

(二) 凝胶应具备的条件

作为凝胶色谱的固定相，凝胶本身必须具备以下条件，方可在生物物质的制备中达到较好的分离与纯化效果。

1. 介质本身为惰性物质

在应用过程中它不与溶质、溶剂分子发生任何作用。

2. 应尽量减少介质内含的带电离子基团

减少非特异吸附性，提高蛋白质的收率。但由于绝大部分的多糖类骨架中都或多或少地含有一些带电基团（如羧基）等，这些基团在低离子强度时对带电荷的溶质发生作用，将带正电的物质滞留，产生非特异性吸附作用。对大多数分子而言，采用离子强度大于 0.02mol/L 的缓冲液即可消除这种效应。

3. 介质内孔径大小要分布均匀

即孔径分布较窄，在分级分离中这点尤为重要。

4. 凝胶珠粒大小均匀

即粒径的均一性好，均一系数越接近 1 越好。为提高柱效，根据试验目的及条件选用适合的粒径。细粒径分辨率高，但流速慢，压力降大，粗粒径适用于高流速低压色谱及间歇操作。

5. 介质性质

要具有优良的物理化学稳定性及较高的机械强度，易于消毒，以增加使用寿命。

（三）凝胶的种类及性质

凝胶的种类很多，常用的凝胶主要有葡聚糖凝胶、琼脂糖凝胶、聚丙烯酰胺凝胶、羟丙基葡聚糖凝胶等。另外还有交联琼脂糖凝胶、多孔玻璃珠、多孔硅胶、聚苯乙烯凝胶等。本章着重介绍应用最多的葡聚糖凝胶、琼脂糖凝胶、聚丙烯酰胺凝胶。

1. 葡聚糖凝胶（Sephadex G）

葡聚糖凝胶是由一定平均分子质量的葡聚糖（α-1，6-糖苷键约占95%，其余为分支的α-1，3-糖苷键）和交联剂（环氧氯丙烷）以醚键的形式相互交联形成的三维空间网状结构的大分子物质。葡聚糖凝胶外观是白色球状颗粒，由于其分子内含大量羟基而具有极性，能吸水膨胀成胶粒，但不溶于水及盐溶液，在碱性或弱酸性溶液中也比较稳定，而在强酸性介质中特别是高温下糖苷键易水解。长时间受氧化剂作用会破坏凝胶骨架，产生游离的羧基基团。干凝胶加热到120℃开始变成焦糖，但在湿态及中性条件下，把Sephadex G-25加热到110℃也不会改变其特性，据此可采用热压器对凝胶进行杀菌。

在制备凝胶时添加不同比例的交联剂，可得到交联度不同的凝胶。交联剂在原料总质量中所占的百分比称为交联度。交联度越大，网状结构越紧密，吸水量越少，吸水后体积膨胀也越少；反之交联度越小，网状结构越疏松，吸水量越多，吸水后体积膨胀也越大。葡聚糖凝胶的商品型号即按交联度大小分类，并以吸水量多少表示，型号即为吸水量×10。以Sephadex G-25为例，英文字母G代表凝胶（Gel），后连数字25表示该葡聚糖凝胶吸水量为2.5mL/g。

选用葡聚糖凝胶商品时，首先要看交联度的大小，交联度大，网孔小，可用于小分子质量物质的分离；反之，交联度小，网孔大，可用于大分子质量物质的分离。各种型号的凝胶性质见表7-9。

表7-9　葡聚糖凝胶（G类）性质

凝胶规格		吸水量/[mL/(g干凝胶)]	膨胀体积/[mL/(g干凝胶)]	分离范围		浸泡时间/h	
基号	干粒直径/μm			肽或球状蛋白质	多糖	20℃	100℃
G-10	40~120	1.0±0.1	2~3	~700	~700	3	1
G-15	40~120	1.5±0.2	2.5~3.5	~1500	~1500	3	1
G-25	粗粒100~300	2.5±0.2	4~6	1000~5000	100~5000	3	1
	中粒50~150						
	细粒20~80						
	极细10~40						

续表

凝胶规格		吸水量/[mL/(g干凝胶)]	膨胀体积/[mL/(g干凝胶)]	分离范围		浸泡时间/h	
基号	干粒直径/μm			肽或球状蛋白质	多糖	20℃	100℃
G-50	粗粒 100~300 中粒 50~150 细粒 20~80 极细 10~40	5.0±0.3	9~11	1500~30000	500~10000	3	1
G-75	40~120 极细 10~40	7.5±0.5	12~15	3000~70000	1000~5000	24	3
G-100	40~120 极细 10~40	10±1.0	15~20	4000~150000	1000~100000	72	5
G-150	40~120 极细 10~40	15±1.5	20~30 18~20	5000~400000	1000~150000	72	5
G-200	40~120 极细 10~40	20±2.0	30~40 20~25	5000~800000	1000~200000	72	5

2. 琼脂糖凝胶

琼脂糖凝胶来源于一种海藻多糖琼脂。琼脂糖凝胶骨架各线形分子间没有共价键的交联，其结合力仅仅为氢键，键能比较弱。它与葡聚糖不同，其凝胶孔径由琼脂糖的浓度决定。传统的琼脂糖凝胶，非特异性吸附极低，相对分子质量分离范围很广，可从10000~40000000，所以它适用于相对分子质量差距较大的分子间分离，分辨率不很高。

琼脂糖凝胶的化学稳定性较差，在pH4~9是稳定的，不耐高温，使用温度以0~40 ℃为宜。凝胶颗粒的强度也较低，如遇脱水、干燥、冷冻、有机溶剂处理或加热至40 ℃以上即失去原有性能。琼脂糖凝胶对硼酸盐有吸附作用，所以应避免在硼酸缓冲液中做分子筛层析操作。另外琼脂糖凝胶的机械强度很低，操作时须小心。

生产厂家不同其琼脂糖凝胶的商品名也不同，目前常用的琼脂糖凝胶有Sepharose（瑞典）、Sagavac（英国）、Bio-Gel A（美国）、Gelarose（丹麦）、Super Ago-Gel（美国）等。表7-10列出Sepharose系型号及性能。

表 7-10　　Sepharose 系型号及性能

型号	分离范围/u	粒径/μm	pH 稳定范围	耐压/MPa	建议流速/(cm/h)	备　注
Sepharose 2B	70000～40×10^6	60～200	4～9	0.004	10	传统分离介质，适用于蛋白质、大分子复合物、多糖
Sepharose 4B	60000～20×10^6	45～165	4～9	0.008	11.5	
Sepharose 6B	10000～4×10^6	45～165	4～9	0.02	14	
Sepharose CL-2B	70000～40×10^6	25～75	3～13	0.005	15	适合含有机溶剂的分离，适合蛋白质、多糖
Sepharose CL-4B	60000～20×10^6	25～75	3～13	0.012	26	
Sepharose CL-6B	10000～4×10^6	25～75	3～13	0.02	30	
Superose 6（制备级）	5000～5×10^6	20～40	3～12	0.4	30	适用于蛋白质、多糖、核酸、病毒
Superose 12（制备级）	1000～300000	20～40	3～12	0.7	30	
Sepharose FF 6	10000～4×10^6	平均 90	2～12	0.1	300	BioProcess 介质，适用于巨大分子分离
Sepharose FF 4	60000～20×10^6	平均 90	2～12	0.1	250	

3. 聚丙烯酰胺凝胶

聚丙烯酰胺凝胶其商品名为生物凝胶-P（Bio-gel P），是由丙烯酰胺与*N*，*N′*-亚甲基双丙烯酰胺共聚而成的一类亲水性凝胶。主要型号有 Bio-Gel P-2-Bio-Gel P-300 等 10 种，后面的编号大致上反映出它的分离界限，如 Bio-Gel P-100，将编号乘以 1000 为 100000，正是它的排阻限。

聚丙烯酰胺凝胶化学稳定性较好，在水溶液、一般的有机溶液、盐溶液中都比较稳定。在 pH2～11 比较稳定，但在较强的碱性条件下或较高的温度下，聚丙烯酰胺凝胶易发生分解。聚丙烯酰胺凝胶非常亲水，基本不带电荷，所以无非特异性吸附效应现象，有较高的分辨率。另外，聚丙烯酰胺凝胶不会像葡聚糖凝胶和琼脂糖凝胶那样易受微生物侵蚀，使用和保存都很方便。表 7-11 列举了聚丙烯酰胺凝胶的有关性质。

表 7-11　　聚丙烯酰胺凝胶的性质

生物胶	吸水量/(mL/g 干凝胶)	膨胀体积/(mL/g 干凝胶)	分离范围(相对分子质量)	溶胀时间/h	
				20℃	100℃
P-2	1.5	3.0	100～1800	4	2
P-4	2.4	4.8	800～4000	4	2
P-6	3.7	7.4	1000～6000	4	2
P-10	4.5	9.0	1500～20000	4	2
P-30	5.7	11.4	2500～40000	12	3

续表

生物胶	吸水量 /（mL/g 干凝胶）	膨胀体积 /（mL/g 干凝胶）	分离范围 （相对分子质量）	溶胀时间/h	
				20℃	100℃
P-60	7.2	14.4	10000~60000	12	3
P-100	7.5	15.0	5000~100000	24	5
P-150	9.2	18.4	15000~150000	24	5
P-200	14.7	29.4	30000~200000	48	5
P-300	18.0	36.0	60000~400000	48	5

(四) 操作技术

1. 凝胶的选择

通过前面的介绍可以看到凝胶的种类、型号很多。不同类型的凝胶在性质以及分离范围上都有较大的差别，所以在进行凝胶谱分离时要根据样品的性质以及分离的要求选择合适的凝胶，这是影响凝胶谱分离效果好坏的一个关键因素。

一般来讲，选择凝胶首先要根据样品的情况确定一个合适的分离范围，根据分离范围来选择合适型号的凝胶。大体上可分为两种分离类型：分组分离和分级分离。分组分离是指将样品混合物按分子质量大小分成两组，一组分子质量较大，另一组分子质量较小。而分级分离是对一种彼此相当类似的物质组成的比较复杂的混合物的分离。这种混合物以不同密度扩散到凝胶中，并按照它们的分配常数的不同而从凝胶中被洗脱出来。

对于分组分离，凝胶的类型应该这样选择：高分子物质组中，分子质量最低的物质能以凝胶的滞留体积洗脱，并很好地从真正的低分子物质（如盐类、尿素等）中被分离出来。对于蛋白质、核酸等高分子物质的分离，可选择 Sephadex G-25、Sephadex G-50 及 Bio-Gel P-6、Bio-Gel P-10 凝胶。从低分子物质中分离肽和其他低分子聚合物（相对分子质量 1000~5000），最好使用凝胶 Sephadex G-10、G-15 及 Bio-Gel P-2、P-4。

对于分离分子质量比较接近、洗脱曲线之间易引起重叠的样品，不但要选择合适的凝胶类型，而且对商品凝胶还要做适当的处理。可选用 75μm 的粒子（相当于 200 目）。用水浮选法，除去葡聚糖凝胶的单体、粉末、碎片等。

选择凝胶另外一个方面就是凝胶颗粒的大小。颗粒小，分辨率高，但相对流速慢，实验时间长，有时会造成扩散现象严重；颗粒大，流速快，分辨率较低但条件得当也可以得到满意的结果。

2. 操作技术

(1) 装柱　葡聚糖凝胶和聚丙烯酰胺凝胶商品都是干粉，装柱前先量好柱的体积，再根据凝胶的吸水量算出干重，称重后用水溶胀。水量要超过吸水量，使之充分吸水溶胀。溶胀时间随交联度不同而异，温度高溶胀时间可短。溶胀平衡后，凝胶的颗粒应均匀，可用倾泻法除去极细的颗粒。

柱的大小一般用短而较粗的柱。湿法装柱。待凝胶沉积后，再通过2~3倍柱床体积的溶剂使柱床稳定，凝胶表面留一定量溶剂。

（2）加样、洗脱与收集　样品加水（或其他溶剂）配成浓度适当的样品溶液（太浓的溶液黏度大，不易分离），加样方法与一般柱色谱相同。

洗脱方式可上行也可下行。为了防止柱床体积的变化，造成流速降低及重复性下降，整个洗脱过程中始终保持一定的操作压力，并不超过限量是很有必要的。流速不宜过快且要稳定，流速大小受凝胶粒度及交联度影响。粒度细可稍快，交联度大可稍快。洗脱液的成分也不应改变，以防凝胶颗粒的胀缩引起柱床体积变化或流速改变。在许多情况下可用水作洗脱剂，但为了防止非特异性吸附，避免一些蛋白质在纯水中难以溶解，以及蛋白质稳定性等问题的发生，常采用缓冲盐溶液进行洗脱。洗脱用盐等介质应该比较容易除去，通常氨水、乙酸、甲酸铵等容易挥发的物质用得较多。对一些吸附较强的物质也可采用水和有机溶剂的混合物进行洗脱。流出液要分步收集，再分析、合并，得单一成分。

（3）凝胶的再生　凝胶色谱的载体不会与被分离物发生任何作用，因此，通常使用过的凝胶不需经过任何处理，可以反复使用，只是在色谱柱用完后，用缓冲液稍加平衡即可进行下一次柱色谱。但是，凝胶柱经多次使用后，如果发现凝胶的色泽改变，流速减低，或者有污染物沉积在柱床表面时，则需要再生。常用50℃左右的0.5mol/L NaOH和0.5mol/L NaCl混合液浸泡，再用水洗净。如需进行干燥时，再生后的凝胶用大量水洗涤，然后用逐步提高乙醇浓度的方法使之脱水皱缩（不要皱缩太快，以免引起结块），然后在60~80℃干燥或用乙醚洗涤干燥。

经常使用的凝胶以湿态保存，如要防止微生物的污染，加入0.02g/100mL的叠氮钠（NaN_3），可保存一年不发霉。

（五）凝胶色谱法的应用

凝胶色谱法的应用范围较广，可广泛用于分离氨基酸、蛋白质、多肽、多糖、酶等生物药物和生物制品。

1. 脱盐

高分子（如蛋白质核酸、多糖等）溶液中的盐类杂质可以借助凝胶色谱法将其除去，这一操作称为脱盐，凝胶色谱法脱盐速度快而完全，而且蛋白质、酶类等成分在分离过程不易变性。葡聚糖凝胶Sephadex G-25因流动阻力小、交联度适宜，常用于蛋白质溶液的脱盐。

2. 浓缩

利用凝胶颗粒的吸水性可以对大分子样品溶液进行浓缩。例如将干燥的Sephadex（粗颗粒）加入溶液中，Sephadex可以吸收大量的水，溶液中的小分子物质也会渗透进入凝胶孔穴内部，而大分子物质则被排阻在外。通过离心或过滤去除凝胶颗粒，即可得到浓缩的样品溶液。这种浓缩方法基本不改变溶液的离子强度和pH。这种浓缩方法特别适用于不稳定的生物高分子溶液的浓缩。

3. 去除热原

热原是指某些能够致热的微生物菌体及其代谢产物，主要是细菌的一种内毒素，是一类分子质量很大的物质，所以可以利用凝胶色谱的排阻效应将这些大分子热源物质与其他相对分子质量较小的物质分开。例如，对于去除水、氨基酸、一些注射液中的热源物质，凝胶色谱是一种简单而有效的方法。

4. 相对分子质量的测定

用凝胶色谱法测定生物大分子的相对分子质量，操作简便，仪器简单，消耗样品也少，而且可以回收。测定的依据是不同相对分子质量的物质，只要在凝胶的分离范围内，便可粗略地测定相对分子质量的范围。此法常用于蛋白质、酶、多肽、激素、多糖、多核苷酸等大分子物质的相对分子质量测定。

5. 物质的分离与纯化

凝胶色谱法是依据分子质量的不同来进行分离的，由于它的这一分离特性，以及它具有简单、方便、不改变样品生物学活性等优点，使得凝胶色谱法成为分离与纯化生物大分子的一种重要手段，尤其是对于一些大小不同，但理化性质相似的分子，用其他方法较难分开，而凝胶色谱法无疑是一种合适的方法。凝胶色谱法已广泛应用于酶、蛋白质、氨基酸、核酸、核苷酸、多糖、激素、抗生素、生物碱等物质的分离纯化，尤其在和其他技术配合应用效果上更为显著。

五、亲和色谱法

利用亲和色谱技术分离生物大分子的依据是各种大分子物质之间理化性质的差异性。由于这种差异性较小，因此，常常需要使用各种烦琐的操作，并经历很长时间方可获得纯度较高的目的物质。随着生物技术的发展，人们发现蛋白质、酶等生物大分子物质能和某些相对应的分子进行专一性的结合，并可借此简化部分分离程序。但由于技术上的限制，人们没有找到合适的固定配基的方法，直到20世纪60年代末，溴化氰活化多糖凝胶并耦联蛋白质技术的出现，解决了配基固定化的问题，才使亲和色谱技术迅速成为分离与纯化蛋白质、酶等生物大分子最为特异而有效的色谱技术。该方法分离过程简单、快速，具有很高的选择性、分辨率和优良的载量，不但在生物分离中具有广泛的应用，而且还可用于某些生物大分子结构和功能的研究。

（一）分离原理

亲和色谱的吸附作用主要是靠生物分子对它的互补结合体（配基）的生物识别能力，使目标产物得到分离纯化的液相色谱法，如酶与底物、抗原与抗体、激素与受体、核酸中的互补链、多糖与蛋白复合体等。亲和色谱是应用生物高分子物质能与相应专一配基分子可逆结合的原理，将配基通过共价键牢固地结合于固相介质上制得亲和吸附系统。生物分子上具有特定构象的结构域与配基的相应区域结合，具有高度的特异性和亲和性。其结合方式为立体构象结合，具有空间位阻效应。结合的作用力包括静电作用、疏水作用、范德华力以及氢键等。例如，酶和底物的专一结合，被假设为一种“多点结合”，底物分子中至少有 3 个官能团应与酶分子的各个对应官能团结合，而且这种结合必须持有特定的空间构型。也就是说，底物分子中的一些官能团必须同时保持着与酶分子中相应官能团起反应的构型。如果某个有关基团的位置发生改变，就不可能再有结合反应出现。图 7-4 展示了亲和色谱的基本原理。

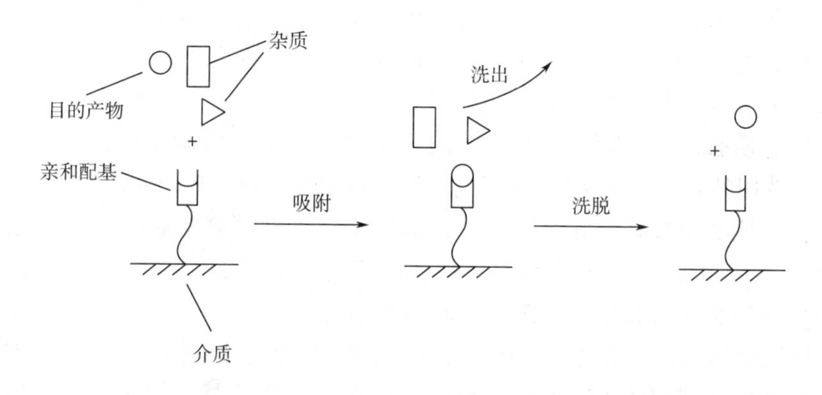

图 7-4　亲和色谱的基本原理示意图

亲和色谱的主要特点是，在介质上键合用于可逆结合特异性目的分子的适当配基，与含有目的分子的混杂原料作用并去除所有未结合的杂质后，再以一定条件洗脱下单一目的分子而得以纯化。亲和色谱具有高度的选择性、分辨率和优良的载量。

亲和色谱的关键在于配基的选择上。只有找到合适的配基，才可进行亲和色谱。表 7-12 列举了一些常见的亲和色谱配基及其结合物。

表 7-12　　常见的亲和色谱配基及其结合物

配基	结合物
抗体	抗原、病毒、细胞
酶	底物类似物、抑制物、辅酶
植物血凝素	多糖、糖蛋白、膜受体、膜蛋白
核酸	DNA 结合蛋白
激素	受体

续表

配基	结合物
金属	螯合物
金色葡萄球菌A蛋白	IgG
生物素	亲和素

（二）亲和吸附剂

选择并制备合适的亲和吸附剂是亲和色谱的关键步骤之一。它包括介质的选择、配基的选择、介质的活化与耦联等。

1. 介质的选择

对成功的亲和色谱来说，一个重要的因素就是选择合适的用于制备不溶性亲和剂的固相介质。理想介质应当具备以下性质：

（1）介质必须尽可能少地同被分离物质相互作用，以避免非特异性吸附。因此，优先选用的是中性聚合物，例如，琼脂糖或聚丙烯酰胺凝胶。

（2）介质必须具有良好的流过性，即使在亲和剂键合在它的表面上之后也必须仍然保持这种特性。介质必须对水具有亲和性而又不溶于水。

（3）介质必须具有较好的机械性能和化学稳定性，在改变pH、离子强度、温度以及变性试剂存在等条件下也应当是稳定的，并能抗微生物的侵蚀和酶的降解。

（4）连接亲和剂的先决条件是要有足够数量的化学基团存在，这些基团应在不影响介质的结构，也不影响连接的亲和剂的条件下被活化或衍生化。

（5）介质必须有充分大的、多孔性疏松网状结构，允许大分子自由出入。高孔度对大分子物质的分离是个重要条件。固体介质的高度多孔性，对于与它键合的只有弱亲和力（离解常数$\geq 10^{-5}$）的物质的分离也是不可少的。在此情况下，键合在介质上的亲和剂的浓度一定要很高，而且能够自由地接近被分离的物质，这样才能使相互作用具有足够强度，以使它不随洗脱液通过柱体而流出。

（6）介质必须具有较高的硬度和合适的颗粒度，介质颗粒应当是均匀的、球形的和刚性的。

一般纤维素以及交联葡聚糖、琼脂糖、聚丙烯酰胺、多孔玻璃珠等用于凝胶排阻色谱的凝胶都可以作为亲和色谱的介质，其中以琼脂糖凝胶应用最为广泛。纤维素价格低，可利用的活性基团较多，但它对蛋白质等生物分子可能有明显的非特异性吸附作用，另外它的稳定性和均一性也较差。交联葡聚糖和聚丙烯酰胺的物理化学稳定性较好，但它们的孔径相对比较小，而且孔径的稳定性不好，可能会在与配基耦联时有较大的降低，不利待分离物与配基充分结合，只有大孔径型号凝胶可以用于亲和色谱。多孔玻璃珠的特点是机械强度好，化学稳定性好。但它可利用的活性基团较少，对蛋白质等生物分子也有较强的吸附作用。琼脂糖凝胶则基本可以较好地满足上述四个条件，它具有非特异性吸附低、稳定性好、孔径均匀适当、宜于活化等优点，因此得到了广泛的应用。

2. 配基的选择

亲和色谱是利用配基和待分离物质的亲和力而进行分离纯化的，所以选择合适的配基对于亲和色谱的分离效果是非常重要的。选择合适的配基应考虑以下几个特性。

（1）特异性　一个理想的配基应当仅仅识别和结合被纯化的目的物，而不与其他杂质存在交叉结合反应，可根据被纯化目的物的生物学特性去寻找。如果没有这样的理想配基，则可选择具有组特异性的配基，可结合包括目的分子在内的一组同类物质。组特异性配基可以用来纯化一群相关的蛋白质或蛋白质家族，应用相当普遍。

（2）可逆性　配基与相应目的物之间的结合应具有可逆性。这样，既可以在色谱的初始阶段抵抗吸附缓冲液的流洗而不致脱落，又可在随后的洗脱中不会因为结合得过于牢固而无法解吸，以致必须使用可能导致变性的强洗脱条件。

（3）稳定性　某些配基键合反应的条件可能比较强烈，如需使用有机试剂等，这种情况下要求所选的配基必须足够稳定，能够耐受反应条件，也应耐受清洗和再生等条件。

（4）分子大小　配基与目的分子之间的结合具有空间位阻效应，如果配基分子不够大，结合到介质骨架上之后，目的分子的结合点由于空间构象的原因，无法或不能有效地与配基完全契合，会导致色谱时吸附效率不佳。

3. 介质的活化与耦联

介质由于其相对的惰性，往往不能直接与配基连接，耦联前一般需先活化，介质表面经过活化后产生的活性基团可以在简单的化学条件下与配基上的氨基、羧基、羟基或醛基等功能基团发生共价结合反应，这一过程称为配基的键合。介质表面活性基团必须具有通用性和高效性，可以与上述配基上的常见基团发生简单、快速的反应。例如，溴化氰可以活化琼脂糖或其他多糖介质骨架上的羟基，然后同配基上氨基反应，生成氰酯基团和环碳酸亚胺。

（三）操作条件的选择

亲和色谱法分离过程简单、快速，具有很高的选择性和分辨率，是蛋白质等大分子物质分离与纯化常用的技术手段。要保证其良好的选择性及分辨率，需要综合考虑以下几个方面的影响。

1. 吸附条件的选择

（1）吸附反应条件　吸附条件最好是自然状态下配基与目的分子之间反应的最佳条件，如缓冲液中盐的种类、浓度及 pH 等条件。如果对不同配基之间的结合情况不太了解，就必须对盐种类、浓度和缓冲液的 pH 进行条件摸索。如果对配基和蛋白的结合情况比较了解，可以人为设定反应条件，促进吸附。例如，金黄色葡萄球菌蛋白 A 和免疫球蛋白 IgG 之间的结合主要是疏水作用，可以通过增大盐浓度、调节 pH 来增强吸附。

（2）流速的控制　流速也是影响吸附的一个因素。流速不能太快，否则影响吸附程度。

（3）吸附时间的控制　延长吸附时间也可促进吸附，可以在进料后不洗脱，静置一段时间后再进行后续色谱步骤。

（4）进样量的大小　为了增大吸附量，可减小进样量，将体积较大的原料分次进料，以提高吸附效果。

2. 吸附后流洗条件的选择

配基与蛋白质之间的亲和力是很强的，并且属于特异性结合，能够耐受使非特异性吸附蛋白质脱落的流洗条件。流洗缓冲液的强度应介于目的分子吸附条件与目的分子洗脱条件之间。例如，一个蛋白质在 0.1mol/L 的磷酸盐缓冲液中吸附，洗脱条件是 0.6mol/L 的 NaCl 溶液，则可考虑使用 0.3mol/L 的 NaCl 溶液进行杂质的流洗。

3. 洗脱条件的选择

洗脱是目的物使蛋白质与配基解吸进入流动相并随流动相流出柱床的过程。洗脱条件可以是特异性的，也可以是非特异性的。蛋白质与配基之间的作用力主要包括静电作用、疏水作用和氢键。任何导致此类作用力减弱的情况都可用来作为非特异性的洗脱条件。选择洗脱条件时还要考虑蛋白质的耐受性，过强的洗脱条件可能会导致蛋白质变性。虽然很难取舍，还是应在洗脱强度和蛋白质的耐受程度之间做好平衡，尤其是在配基与目的物之间的解离常数很小的情况下更是如此。

特异性洗脱条件是指在洗脱液中引入配基或目的分子的竞争性结合物，使目的分子与配基解吸。特异性洗脱在组特异性吸附的亲和色谱中用得最多，因为与配基也具有亲和性的目的分子类似物可以作为目的分子的竞争者与配基结合，从而将目的分子从配基上置换下来得以洗脱。由于特异性洗脱通常都在低浓度、中性 pH 下进行，所以其条件很温和，不致发生蛋白质变性。

（四）操作技术

在进行亲和色谱时，首先将介质活化，然后把待分离物质的亲和分子对中的一方作为配基，在不损害其生物功能的条件下，固定在不溶性介质上（即耦联）制成固相化制剂，装入色谱柱中用适当的缓冲液平衡后作为固定相，再将待分离物质的混合液作为流动相，使溶液以慢速过滤方式通过柱子。此时，混合液中只有与配基构成亲和生物对的物质才被固定相中的配基吸附结合，并保留在柱中，在柱子洗涤之后，可以用适当解吸液选择性地将该组分洗脱出来。其他物质不被吸附，而直接流出色谱柱，从而就把混合液中的亲和物与其他物质分离开。在方式与方法方面，整个过程都与具有固定相和流动相的其他柱色谱法相类似。在适当条件下，样品中几种组分被吸附，它们选择性地与固相化制剂相互作用，并对制剂有不同的亲和力，然后变换流经亲和柱的溶液，改为洗脱液进行洗脱，使配基与待分离的亲和物从柱中解脱出来并且将两者进行解吸，在慢速过滤的过程中，非吸附组分先流出，吸附的组分被分离成一些区带，在非吸附组分之后依次流出柱子，将流出的不同组分分别收集，从而得到分离。

（五）应用

亲和色谱的应用主要是生物大分子的分离、纯化。下面简单介绍一些亲和色谱技术用于纯化各种生物大分子的情况。

1. 抗原和抗体

利用抗原、抗体之间高特异的亲和力而进行分离的方法又称为免疫亲和色谱。例如，将抗原结合于亲和色谱介质上，就可以从血清中分离其对应的抗体。将所需蛋白质作为抗原，经动物免疫后制备抗体，将抗体与适当介质耦联形成亲和吸附剂，就可以对发酵液中的所需蛋白质进行分离纯化。抗原、抗体间亲和力一般比较强，所以洗脱时是比较困难的，通常需要较强烈的洗脱条件。可以采取适当的方法如改变抗原、抗体种类或使用类似物等来降低二者的亲和力，以便于洗脱。

2. 生物素和亲和素

生物素和亲和素之间具有很强而特异的亲和力，可以用于亲和色谱。如用亲和素分离含有生物素的蛋白等。生物素和亲和素的亲和力很强，洗脱通常需要强烈的变性条件。另外，可以利用生物素和亲和素间的高亲和力，将某种配基固定在介质上。例如，将生物素酰化的胰岛素与以亲和素为配基的琼脂糖作用，通过生物素与亲和素的亲和力，胰岛素就被固定在琼脂糖上，可以用于亲和色谱分离与胰岛素有亲和力的生物大分子物质。

3. 维生素、激素和结合转运蛋白

结合蛋白含量很低，用通常的色谱技术难以分离。利用维生素或激素与其结合蛋白具有强而特异的亲和力，而进行亲和色谱则可以获得较好的分离效果。由于亲和力较强，所以洗脱时可能需要较强烈的条件，另外可以加入适量的配基进行特异性洗脱。

4. 激素和受体蛋白

激素的受体蛋白属于膜蛋白，利用去污剂溶解后的膜蛋白往往具有相似的物理性质，难以用通常的色谱技术分离。但去污剂溶解通常不影响受体蛋白与其对应激素的结合。所以利用激素和受体蛋白间的高亲和力而进行亲和色谱是分离受体蛋白的重要方法。目前已经用亲和色谱方法纯化出了大量的受体蛋白，如肾上腺素、生长激素、胰岛素的受体。

5. 辅酶

核苷酸及其许多衍生物、各种维生素等是多种酶的辅酶或辅助因子，利用它们与对应酶的亲和力可以对多种酶类进行分离纯化。例如固定的各种腺嘌呤核苷酸辅酶，包括 AMP、cAMP、ADP、ATP、CoA、NAD^+、$NADP^+$等应用很广泛，可以用于分离各种激酶和脱氢酶。

6. 氨基酸

固定化氨基酸是多用途的介质，通过氨基酸与其互补蛋白间的亲和力，或者通过氨基酸的疏水性等性质，可以用于多种蛋白质、酶的分离纯化。例如 L-精氨酸可以用于分离羧肽酶，L-赖氨酸则广泛地应用于分离各种 rRNA。

7. 分离病毒、细胞

利用配基与病毒、细胞表面受体的相互作用，亲和色谱也可以用于病毒和细胞的分离。利用凝集素、抗原、抗体等作为配基都可以用于细胞的分离。例如各种凝集素可以用于分离红细胞以及各种淋巴细胞，胰岛素可以用于分离脂肪细胞等。由于细胞体积大、非特异性吸附强，所以亲和色谱时要注意选择合适的介质。

六、高效液相色谱法

高效液相色谱（high pressure liquid chromatography，HPLC），又名高压液相色谱、高速液相色谱等。它是利用物质在两相之间吸附或分配的微小差异达到分离的目的。当两相做相对移动时，被测物质在两相之间做反复多次的分配，这样使原来微小的差异产生了很大的分离效果，达到分离、分析和测定一些理化常数的目的。高效液相色谱法是一种以液体为流动相的现代柱色谱分离分析方法。

（一）HPLC 的特点

HPLC 的特点主要体现在以下几个方面：

（1）高压　液相色谱法以液体为流动相，液体流经色谱柱，受到的阻力较大，为了迅速地通过色谱柱，必须对载液施加高压。一般是 10～30MPa，甚至达到 50MPa 以上。

（2）高速　流动相在柱内的流速较经典色谱快得多，一般可达 1～10mL/min。高效液相色谱法所需的分析时间较之经典液相色谱法少得多，一般少于 1h。

（3）高效　近来研究出许多新型固定相，使分离效率大大提高。每米柱子柱效可达 5000 塔板以上，有时一根柱子可以分离 100 个以上组分。

（4）高灵敏度　高效液相色谱已广泛采用高灵敏度的检测器，进一步提高了分析的灵敏度。如荧光检测器灵敏度可达 10^{-11}g。另外，用样量小，一般几微升。

（5）适应范围宽　通常在室温下工作，对于高沸点、热不稳定或加热后容易裂解、变质的物质、相对分子质量大（400 以上）的有机物（这些物质几乎占有机物总数的 75%～80%）原则上都可应用高效液相色谱法来进行分离、分析。

（二）HPLC 的分类及基本原理

HPLC 按溶质在两相分离过程的物理化学原理可分为液-固吸附色谱、液-液分配色谱、离子交换色谱、体积排阻色谱、亲和色谱等类型。

1. 液-固吸附色谱

液-固吸附色谱是最早出现，也是最基本的 HPLC 类型。固体吸附剂作为固定相，液体作为流动相。其分离原理与吸附柱色谱的分离原理相同，是基于吸附剂表面对样品中不同分子具有不同的吸附能力，从而使样品中不同分子通过对固定相的竞争吸附达到使混合物分离的目的。主要适用对象是具有中等分子质量的极性或非极性、非离子型的油溶性样品，也适用于分离异构体的样品。

液-固吸附色谱的固定相有两类：极性固定相和非极性固定相。极性固定相主要有硅胶、氧化铝、氧化镁和分子筛（碱性）等，多数极性的固定相是采用多孔型微粒硅胶，因为它们的颗粒细，粒度均匀和孔径均匀，因此对样品的分离高效、快速。非极性固定相有高交联度的苯乙烯-二乙烯苯共聚物、高强度的多孔活性炭和多孔石墨微球等。

2. 液-液分配色谱

液-液分配色谱以液体作为流动相，把另一种液体涂渍在载体上作为固定相。从理论上说流动相与固定相互不相溶，两者之间有一明显的分界面。样品溶于流动相后，在色谱柱内经过分界面进入固定相中，这种分配现象与液-液萃取的机理相似，样品各组分借助于它们在两相间分配系数的差异而获得分离。

3. 离子交换色谱

由离子交换树脂作为固定相，以具有一定 pH 的缓冲溶液作为流动相，根据离子型化合物中各种离子组分与离子交换树脂表面带电荷基团的可逆性离子交换能力的差异而达到分离的目的。通常用苯乙烯和二乙烯苯进行交联共聚生成不溶的聚合物基质，再对芳环进行磺化生成强酸性阳离子交换剂；或对芳环进行季铵盐化，生成带有烷基胺基团的强碱性阴离子交换剂。以这两种离子交换剂作为固定相，因此有阴离子交换色谱和阳离子交换色谱两种。

4. 体积排阻色谱

以液体作为流动相，以不同孔穴的凝胶作为固定相，所以也称为凝胶色谱法。凝胶是一种表面惰性、其孔径有一定分布范围的多孔材料。当被测组分随流动相通过凝胶色谱柱时，尺寸大于孔径的组分分子不能渗入凝胶孔穴而被全部排斥，则最先流出色谱柱；尺寸小于孔径的分子则全部渗入凝胶，最后流出；尺寸中等的分子部分渗入较大孔穴，而排斥于较小孔穴时，因此介于中间流出，这样就完成了分离和纯化的任务。

5. 亲和色谱

在不同介质上，键和多种不同特性的配位体作固定相，这里的配位体指底物、抑制剂、辅酶、变构效应物或其他任何能特异性地、可逆地与被纯化的生物物质发生作用的化合物。用具有一定 pH 的缓冲溶液作流动相，依据生物分子（氨基酸、肽、蛋白质、核酸、核苷酸、酶等）与介质上键联的配位体之间存在的特异性亲和作用能力的差别，而实现对具有生物活性的生物分子的分离。

（三）高效液相色谱仪的基本部件

高效液相色谱仪可分为分析型和制备型两种，虽然它们的性能不同，应用范围也不同，但是其基本结构是相似的。高效液相色谱仪主要由贮液器、高压输液泵、进样器、色谱柱、检测器、数据处理设备和记录仪等体系组成。

1. 高压输液泵

高压输液泵是高效液相色谱仪的重要部件，是驱动溶剂和样品通过色谱柱和检测系统的高压源，要求泵体材料能耐水、有机溶剂等的化学腐蚀，而且在高压（30~60MPa）下能连续工作 6~24h；要求泵的输出流量范围宽，输出流量稳定，重复性高，并且应提供无脉冲流量。

2. 进样器

在高压液相色谱中，一般进样方式可以采用注射器进样、停留进样、六通阀进样和自动进样 4 种，其中注射器和六通阀进样最为常用。

3. 色谱柱

色谱柱是高效液相色谱仪的心脏，因为样品的分析、分离过程都是在这里进行的，直接关系到柱效和分离效果。色谱柱的每一次突破都使得高效液相色谱法得到重大发展。为适应不同有机化合物的分析分离要求，可用不同的柱型，内装不同性质的填料。最常使用的色谱柱内径为 2~5mm，长为 10~30cm 的内壁抛光的不锈钢管，内装有 5~10μm 的高效微粒固定相。填充高效柱的固定相需要特殊的设备和要求，国际和国内各个色谱仪和色谱柱产品厂家均提供预装柱。

4. 检测器

检测器是高效液相色谱的三大关键部件（高压输液泵、色谱柱、检测器）之一，主要用于检测经色谱柱分离后样品各组分浓度的变化，并通过记录仪绘出谱图来进行定性和定量分析。检测器性能好坏直接关系到定性和定量分析结果的可靠性。目前，高效液相色谱仪常用的检测器为紫外吸收检测器、电导检测器、折光指数检测器和荧光检测器 4 种。

5. 数据处理设备

把检测器的信号显示出来的数据系统的最简单形式是电位差或长图记录器，记录信号随时间的变化而获得色谱流出曲线或色谱图。现在已广泛使用微处理机和色谱数据工作站采集和处理色谱分析数据。色谱微处理机的广泛使用大大提高了高效液相色谱的分离速度和分析结果的准确性。

（四）固定相

色谱中的固定相是高效液相色谱分离分析最重要的组成部分，它直接关系到柱效。HPLC 固定相在物理化学性质方面具有以下特殊性。

（1）较细的颗粒，一般为 5～10μm，细颗粒装填的层析柱可获得更高的分辨率。

（2）粒度均匀一致，颗粒大小越均匀，柱内压力分布也越均匀，不同柱之间的重现性也越好。

（3）机械强度好，具有良好的耐高压刚性。

（4）如果为多孔性颗粒，则孔径分布也要均匀，孔结构简单，利于大分子自由进出。

（5）化学和热稳定性好，耐酸碱，不容易产生不可逆吸附。

HPLC 固定相按孔隙深度可分为表面多孔型和全多孔微粒型两大类，表面多孔型是在实心玻璃外面覆盖一层多孔活性物质，如硅胶、氧化铝、离子交换剂和聚酰胺等，其厚度为 1～2μm，以形成无数向外开放的浅孔。全多孔微粒型由直径为 10^{-3}μm 数量级的硅胶微粒凝聚而成。

表面多孔型固定相的多孔层厚度小，孔浅，相对死体积小，出峰快，柱效高。但因多孔层厚度小，最大允许进样量受限制。

全多孔微粒型固定相颗粒细，孔仍然浅，因此传质速率仍很快，柱效高，但需更高的操作压力。最大允许进样量比表面多孔型大 5 倍。因此，通常采用此类固定相。

根据分离模式的不同而采用不同性质的固定相，如活性吸附剂、键合有不同极性分子功能团的化学键合相、离子交换剂和具有一定孔径范围的多孔材料，从而分别用作液–固吸附色谱、液–液分配色谱、离子交换色谱、体积排阻色谱和亲色谱等。

（五）流动相

高效液相色谱中，流动相对分离起着极其重要的作用，在固定相选定之后，流动相的选择是最关键的。不论采用哪一种色谱分离方式，对用作流动相的溶剂的要求如下。

（1）纯度高　溶剂的纯度极大地影响色谱系统的正常操作和色谱分离效果。溶剂中若存在杂质会污染柱子，存在固体颗粒会损害高压泵或输液通道，使压力升高，基线漂移。

（2）黏度低　高效液相色谱中为获得一定流速必须使用高压，若溶剂黏度较高，操作压力也更大。高的压力会使色谱柱性能降低，而且泵也容易损坏。

（3）化学稳定性好　流动相不能与固定相或组分发生任何化学反应。

（4）溶剂要能完全浸润固定相　溶剂对所测定的组分要有合适的极性，最好选择样品的溶剂作流动相，否则发生溶剂与流动相不相混溶的情况，使分离变坏。

（5）溶剂要与检测器匹配　溶剂要适合于检测器，例如，采用示差折光率检测器，必须选择折光率与样品有较大差别的溶剂作流动相；若采用紫外吸收检测器，所选择的溶剂在检测器的工作波长下不能有紫外吸收。

（6）样品容易回收　挥发性的溶剂是溶质回收的最好溶剂，一般采用键合相的填料比液-液分配色谱为好。主要是液-液分配色谱用的填料易于污染流动相。液-固色谱通常是在极性吸附剂上选用非极性（如己烷）以及极性（如醇）溶剂作为流动相运行，如果是非极性流动相和极性溶质，吸附剂表面上吸附溶质和吸附剂产生强的作用，由于这一作用使得保留时间增长产生峰形拖尾，柱效和线性容量降低。为了减少这一强作用，通常加入一定量的水控制吸附剂的活性，所需的水常常加到流动相或吸附剂中，水的量对非极性流动相是非常重要的。

一般来说，正相色谱采用己烷、庚烷、异辛烷、苯和二甲苯等作为流动相。往往还在非极性溶剂中加入一定量的四氢呋喃等极性溶剂。反相色谱多使用甲醇、乙醇、乙腈、水-甲醇、水-乙腈作为流动相。绝大多数离子交换色谱在水溶液中进行。缓冲液作为离子平衡时的反离子源使得流动相 pH 和离子强度保持不变。体积排阻色谱具有排阻和吸附的混合过程，因此可根据不同的分析对象选择合适的流动相。水和缓冲溶液是分离生物物质常用的流动相。缓冲系统的选择应考虑缓冲盐在流动相中的溶解度和缓冲容量，缓冲强度太弱时难以控制流动相的 pH，如果缓冲盐的浓度增加，黏度会相应增大，因此缓冲液的强度最好接近中间强度。

（六）HPLC 的应用

HPLC 对分离样品的类型具有非常广泛的适应性，样品还可以回收。HPLC 由于对挥发性小或无挥发性、热稳定性差、极性强，特别是那些具有某种生物活性的物质提供了非常合适的分离分析环境，因而广泛应用于生物化学、药物、临床等。目前它已成为人们在分子水平上研究生命科学的有力工具。适合的种类从无机化合物、有机化合物到具有生理活性的生物大分子物质，极性和非极性的都适用。HPLC 技术在生化制药方面的应用主要体现在以下几个方面：

1. 用于生化药物的分析

HPLC 在分离过程中不破坏样品的特点，使之特别适合于对高沸点、大分子、强极性和热稳定性差的生化药物的分析，尤其在对具有生物活性物质的分析上，具有特殊的能力。此外，对于某些极性化合物药物如有机酸、有机碱等，使用液相色谱分析也较为方便。在生物化学和药学领域，HPLC 广泛应用于氨基酸及其衍生物、有机酸、甾体化合物、生物碱、抗生素、糖类、卟啉、核酸及其降解产物、蛋白质、酶和多肽以及脂类等产物的分析。

2. 用于生化药物的分离提纯

HPLC 的使用，引发了生化医药方面的一场革命。这一方面表现在分子生物领域中对基因重组而得到的新基因的分离和纯化，单克隆抗体的纯化等方面；另一方面在将基因工程产品工业化生产时，使用 HPLC 能有效地将产品从发酵液中提取出来，从而得到纯度足够高的、对人体无害的蛋白药物和疫苗产品。目前，除聚合物外，大约 80% 的药物都能用 HPLC 分离纯化，其中尤其以生化药品为多。对于一般手段较难分离的异构体药物及亲脂性很强的药物，采用硅胶柱即可达到分离的目的。与此同时，HPLC 在对这类药物的质量控制上，也具有重要意义。

3. 用于临床的快速检测

临床分析要求“短平快”，特别是抢救过程中，样品的检测要求在最短时间内完成以尽可能挽救生命。对此，HPLC 具有不可替代的优势。例如，在对氨基酸样品的分析上，20 世纪 50 年代要经过离子交换等分离步骤，时间较长。现采用全自动氨基酸分析仪，但分析一个样品仍需要 2~6h，这个时间对临床来说仍然过长。HPLC 进行这样的分析，所需时间大大缩短，如采用带梯度的 HPLC-ODS 柱分析氨基酸，不到 1h 即可完成一次分析。

【知识链接】

HPLC 的操作方法

一、进样前的准备工作

准备所需的流动相，用合适的 0.45μm 滤膜过滤，超声脱气至少 20min。根据待检样品的需要更换合适的洗脱柱（注意方向）。配制样品和标准溶液（也可在平衡系统时配制），用 0.45μm 滤膜过滤。样品加入前，必须用流动相充分洗柱，待流出液经过检测器的基线校正，证明柱内残留杂质已全部除尽，才能进样。

二、样品处理

在某些生物样品中，常含有大量的蛋白质、脂肪及相关等物质。它们的存在，将影响待测组分的分离测定，同时容易堵塞和污染色谱柱，使柱效降低，所以常需对试样进行预处理。样品的预处理方法很多，如溶剂萃取、吸附、超速离心及超滤等。

1. 溶剂萃取

溶剂萃取适用于待测组分为非极性物质。在试样中加入缓冲溶液调节 pH 进样时，样品用与流动相相同的或互溶的溶剂完全溶解，如果有悬浮颗粒，需要过滤除去，然后通过注射器或进样阀进样。进样量的多少，根据不同的柱容量而定。但如果待测组分和蛋白相结合，在大多数情况下，难以用萃取操作来分离。

2. 吸附

将吸附剂直接加到试样中，或将吸附剂填充于柱内进行吸附。亲水性物质用硅胶吸附，而疏水性物质可用聚苯乙烯-二乙烯基等树脂吸附。

3. 去除蛋白质

向试样中加入三氯乙酸或丙酮、乙腈、甲醇，蛋白质就被沉淀下来，然后经超速离心，吸取上层清液供分离测定用。

4. 超滤

用孔径（10~500）$\times 10^{-10}$的多孔膜过滤，可除去蛋白质等高分子物质。

三、洗脱

按事先计划好的溶剂程序进行。如果样品中各组分与固定相之间的亲和力差别较大时，采用梯度洗脱方法（包括极性、pH和离子强度的改变），可获得较好的分离效果。流动相的流速，选择恒速或变速或每分段时间内要求流动相的流速。实际上，样品展开后所得的色谱图一次很难获得良好的分离效果，需要根据色谱图各组分峰形状、位置进行综合分析，并按自己所需分析或制备的谱峰分离情况，调整流动相的极性梯度组合、流速及展层时间等。

四、色谱柱的清洗及保存

在正常情况下，色谱柱至少可以使用3~6个月，能完成数百次的分离。但是，若操作不当，色谱柱将很容易损坏而不能使用。因此，为了保持柱效、柱容量及渗透性，必须对色谱柱进行仔细的保养。注意事项如下：

（1）色谱柱极易被微小的颗粒杂质堵塞，使操作压力迅速升高而无法使用。因此，必须将流动相仔细地蒸馏或用0.45μm孔径的过滤器过滤，以防止固体进入色谱柱中。在水溶液流动相中，细菌容易生长，可能堵塞筛板，加入0.01g/100mL的叠氮化钠能防止细菌生长。

（2）色谱柱使用完毕后，应用溶剂彻底清洗。色谱柱存放过久也应定期清洗。

（3）要防止色谱柱被振动或撞击，否则，柱内填料床层产生裂缝和空隙，会使色谱峰出现“驼峰”或“对峰”。

（4）要防止流动相逆向流动，否则，将使固定相层位移，柱效下降。

（5）使用保护柱。连续注射含有未被洗脱的样品时，会使柱效下降，保留值改变。为延长柱寿命，在进样阀和分析柱之间加上保护柱，其长度一般为了3~5cm，填充与分析柱相似的表面多孔型固定相，可以有效防止分析柱效下降。

实训案例13　薄层色谱分离氨基酸

一、实训目的

1. 掌握薄层色谱法的基本原理。

2. 掌握薄层色谱法分离氨基酸的基本操作。

3. 了解如何根据阻滞因数（R_f）来鉴定被分离的物质。

二、实训原理

薄层色谱法是将固体吸附剂涂布在平板上形成薄层作为固定相。当液相（展开溶剂）在固定相上流动时，由于吸附剂对不同氨基酸的吸附力不一样，不同氨基酸在展开溶剂中的溶解度不一样，点在薄板上的混合氨基酸样品随展开剂的移动速率也不同，因而可以彼此分开。

茚三酮水化后生成的水合茚三酮在加热时被还原，此产物与氨基酸加热分解产生的氨结合，以及另一分子水合茚三酮缩合生成蓝紫色化合物而使氨基酸斑点显色。

薄层色谱法溶质沿溶剂运动方向迁移的距离与溶剂前沿的距离之比为 R_f。

$$R_f = \frac{\text{溶质的移动距离}}{\text{在同一时间内溶剂(前缘)的移动距离}}$$

由于溶质在一定溶剂中的分配系数是一定的，故 R_f 也是恒定的，因此可以根据 R_f 来鉴定被分离的物质。

三、实训样品

1. 0. 01mol/L 丙氨酸

称取丙氨酸 8. 9mg 溶于 90%异丙醇溶液至 10mL。

2. 0. 01mol/L 精氨酸

称取精氨酸 17. 4mg 溶于 90%异丙醇溶液至 10mL。

3. 0. 01mol/L 甘氨酸

称取甘氨酸 7. 5mg 溶于 90%异丙醇溶液至 10mL。

4. 混合氨基酸溶液

将 0. 01mol/L 丙氨酸、精氨酸、甘氨酸按等体积制成混合溶液。

四、实训试剂及器材

1. 试剂

（1）吸附剂　硅胶 G。

（2）黏合剂　0. 5g/100mL 羧甲基纤维素钠。

（3）展开溶剂　按 80∶10∶10（体积比）混合正丁醇、冰醋酸及蒸馏水，临用前配制。

（4）0. 1g/100mL 茚三酮溶液　取茚三酮 0. 1g 溶于无水丙酮至 100mL。

（5）展层-显色剂：按照 10∶1 比例（体积比）混合展开剂和 0. 1g/100mL 茚三酮溶液。

2. 器材

玻璃板、烧杯、量筒、尺子、毛细管、层析缸、吹风机、烘箱、天平等。

五、实训操作步骤

1. 制版

（1）调浆　称取 3g 硅胶，加入 0. 5g/100mL 羧甲基纤维素钠 8mL，调成均匀的糊状。

(2) 涂布　取洁净的干燥玻璃板均匀涂层。

(3) 干燥　将薄层板水平放置，室温下自然晾干。

(4) 活化　70℃烘干30min，切断电源，待玻璃板面温度下降至不烫手时取出。

2. 点样

(1) 标记　用铅笔距底边2cm水平线上均匀确定4个点。每个样品间相距1cm。

(2) 点样　用毛细管分别吸取氨基酸溶液，轻轻接触薄层表面点样。加样后原点扩散直径不超过2mm。自然晾干后，必要时可再重复点一次。

3. 层析

将薄层板点样端浸入展层-显色剂，展层-显色剂液面应低于点样线。盖好层析缸盖，上行展层。当展层剂前沿离薄层板顶端2cm时，停止展层，取出薄层板，用铅笔描出溶剂前沿界线。

4. 显色

将薄层板用热风吹干或85℃下在烘箱烘干，即可显出各层斑点。

5. 数据处理

利用尺子，测量各氨基酸色斑中心至样品原点中心距离和溶液前缘至样品原点中心的距离。

六、结果与讨论

(1) 计算 R_f，鉴定出混合样品中氨基酸的种类。

(2) 绘出层析图谱。

七、注意事项

(1) 整个层析操作中避免手直接接触薄层板被手污染，吸附剂在薄层板上应均匀平整。

(2) 点样斑点不能太大，直径应不超过2mm，防止层析后氨基酸斑点过度扩散和重叠，且点样后吹风温度不宜过高，以免样品变性（斑点发黄）。

(3) 展开时，切勿使样品点浸入溶剂中，否则，无法确定展开剂上升高度。

(4) 展开溶剂要临用前配制，以免发生酯化，影响层析结果。

实训案例14　凝胶色谱法分离蛋白质

一、实训目的

1. 掌握凝胶色谱法的基本原理。

2. 掌握凝胶色谱法分离与纯化蛋白质的基本操作。

二、实训原理

凝胶色谱也称为凝胶过滤、分子筛层析或尺寸排阻色谱。凝胶是具有一定孔径的三维网状结构物质，凝胶色谱是一种分子筛选效应，主要用于分离分子大小不同的生物分子以及测定其相对分子质量。相对分子质量小的物质可通过凝胶网孔进入凝胶颗粒内部，而相对分子质量大的物质不能进入凝胶内部，被排阻在凝胶颗粒外，随着洗脱的进行，相对分子质量小的物质由于进入凝胶内部，不断地从一个网孔穿到另外一个网孔，这样“绕道”而移动，走的路程长，下来得慢，而相对分子质量大的物质不能进入凝胶内部即随洗脱液从凝胶颗粒之间的空隙挤落下来，走的路程短，下来得快，这样就可以达到分离的目的。

三、实训器材

层析柱（1cm×90cm）、恒流泵、紫外检测仪、部分收集器、记录仪、试管、烧杯。

四、实训试剂

待分离样品：胰岛素、牛血清蛋白。

凝胶：葡聚糖凝胶 Sephadex G-75。

洗脱液为 0.1mol/L，pH 6.8 磷酸缓冲液。

五、实训操作步骤

1. 凝胶的处理

将 Sephadex G-75 干粉置于烧杯中，室温下经蒸馏水充分溶胀 24h，或置沸水浴中 3h。溶胀过程中不要过分搅拌，以防颗粒破碎。溶胀后，除去细小颗粒，再加入与凝胶等体积的洗脱液，除气后装柱。

2. 装柱

将洗净的层析柱保持垂直位置，关闭出口，柱内留下约 2cm 高的洗脱液。将处理好的凝胶用等体积洗脱液搅成浆状，自柱顶部沿管内壁缓缓加入柱中，待底部凝胶沉积约 1cm 高时，再打开出口，继续加入凝胶浆，至凝胶沉积至一定高度（约 70cm）即可。装柱要求连续、均匀、无气泡、无“纹路”。

3. 平衡

装柱完成后，接上恒流泵，洗脱液与恒流泵相连，出口端与色谱柱入口相连，用 2~3 倍床体积的洗脱液平衡，流速为 0.5mL/min。平衡好后在凝胶表面放一片滤纸，以防加样时凝胶被冲起。

4. 加样与洗脱

将柱中多余的液体放出，使液面刚好盖过凝胶，关闭出口，将 1mL 样品沿层析柱管壁小心加入，加完后打开底端出口，使液面降至与凝胶面相平时关闭出口，用少量洗脱液洗柱内壁 2 次，加洗脱液至液层 4cm 左右，接上恒流泵，调好流速（0.5mL/min），开始洗脱。

5. 收集与测定

用部分收集器收集洗脱液，每管 4mL。紫外检测仪 280nm 处检测，用记录仪或将检测信号输入色谱工作站系统，绘制洗脱曲线。

6. 凝胶柱的处理

一般凝胶用过后，反复用蒸馏水通过柱（2~3 倍体积）即可，若凝胶有颜色或比较脏，需用 0.5moL/L NaOH 和 0.5mol/L NaCl 混合液洗涤，再用水洗净。

六、结果与讨论

分析洗脱曲线，讨论组分分离情况。

七、注意事项

1. 装柱时要注意凝胶的流速，不宜过快，同时要保证凝胶能充分地沉淀且分布得比较均匀。

2. 凝胶溶胀所用的溶液应与洗脱用的溶液相同，否则由于更换溶剂，凝胶体积会发生变化而影响分离效果。

3. 样品的浓度和加样量的多少是影响分离效果的重要因素。样品浓度应适当大，但大分子物质的浓度大时，溶液的黏度也随之变大，会影响分离效果，要兼顾浓度与黏度两方面。加样量和加样体积越少分离效果越好，加样量一般为柱床体积的 1%~2%，制备用量一般为柱床体积的 20%~30%。

4. 凝胶用完后可再加入防腐剂低温保存。

5. 叠氮化钠属于有毒性物质，在使用过程中需注意安全。

【知识梳理】

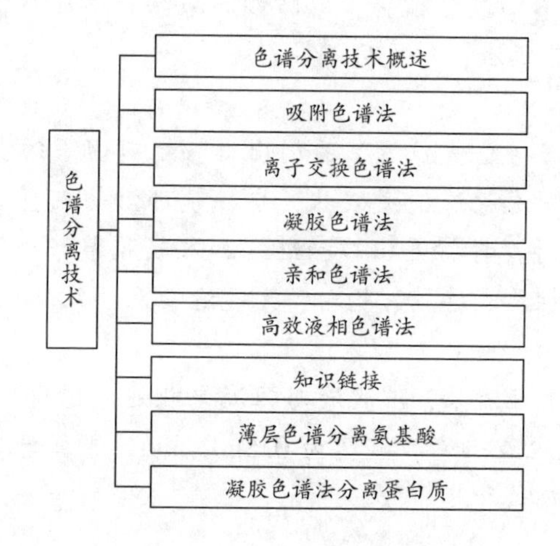

【目标检测】

一、名词解释

色谱分离技术；分配系数；阻滞因数；亲和色谱技术。

二、填空题

1. 根据操作方式不同，吸附色谱法可分为________和________。

2. 用于薄层色谱法的吸附剂中，________和________的吸附性能良好，适用于各类有机化合物的分离纯化，应用最广。

3. 吸附柱色谱法上样分为________上样和________上样两种。

4. 离子交换色谱的流动相必须是有一定________，对 pH 有一定________的溶液。

5. 常用的凝胶主要有________、________、________等。

6. 高效液相色谱是利用物质在两相之间________或________的微小差异达到分离的目的。

三、简答题

1. 简述色谱法的特点及分类。

2. 吸附薄层色谱法基本原理、特点有哪些?

3. 吸附柱色谱法的操作要点有哪些?

4. 凝胶色谱法的分离原理及特点有哪些?

5. 凝胶色谱法的操作技术有哪些?

6. 亲和色谱的介质应具备哪些性质?

7. HPLC 特点有哪些?

8. HPLC 固定相和流动相的选择有哪些要求?

项目八

膜分离技术

知识目标

1. 掌握膜的概念。
2. 掌握膜分离技术的概念、原理。
3. 熟悉膜分离技术的过程及分类。
4. 了解不同膜分离技术的应用。

能力目标

能根据所学膜及膜分离的原理及过程的知识，熟知膜分离的分类、膜污染及清洗、独立完成蛋白质透析的实训。

思政目标

通过膜分离技术的学习，培养学生正确的生态环境意识。

任务导入

膜分离技术是指物质在推动力作用下，由于传递速度不同而得到分离的过程，近似于筛分。由于其具有其他常规分离方法无法比拟的优越性，近几十年迅速崛起，被认为是20世纪末至21世纪中期最有发展前途的高新技术之一，已成为世界各国研究的热点。

膜分离技术

一、膜分离技术概述

（一）膜的概念

1. 膜的定义

最通用的广义上膜的定义是指两相之间的一个不连续区间，定义中“区间”用以区别通常所说的“相界面”。狭义的膜定义是指在一定流体相间的一薄层凝聚相物质，把流体相分隔成两部分，这一薄层物质称为膜。膜可以分为气相、液相、固相或是它们的组合，即膜本身是均匀的一相或由两相以上凝聚物质构成的复合体，被分开的相则是液体或气体的流体相。膜的厚度应在0.5mm以下，否则不能称其为膜；并且不管膜本身薄到何种程度，至少要具有两个界面，通过两个界面分别与两侧的流体相接触。膜可以是完全可透性的，也可以是半透性的（选择性），但不可以是完全不透性的。膜的面积可以很大，独立存在于流体相之间，也可以非常微小而附着在支撑体或载体的微孔隙上。

流体通过膜的传递是借助于吸着作用及扩散作用。描述传递速率的膜性能是膜的渗透性。例如在相同条件下一种膜以不同速率传递不同的分子样品，则这种膜就是半透膜，膜必须具有高度的渗透选择性，才能达到有效的分离。一般情况下，气体渗透是指高压侧的气体透过膜至膜的低压处；液体渗透是指膜一侧的液相进料组分渗透至膜的另一侧的液相或气相中。

2. 膜的分类

膜的分类方法有很多种，一般按以下几种方式分类。

（1）根据膜的孔径大小和功能　可分为微滤膜（0.025~14μm）、超滤膜（0.001~0.02μm）、反渗透膜（0.0001~0.001μm）、纳米过滤膜（平均孔径直径2nm）、透析膜、离子交换膜。

（2）根据膜断面的物理形态　分为对称膜、不对称膜和复合膜。对称膜是指结构与方向无关的膜，根据制造方法不同使膜具有不规则的孔结构或者所有孔具有确定的直径；非对称膜有一个很薄且比较致密的分离层（0.1~1.0μm）和多孔支撑层（100~200μm）。分离层决定分离特性，支撑层使膜具有机械强度；非对称膜具有高效传质效率和良好的机械强度。

（3）根据材料　可分为有机膜、无机材料膜。目前有机膜是由高分子材料（纤维素酯、脂肪族和芳香族聚酰胺、聚砜、聚丙烯酯、硅胶等）制成的聚合物膜（合成膜）；无机膜主要是由陶瓷、微孔玻璃、不锈钢和碳素等材料制成，与有机膜相比，具有物理稳定性好、耐高温、耐高压、化学稳定性好、耐酸、抗微生物能力强、机械强度大等优点，劣势是无弹性、不易加工成型、可用材料少、成本较高、不耐强碱。

（4）根据膜来源　可分为天然膜和合成膜。合成高分子膜主要有聚砜、聚酰胺、聚丙烯腈、聚烯类和含氟聚合物。

（5）根据膜的相态　可分为固体膜和液体膜。膜分离技术所用的膜大部分是固体膜。液态膜是人们试图改变固体高分子膜的状态，使穿过膜的扩散系数增大、膜的厚度减小，从而使透过速度跃增，并再现生物膜的高度选择性迁移。在20世纪60年代中期诞生的一种新的膜分离技术——液膜分离法（类似反胶团萃取法），所谓的液膜就是指悬浮在液体中很薄的一层乳液微粒。

（6）根据膜的孔径大小和功能　可分为微滤膜、超滤膜、纳滤膜、透析膜、反渗透膜、离子交换膜等。

3. 膜材料的特性

膜与膜组件

在膜材料的实际应用中，针对不同分离对象必须采用与其相应的膜材料，但对膜的基本要求是一样的，主要有以下几个方面。

（1）耐压　为达到有效分离目的，各种功能分离膜的微孔都是很小的，为提高膜的流量和渗透性，就必须外加推动力，如超滤膜可实现10~200μm的微粒分离，需要施加压力差为100~1000kPa的推动力，这就要求膜在一定压力下不被击穿或压破。

（2）耐温　分离和提纯过程中所需的温度范围为0~82℃，清洗和蒸汽消毒系统所需温度≥110℃。因此要求膜有非常好的热稳定性。

（3）耐酸碱性　待分离的偏酸、偏碱性物质严重影响膜的寿命，例如，使用醋酸纤维素膜的酸性范围是pH 2~8，在此酸度范围内偏碱性纤维素就会水解。

（4）化学相容性　要求膜材料能耐各种化学物质的侵蚀而不致产生膜性能的改变，有好的化学稳定性。

（5）生物相容性　高分子材料对生物大分子来说是一个异物，因此要求其无抗原特异性，不使蛋白质和酶发生变性。

4. 膜的制备

不同膜的制备方法不尽相同，一般可采用溶液浇铸和流延。对称膜通常采用溶液浇铸法制备，即将一定浓度的高分子溶液倾倒在光洁的平板上形成薄层，再将溶剂蒸发而成。非对称膜用Loeb-Sourirajan发明的L-S相转移法制备。

（二）膜分离的概念

1. 膜分离的基本定义

膜分离法是依靠膜的选择性透过作用，以外界能量（如压力差、浓度差等）作为推动力，对双组分或多组分的溶质和溶剂进行分离、分级、提纯和浓缩的方法。膜分离是一种使用半透膜的分离方法。如果透过半透膜的只是溶剂，则溶液就获得了浓缩，此过程称为膜浓缩；如果过程中透过半透膜的除了溶剂还有选择性地让一些溶质组分通过，使溶液中不同溶质得到分离，此过程则称为膜分离。

2. 膜分离技术的特点

膜分离是现代化分离技术中一种效率较高的分离手段，在生化分离工程中具有很重要的作用，具有以下一些优点：①在常温下进行有效成分损失极少，尤其使用于热敏性物质，如抗生素、酶、蛋白质、果汁等。②无相态变化，分离精度高，保持原有风味。③无化学变化，典型的物理分离过程，无化学剂和添加剂，不受二次污染。④选择性好，可在分子级内进行物质分离，具有普通滤材无法取代的卓越性能。⑤适应性强，处理规模可大可小，可直接放大，可连续或间歇操作，工艺简单，操作方便，易于自动化，常温操作，能耗低，节约成本。

膜分离也存在一些缺点和局限性：①操作中膜会被污染，使膜的性能降低，必须要结合膜面清洗工艺。②从目前获得的膜性能来看，其耐药性、耐热性、耐溶剂能力都是有限的，使其应用范围受到限制。③单独采用膜分离技术效果有限，往往需要同其他分离工艺组合使用。④膜材料的价格比较高，大多膜工艺运行费用昂贵。

3. 膜分离的分类

膜分离过程可认为是一种物质被透过或被截留于膜的过程，类似筛分过程，可按被分离的粒子或分子大小分类，但不够严格。在生物分离过程中常用的膜分离方法有：微滤、超滤、纳滤、透析、反渗透、电渗析、渗透气化等。各种膜分离方法的原理和应用范围如表 8-1 所示。

表 8-1　　各种膜分离方法的原理和应用范围

类型	传质推动力	分离原理	应用举例
微滤（MF）	压差	截留	菌体、胞体、病毒的分离，固液分离
超滤（UF）	压差	截留	蛋白质、肽、多糖的浓缩和纯化，病毒的分离
纳滤（NF）	压差	截留	水软化、有机物和生物活性物质的除盐和浓缩
透析（DS）	浓差	筛分	脱盐，除变性剂
反渗透（RO）	压差	外压克服渗透压	盐、氨基酸、糖的浓缩，淡水制造
电渗析（ED）	电位差	离子迁移	脱盐、氨基酸和有机酸分离

二、膜分离过程的类型

（一）微滤

微滤（microfiltration，MF）是世界上开发应用最早的膜过滤技术。早在 19 世纪中叶，人们就已经开始利用天然或人工合成的高分子聚合物制得微滤膜。20 世纪60年代，随着高分子材料的研究与开发，极大促进了微滤膜的发展，应用范围由实验室和微生物检测扩展到了医药、饮料、生物工程、超纯水、石化、环保等广阔领域。

1. 概念及特点

微滤是以多孔细小薄膜为过滤介质，依靠膜两侧的静压差，利用膜的“筛分”作用对物质进行选择性透过，达到分离的目的。

微滤膜主要有以下特点：①微孔过滤膜厚度薄、孔径均一、孔隙率高，故过滤速度快；②滤液质量高，也可称为绝对过滤；③过滤时介质不会脱落，耐高温，没有杂质析出、无毒；④吸附少，通量大，运行成本低；⑤使用和更换方便，使用寿命长；⑥适合于过滤悬浮的微粒和微生物，生物工业中常用于物料的除菌及澄清过滤，还常作为超滤、纳滤、反渗透的预过滤。

2. 原理及过程

微滤膜具有明显的孔道结构，主要用于截留高分子溶质或固体微粒。在静压差的作用下，小于膜孔的粒子通过滤膜，粒径大于膜孔的则被拦截在滤膜面上，使大小不同的组分得以分离。微滤膜用膜的平均孔径标志膜的型号，微滤膜的孔径分布范围在0.05~10μm；采用的压力一般在0.05~0.5MPa，适用于过滤和悬浮的微粒与微生物如表8-2所示。

表8-2　　MF滤除微粒与微生物的效率

测试微粒	球形 SiO_2	球形聚苯乙烯		细菌	热原
直径/μm	0.21	0.038	0.085	0.1~0.4	0.001
脱除率/%	>99.990	>99.990	100	100	>99.997

一般认为，微滤的分离机理为筛分机理，膜的物理结构起决定作用。此外，吸附和电性能等因素对截留也有影响。微孔滤膜的截留机理因其结构上的差异而不尽相同，大体可分为表面层截留和膜内部截留，如图8-1所示。表面截留是指将微粒截留在膜表面，包括因粒径大小的筛分作用造成的机械截留、受吸附和电性能影响的物理或吸附截留、因微粒在孔径口形成架桥结构而截留的架桥作用；膜内截留是指将微粒截留在膜内部而非表面。表面截留的过程接近于绝对过滤，容易清洗，但杂质捕捉量相对于内部截留较少；膜内部截留杂质捕捉量多，但不容易清洗，多属于一次性使用。

3. 应用

微滤目前主要用于无菌液体的产生、生物制剂的分离、超纯水制备及空气过滤、生物及微生物的检查分析等方面，涉及实验室应用、制药工业和生物领域。目前正在被引入更广泛的领域，如在食品工业领域许多应用已实现工业化；饮用水生产和城市污水处理是两大潜在市场，用于工业废水处理方面的研究正在大量

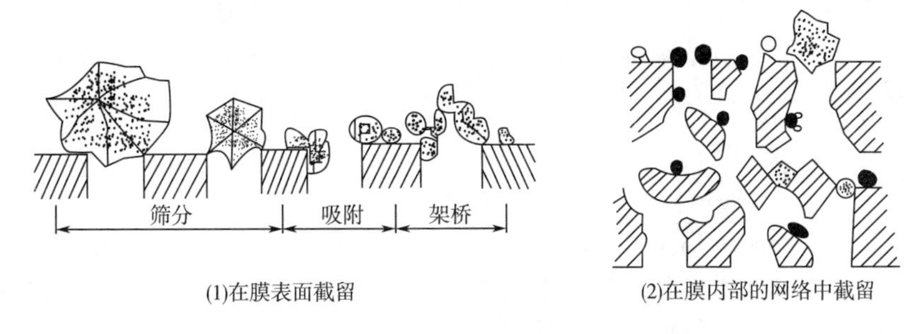

图 8-1　微孔滤膜不同截留方式示意图

开展；随着生物技术工业的发展，微滤在这一领域所占市场越来越大。

（二）超滤

超滤（ultra-filtration，UF）首先出现在 19 世纪末，用牛心包膜截取阿拉伯胶被认为是世界上第一次超滤实验，但之后很长时间微滤只用于实验室纯化及浓缩。直到 1963 年第一张不对称膜被开发出来，才推动科学家开始寻找更优异的超滤膜，从而形成 1965—1975 年的超滤大发展时期，成功开发了聚砜、聚丙烯腈、聚碳酸酯等超滤膜。超滤已成为目前膜分离技术的重要操作单元。

1. 概念

超滤是利用膜两侧的压力差为动力将分子有选择地透过膜的过程。原料液中大于膜孔径的大粒子溶质被膜截留，小于膜孔的粒子溶质则通过滤膜，从而实现分离的过程。透过膜的分子除溶剂水外，还可将溶质中的小分子（如无机盐等）通过膜，因此属于一种“膜分离”过程。超滤膜的分离介质与微滤膜类似，但是孔径远小于微滤膜，为 0.001～0.05μm，采用的压力通常为 0.1～10MPa，分离范围为直径 1～50nm 的粒子，如蛋白质、病毒等生物大分子；单位面积上的孔面积也比微滤膜低，这使得超滤膜的传质通量低于微滤膜。

2. 机理

在压力的作用下，料液中含有的溶剂及各种小粒子溶质从高压料液侧透过超滤膜达到低压侧，从而得到透过液（超滤液）；尺寸比膜孔径大的大粒子溶质被截留形成浓缩液。溶质在被膜截留的过程有以下几种方式：①停留在膜表面的机械截留。②在膜表面及微孔内吸附。③膜孔的堵塞。不同的体系，各种作用方式的影响也不同。

3. 特点及应用

超滤膜分离具有以下特点：无相变，无须加热，易保持物料活性；设备简单，占地面积小，能耗低，操作费用低；操作压力低（相对于反渗透操作），因而对泵与管道的材料要求不高；易造成浓差极化和堵塞（采取措施：物料预处理、增大流速、加湍流促进器）等。

超滤膜分离适用于酶、蛋白质等生物大分子物质（3000～1000000u）的分离，蛋白质、多肽、多糖的浓缩纯化和蛋白质溶液脱盐及缓冲液交换。目前在水处理、食品化工、医药、医疗用人工肾等多个方面均有应用。

（三）反渗透

反渗透又称高滤（hyperfiltration），是 20 世纪 60 年代发展起来的一项膜分离技术。虽然反渗透技术的出现晚于微滤和超滤，但其发展却推动了整个膜分离的崛起，目前是一种技术发展较成熟的膜分离过程。

1. 概念

反渗透（reverse osmosis，RO）是利用反渗透膜只能透过溶剂（通常是水）的选择性，对溶液施加压力以克服溶液的渗透压，使溶剂通过反渗透膜从溶液中分离出来的过程。理想的反渗透膜是无孔的，但实际上孔径为 0.1～1nm。操作压力一般为 1.0～10.0MPa，截留组分为 1～10μm 的小分子溶质。除此之外，还可从液体混合物中去除全部悬浮物、溶解物和胶体。例如，从水溶液中将水分离出来，以达到分离、纯化等目的。目前，随着超低压反渗透膜的开发，已可在小于 1MPa 压强下进行部分脱盐，适用于水的软化和选择性分离。

2. 机理及过程

如图 8-2 所示，当盐水（溶剂+水）与纯水分别置于半透膜两侧时，纯水分子自发透过膜进入盐水一侧，直至达到渗透的动态平衡（此时纯水相与盐水相中水的化学势差等于零）。此时半透膜两侧的压力差即为渗透压。此时，如果向盐水侧施加外压压力大于渗透压，盐水中的溶剂（水）会克服渗透压而通过半透膜进入纯水侧，即反渗透现象，从而达到水纯化的目的。

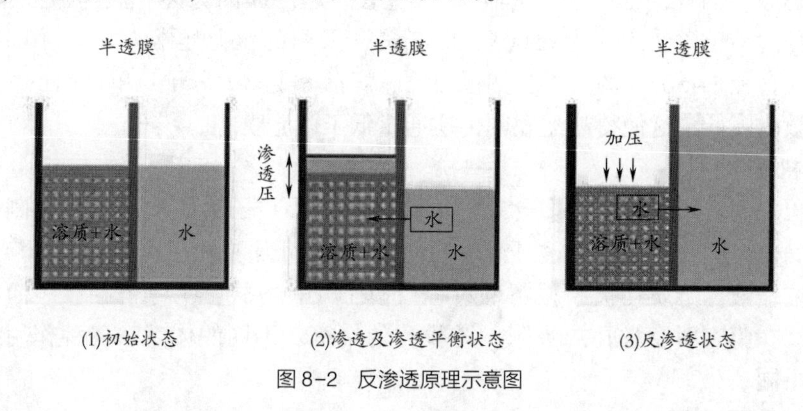

图 8-2　反渗透原理示意图

膜的性能决定反渗透体系的性能，一般常用的反渗透膜包括醋酸纤维素膜、芳香聚酰胺膜和复合膜。反渗透膜的选择透过性和组分在膜中的溶解、吸附和扩散有关，因此除于膜孔的大小、结构有关外，还与膜的化学、物理性质密切相关，即与组分和膜之间的相互作用密切相关。反渗透膜对无机离子的分离率随离子价数的增高而增高；价数相同时，分离率随离子半径而变化；对同一族系的，相对分子质量大的分离性能好；对碱式卤化物的脱除率随周期表次序下降，而对无机酸则成相反的趋势；相对分子质量大于150的大多数组分，不论是电解质还是非电解质，都能很好地脱除。

3. 应用

反渗透技术具有物料无相变，能耗低，设备简单，在常温下操作和适应性强等特点，大规模地应用于海水、苦咸水的淡化、纯水的制备及生活用水的处理，以及其他方法难以分离的混合物，如合成或天然的聚合物，并且已被广泛地应用在电子、石油化工、医疗卫生、环境工程、国防等领域。随着反渗透膜的高度功能化和应用技术的开发，反渗透过程的应用逐渐渗透到制备受热易分解或化学性质不稳定的产品，如制药、生物制品和食品等方面。

（四）纳滤

20世纪80年代初期，美国科学家研究了一种薄层复合膜，可使90g/100mL的NaCl透析，99%的蔗糖被截留。显然，这种膜既不能称之为反渗透膜（因为不能截留无机盐），也不属于超滤膜范畴（不能透过低分子质量的有机物）。由于这种膜在渗透过程中截留率大于95%的分子约为1nm，因而被命名为“纳滤膜”。20世纪90年代才有了商品性的纳滤膜。

纳滤（nanofiltration，NF）是介于超滤和反渗透之间，以压力差为动力，从溶液中分离出相对分子质量300~1000物质的膜分离过程。纳滤特点是：在过滤分离过程中，它能截留小分子的有机物，并可同时透析出盐，即浓缩与透析为一体；操作压力低，因为无机盐能通过纳滤膜而透析，使得纳滤的渗透压力远比反渗透低。纳滤常用于水质软化、有机物和生物活性物质的除盐和浓缩等方面。

（五）透析

如图8-3所示，利用具有一定孔径大小、高分子溶质不能透过的亲水膜将含有高分子溶质和其他小分子溶质的溶液（左侧）与纯水或缓冲液（右侧）分隔。由于膜两侧的溶质浓度不同，在浓度差的作用下，左侧高分子溶液中的小分子溶质（如无机盐）透向右侧，右侧的水透向左侧，这个过程就是透析（dialysis，DS）。通常将右侧纯水或缓冲溶液称为透析液，所用的亲水膜称为透析膜。透析过程中透析膜内无流体流动，溶质以扩散的形式移动，推动力为膜两侧溶质的浓度差。透析膜一般为孔径5~10nm的亲水膜，如纤维素膜、聚丙烯腈膜和聚酰胺膜等。

（六）电渗析

电渗析（electrodialysis，ED）技术是指在直流电场的作用下，由于离子交换膜的阻隔作用，实现溶液的淡化和浓缩，推动力是静电引力。电渗析器是利用离

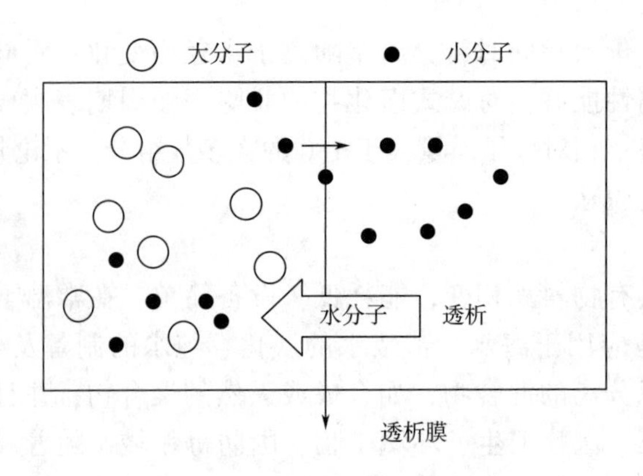

图 8-3 透析原理

子交换膜的选择透过性进行工作的，即在膜表面和孔内共价键结合有离子交换基团。键合阳离子交换基团的膜称为阳离子交换膜，键合阴离子交换基团的膜称为阴离子交换膜。在电场作用下，阳离子交换膜只允许阳离子选择性通过而阴离子被阻挡；阴离子交换膜只允许阴离子选择性通过而阳离子被阻挡。

电渗析在工业上多用于海水和苦咸水的淡化及废水处理。作为生物分离技术，电渗析可用于氨基酸和有机酸等生物小分子的分离纯化等。

三、膜组件的形式及操作方式

（一）膜组件形式

由膜、固体膜的支撑物、间隔物以及收纳这些部件的容器构成一个单元，称为膜组件（membrance module）或膜装置。膜组件是膜分离装置的核心部分。良好的膜组件应具备以下条件：①沿膜面的流动情况好，以利于减少浓差极化。例如沿膜面切线方向的流速相当快，或者有较高剪切力。②单位体积中所含的膜面积较大。③组件的价格低。④清洗和膜更新方便。⑤保留体积小且无死角。

根据膜的形式和排列方式，目前可把市售的膜组件分为四种类型：管式、平板式、螺旋卷式、中空纤维式（包含毛细管式）。各种膜组件的特征及应用范围的比较见表 8-3，优缺点见表 8-4。

表 8-3　　各种膜组件特性及应用范围

膜组件	比表面积/（m^2/m^3）	设备费	操作费	膜面吸附层的控制	应用
管式	20~30	极高	高	很容易	超滤，微滤
平板式	400~600	高	低	容易	超滤、微滤、渗透汽化
螺旋卷式	800~1000	低	低	难	反渗透、超滤、微滤
毛细管式	600~1200	低	低	容易	超滤、微滤、渗透汽化
中空纤维式	约 10^4	极低	低	很难	透析、反渗透

表 8-4　　各种膜组件的特点

膜组件	优点	缺点
管式	内径大，结构简单，易清洗，无死角，适宜于处理含固体较多的料液；单根管子可以调换，膜芯使用寿命长。膜通量大，浓缩倍数高	保留体积大，单位体积中所含过滤面积较小，填装密度较低；压降大，对泵要求高；单位面积造价高
平板式	保留体积小，能量消耗介于管式和螺旋卷绕式之间	死体积较大
螺旋卷式	单位体积中所含过滤面积大；结构简单，易于更换新膜；膜芯填装密度高，单位面积膜造价低，操作压力低，对泵要求低	料液需要预处理，压降大，容易污染，清洗困难；膜间距窄对料液预处理要求高
中空纤维式	保留体积小，单位体积中所含过滤面积大，可以逆洗，操作压力较低（小于 0.25MPa），动力消耗较低	料液需要预处理，单根纤维损坏时，需调换整个膜件

1. 管式膜组件

管式膜组件是将膜固定在内径为 10~25mm，长约 3m 的畅通多孔状支撑体上，10~20 根管式膜并联，或用管线串联，收纳在筒式容器内构成的，见图 8-4。

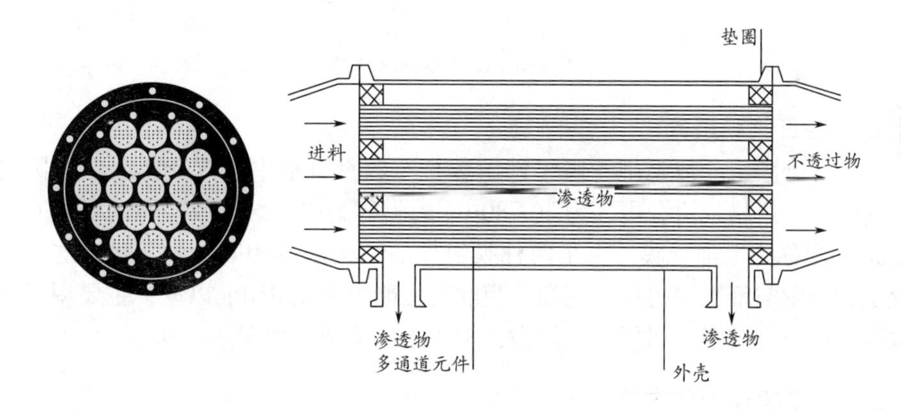

图 8-4　多通道管式膜组件

2. 平板式膜组件

平板式膜组件由多枚圆形或长方形平板膜以 1mm 左右的间隔重叠加工而成，膜间衬有多孔薄膜，供液料或滤液流动，如图 8-5 所示。

3. 螺旋卷式膜组件

螺旋卷式膜是将两张平板膜固定在多孔性滤液隔网上（隔网为滤液流路），两端密封。两张膜的上下分别衬设一张料液隔网（为料液流路），卷绕在空心管上，

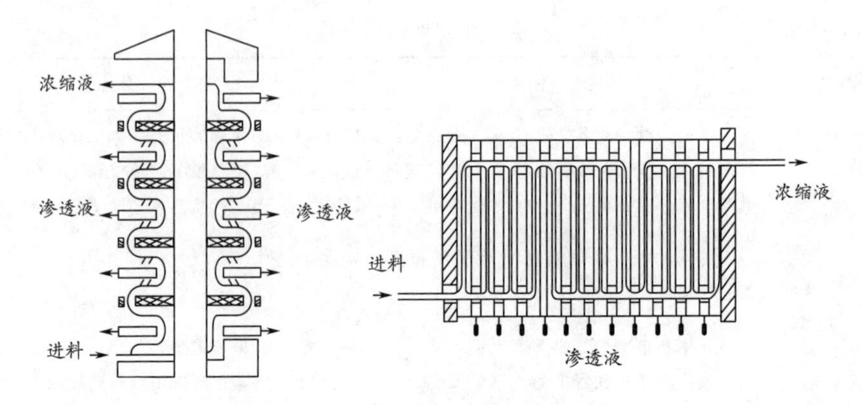

图 8-5　平板式膜组件

空心管用于滤液的回收，如图 8-6 所示。

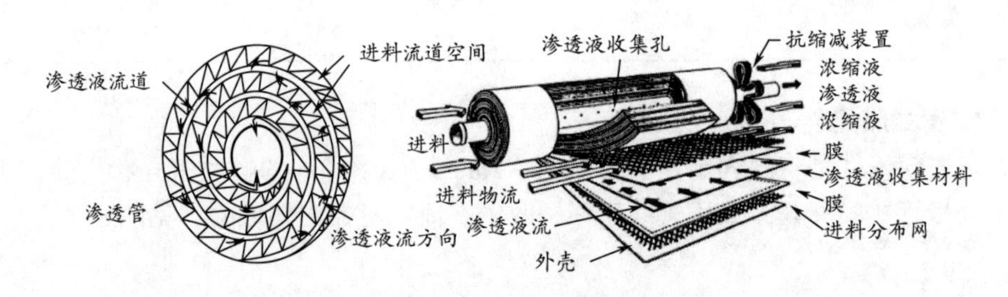

图 8-6　螺旋卷式膜组件

4. 中空纤维膜组件

中空纤维膜组件或毛细管膜组件由数百至数百万根中空纤维膜固定在圆筒形容器内构成。严格地讲，内径为 40~80μm 的膜称为中空纤维膜，而内径为 0.25~2.5mm 的膜称为毛细管膜。由于两种膜组件的结构基本相同，故一般讲这两种膜装置统称为中空纤维膜组件。毛细管膜的耐压能力在 1.0MPa 以上，主要用于超滤和微滤；中空纤维膜的耐压能力较强，常用于反渗透，如图 8-7 所示。

(二) 膜组件操作方式

膜的操作方式分为间歇式和连续式两种，间歇式操作又可分为浓缩模式和透析过滤模式。浓缩模式重点在浓缩，随着小分子溶质和水的透出，料液逐渐被浓缩，通量随着浓度的增大而降低，故分离不同大小分子所需时间长；透析过滤模式的操作是边超滤、边加缓冲液或水，加入速度和透过速度基本相等，料液浓度不变，故可保持较高的滤速，有利于分离大小分子。常将这两种模式结合起来操作。

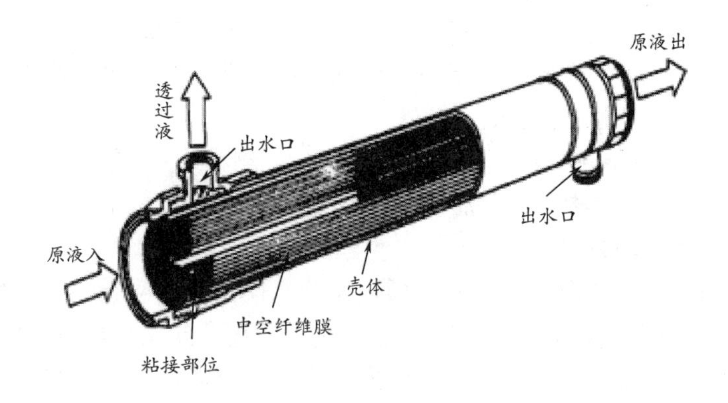

图 8-7　中空纤维膜组件

四、膜污染及清洗

在膜分离过程中遇到的最大问题就是膜污染（membrance fouling）。膜污染是指在膜的使用中，由于固体或溶质在膜面或膜孔内吸附、沉积造成膜孔径变小或堵塞，使膜通量大幅降低，分离性能变差的暂时性不可逆现象。膜污染最终会导致目标产物回收率下降，故必须对膜系统进行清洗，恢复膜组件的性能。

1. 膜污染的类型

根据膜污染的特点不同，可分为内污染和外污染。

（1）内污染　溶质在浓缩时结晶或沉淀在膜孔内使膜发生堵塞，导致膜的有效孔隙率下降。

（2）外污染　料液中的悬浮物质堆积于膜表面形成滤饼；溶解性有机物质浓缩后黏附于膜表面形成凝胶层；由溶解性无机物生成的水垢堆积附着在膜表面；由胶体或微生物等吸附在膜表面形成吸附层等构成。其中最常见的为浓差极化现象。

浓差极化是在膜的分离过程中，料液中溶剂在压力驱动下透过膜的过程中，大分子溶质被截留在膜表面，在膜的高压侧膜面区和邻近膜面区域的浓度越来越高，产生了由膜面到本体溶液之间的浓度梯度，这种浓度差使溶质由膜面反扩散到本体溶液中，形成边界层，使流体阻力与局部渗透压增大，导致溶液的透过通量下降，这一现象称为浓差极化现象（concentration polarization），这一过程中在膜面附近形成的一个稳定的浓度梯度区域称为浓度极化边界层。浓差极化效应是可逆的，可以通过改变速度、压力、温度和料液浓度等操作参数来实现。

2. 膜污染的影响因素

（1）水力学参数　料液的流动速度和流动方向会影响膜污染的程度。高流速会减少污染，在流体或横切流的高剪切力作用下，流体可从不同方向连续冲刷膜从而带走膜面已存在的比较疏松的污染物。

（2）膜的性质　主要表现在膜材质、膜的形态和膜表面性质三方面。膜材质，即膜材料的分子结构；膜形态包括膜表面孔隙率、孔径分布等；膜表面性质包括表面电荷与张力、粗糙度、亲疏水性等。

（3）料液的性质　料液中各组分的物理、化学性质，如黏度、浓度、pH、粒子或溶质大小、分子结构、形态及共存粒子等。

3. 膜污染的控制方法

（1）进料液的预处理　将料液经预过滤器，预先除掉使膜性能发生变化的因素，如调整料液 pH 或添加抗氧化剂来防止化学劣化；预先清除料液中的微生物，以防止生物附着；采用加热、调节料液的 pH 等方法减弱蛋白质在膜表面上的吸附；加入络合剂（如 EDTA 等）防止盐类离子沉淀。

（2）选择合适的膜材料（开发抗污染膜）　膜的亲疏性和电荷性会影响膜与溶质之间的相互作用，从而影响膜的污染程度。

为防止膜的亲疏性带来污染，通常采用的方法有两种：①用表面活性剂等小分子化合物预处理膜面，使膜面覆盖一层保护膜。②增加膜的亲水性，可在膜表面引入亲水基团，也可用复合膜手段复合一层亲水性分离层。

为防止膜的电荷性带来的污染，可利用荷电的同性相斥原理，尽量使膜材料与溶质带电性质相同。

（3）改善操作条件　加大供给液的流速，可防止形成固结层和凝胶层；改进膜过滤器操作方式（如旋转盘过滤器、螺旋盘绕旋风系统等）。

4. 膜的清洗和再生

膜污染不仅造成膜通量的大幅下降，且影响目的产物的回收率。为保证膜分离操作高效稳定地进行，必须定期对膜进行清洗，清洗方法包括物理法、化学法和生物法。

（1）物理清洗　利用机械作用，如注水正、反冲洗，气液混合冲洗，海绵球擦洗（管式膜），超声波振荡、电子振动等。中空纤维膜常可采用反洗和循环冲洗法，由于清洗液逆向流动，使凝胶层或阻塞物松动，在管内切向流的作用下被冲走。物理清洗仅可使膜的透水性得到一定恢复。

（2）化学清洗　使用某些化学清洗剂，如酸、碱、表面活性剂、络合剂和氧化剂等。

（3）生物清洗　对于蛋白质的严重吸附，可采用含蛋白酶的清洗剂，进行生物清洗。

五、新型膜分离技术

随着生物工程迅速发展，对大分子分离纯化的要求越来越苛刻。为获得高纯度、高质量、低成本的生物产品，需要突破传统的分离方法，寻求一种既经济又有效的新型分离途径已成为迫切需求。在传统研究中，膜分离和亲和分离是两个平行发展分离技术，各有其特色，也有一些不可克服的技术缺陷。目前将两种分离技术结合已经开发出两个分支：亲和膜分离和亲和超滤。

（一）亲和膜分离

亲和膜分离是亲和色谱和膜分离的结合，是利用膜作为基质，在对其进行改性，在膜内外表面活化并耦合配基，再按吸附、清洗、洗脱、再生的步骤对生物产品进行分离。亲和膜分离过程采用的设备与膜分离所用的类似，也是在膜组件中进行，操作类似于亲和色谱：将样品混合物缓慢地流过膜，使其中与亲和配基有特异性相互作用的分子和配基产生耦合，生成相应的配合物，然后通过改变条件，如洗脱液组成、pH、离子强度、温度等，使已经和配基产生相互作用的配合物分子解离，将其收集起来，再将膜进行洗涤、再生和平衡，以备下次分离使用。

亲和膜分离利用了生物分子识别，可分离低浓度的生物产品，且膜的渗透通量大，能在纯化的同时实现浓缩，此外还具有操作方便、设备简单、便于大规模生产的特点。

（二）亲和超滤

亲和超滤是将连有特异性配基的载体（微粒或水溶性高聚物）在适当流动状态下与目标蛋白质粗体混合，载体上耦联的亲和配基与溶液中的目标物进行特异性结合，形成体积及相对分子质量远大于杂蛋白的复合物。超滤时，复合物被截留，而杂质透过膜；然后，用合适的洗脱剂将结合的目标物洗脱下来，再通过超滤将目标物与载体分开，从而得到纯化的产品，同时，亲和载体被循环利用。

亲和超滤可以从稀溶液中专一性地提纯生物大分子，不需要引入新的化学杂质和苛刻的操作条件，亲和载体和目标蛋白具有很好的生物及化学相容性，避免产品活性受损。载体利用率和过程速率大为提高，可实现大规模连续化操作。

六、膜分离技术应用

（一）实验室规模的应用

实验室中常用的膜分离方法有透析、微滤及超滤。其中透析主要用于蛋白质纯化过程中的脱盐及更换缓冲液。微滤主要用于进入色谱柱之前的样品和缓冲液中颗粒杂质的去除，以及培养基中热敏新物质的过滤除菌，还可用于微粒子或微生物的检测，注射剂中不溶性异物的检测，饮用水中大肠杆菌群、啤酒中酵母和细菌、饮料中酵母及医药制品中细菌的检测等。超滤主要用于蛋白质溶液的浓缩、脱盐或更换缓冲液。

（二）工业生产中的应用

1. 菌体分离

利用微滤或超滤进行菌体的错流过滤分离是膜分离的重要应用之一。与传统的滤饼过滤和硅藻土过滤相比，错流过滤具有很多优点：透过通量大；滤液清净，菌体回收率高；不添加助滤剂或絮凝剂，回收菌体纯净，利于进一步回收操作（菌体破碎、胞内产物回收等）；适于大规模连续操作；易于进行无菌操作，防止杂菌污染。

2. 小分子生物产品的回收

氨基酸、抗生素、有机酸和动物疫苗等发酵产品的相对分子质量在2000以下，因此选用截留分子质量（Molecular Weight，Cut Off，MWCO）为$1\times10^4 \sim 3\times10^4$的超滤膜，可从发酵液中回收这些小分子发酵产物，然后利用反渗透法进行浓缩和除去相对分子质量更小的杂质。

此外，抗生素等发酵产物中常含有超过药检允许量的致热原，直接使用会引起恒温动物的体温升高，制成药剂前需进行除热原处理。热原一般由细菌细胞壁产生，主要成分是脂多糖、脂蛋白等，相对分子质量较大。如果产品的相对分子质量在1000以下，使用MWCO为1×10^4的超滤膜可有效除去热原，并且不影响产品的回收率。

3. 蛋白质的回收、浓缩与纯化

胞外蛋白质产物在微滤除菌的同时即可从滤液中回收，由于滤液清净，对进一步的分离纯化操作非常有利。对特定的蛋白质需根据其分子特性，选择合适的膜，并对料液进行适当的预处理（如调节pH和离子强度等），以提高目标产物的回收率。一般来说，胞外产物的收率较高，而胞内产物从细胞的破碎物中回收，收率较低。

根据蛋白质的相对分子质量，选择适当MWCO的超滤膜，可进行蛋白质的浓缩和去除其中的小分子物质，回收率可达95%以上。超滤浓缩和分级分离酶，产生部分纯化的酶制剂已经实现工业规模，其中关键问题是如何抑制酶的失活和膜对酶的吸附。由于超滤膜的孔径有一定的分布范围，利用超滤膜进行蛋白质的分级分离时，蛋白质之间的相对分子质量差需在10倍以上，否则难以分离。

4. 膜生物反应器

膜生物反应器是膜分离过程与生物反应过程耦合的生物反应装置，可用于动植物细胞的高密度培养、微生物发酵和酶反应过程。生物反应器形式很多，中空纤维膜反应器是其中的一种，用于动植物细胞的培养，细胞密度可达10^9/mL以上，远高于一般培养器。利用中空纤维膜生物反应器培养杂交瘤细胞是工业生产单克隆抗体的主要方法之一。

【知识链接】

透析在实验室中的应用

透析法在临床上常用于肾衰竭患者的血液透析。在生物分离方面，主要用于大分子溶液的脱盐。由于透析过程以浓度差为传质推动力，膜的透过量很小，不适于大规模生物分离过程，在实验室中应用比较多。

生化实验室中经常使用的透析袋孔径直径为5~80nm，将料液装入透析袋中，封口后浸入透析液中，一定时间后即可完成，必要时需更换透析液。处理量大时，为了提高透析速度，常使用比表面积较大的中空纤维透析装置。

实训案例15 蛋白质的透析

一、实训目的

1. 掌握透析的原理。

2. 学习透析的操作。

二、实训原理

蛋白质是大分子物质，不能透过透析膜，而小分子物质可自由透过。

在蛋白质分离提纯的过程中，常利用透析的方法使蛋白质与其中夹杂的小分子物质分开。

三、实训器材

透析管或玻璃纸、烧杯、玻璃棒、电磁搅拌器、试管及试管架。

四、实训试剂和材料

蛋白质的氯化钠溶液（3个除去卵黄的鸡蛋清与700mL水及300mL饱和氯化钠溶液混合后，用数层纱布过滤）、10g/100mL硝酸溶液、1g/100mL硝酸银溶液、10g/100mL氢氧化钠溶液、1g/100mL硫酸铜溶液、50%乙醇、10g/L Na_2CO_3、1mmol/L EDTA、蒸馏水。

五、实训操作步骤

1. 用蛋白质溶液做双缩脲反应（加10g/100mL氢氧化钠溶液约1mL，振摇均匀，再加1g/100mL硫酸铜溶液1滴，再振荡，观察出现的粉红颜色）。

2. 透析袋的预处理：将一适当大小和长度的透析管放在50%乙醇煮沸1h（或浸泡一段时间），再用10g/L Na_2CO_3 和1mmol/L EDTA洗涤，最后用蒸馏水洗涤2~3次，结扎管的一端。

3. 向火棉胶制成的透析管中装入10~15mL蛋白质溶液并放在盛有蒸馏水的烧杯中（或用玻璃纸装入蛋白质溶液后扎成袋形，系于一横放在烧杯的玻璃棒上）。

4. 约1h后，自烧杯中取水1~2mL，加10%硝酸溶液数滴使成酸性，再加入1%硝酸银溶液1~2滴，检查氯离子的存在。

5. 从烧杯中另取 1~2mL 水，做双缩脲反应，检查是否有蛋白质存在。

6. 不断更换烧杯中的蒸馏水（并用电磁搅拌器不断搅动蒸馏水）以加速透析过程，数小时后，当从烧杯中的水中不能再检出氯离子时，停止透析并检查透析袋内容物是否有蛋白质或氯离子存在（此时应观察到透析袋中球蛋白沉淀的出现，因为球蛋白不溶于纯水）。

六、结果与讨论

从氯离子和双缩脲反应检查结果，评价透析效果。

【知识梳理】

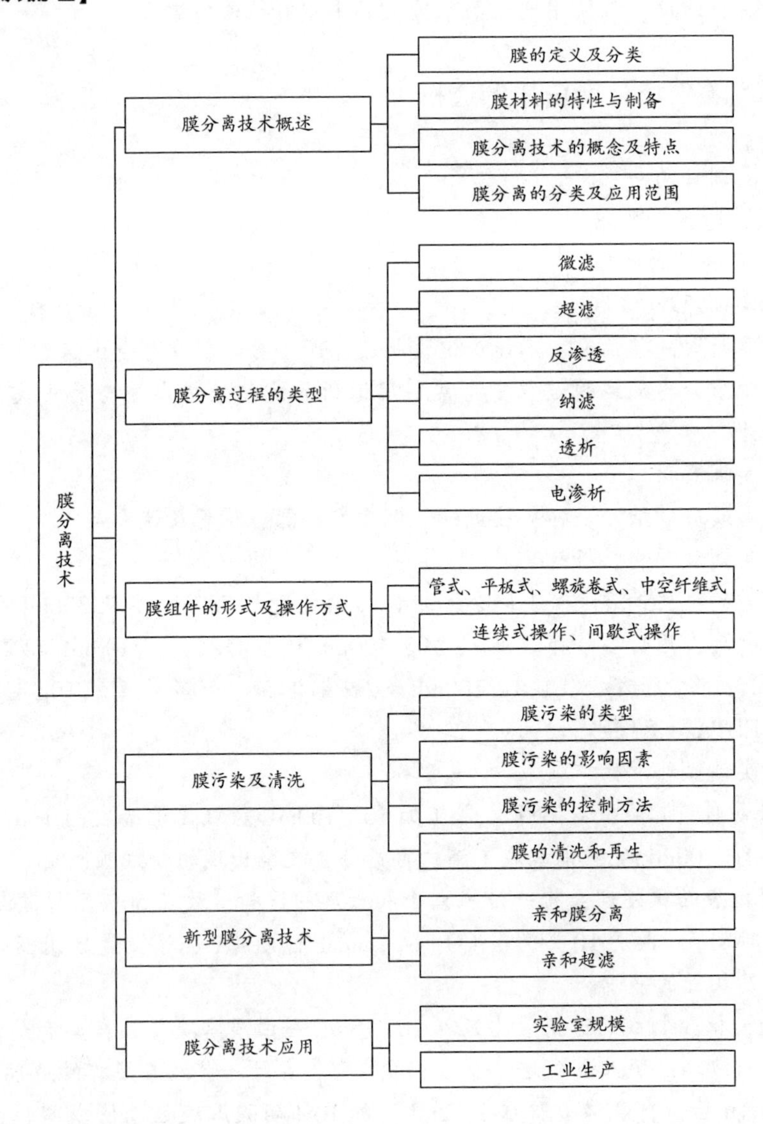

【目标检测】

一、填空题

1. 借助于膜而实现各种分离的过程称为________。

2. 如果在一个流体相内或两个流体相之间有一薄层凝聚相物质把流体分隔开来成为两部分，则这一薄层物质称为________。这种凝聚相物质可以是________，也可以是________或________。

3. 膜本身可以是均匀的一相，也可以是由________所构成的复合体。

4. 根据膜的材质可将膜分为________和________；从材料来源上分为________和________；按膜断面的物理形态分为________、________和________；根据膜的功能可分为________和________等；根据膜的相态可分为________和________。

5. 膜组件的四种类型：________、________、________、________。

6. 膜组件的操作方式分为________和________。

7. 膜污染的类型：________、________。

8. 膜清洗的方法分为________、________、________三种。

9. 膜分离与亲和分离结合起来的新型膜分离技术包括________、________两种。

10. 膜分离在工业中应用包括________、________、________等。

二、简答题

1. 什么是膜分离？

2. 简述膜污染的控制方法及膜的清理方法。

3. 什么是浓差极化现象？

项目九

浓缩与干燥技术

在食品、生物制药等生产过程中，初步提取液目的产物浓度往往较低，给后续的精制过程带来很多不便，于是将溶液中溶剂减少而使目的产物浓度增大的操作显得尤为重要，这一过程称为浓缩。

浓缩的主要目的是提高制品的浓度，增加制品的保藏性。除去产品中大量的水分，减少包装、贮藏和运输的费用。浓缩可以作为干燥或完全脱水的预处理过程，常在提取后和结晶前进行，有时也贯彻在整个生化制药过程中。

干燥通常是生物产品成品化前的最后一步。在生化产品的生产过程中，经常会遇到各种湿物料，湿物料所含的需要在干燥过程中除去的液体称为湿分。干燥的质量直接影响产品的质量和价值，因此干燥技术在生物分离与纯化过程中十分重要。

任务一 浓缩技术

知识目标

1. 掌握蒸发浓缩方法的原理、特点及适用范围。
2. 了解薄膜浓缩设备的特点。

能力目标

能够根据不同的生物物料，选择浓缩方法，并熟悉浓缩设备的使用方法和工作原理。

思政目标

通过浓缩技术的学习，培养学生科学严谨的规范操作意识。

任务导入

浓缩是从低浓度的溶液中除去水或溶剂使其变为高浓度的溶液的过程。目前浓缩技术很多，如蒸发浓缩、冷冻浓缩和膜蒸发浓缩等，但在生产实际上应用最普遍的是蒸发浓缩。

浓缩方法的选择应视目的产物的热稳定性而定，对于热稳定性的目的产物，常压和减压蒸发是最常用的方法。对于热不稳定的生物大分子，通常采用一些分离提纯方法也能起到浓缩作用。

浓缩

一、蒸发浓缩

蒸发是溶液表面的水或溶剂分子在获得的动能超过了溶液内分子间的作用力而脱离液面逸向空间的过程。

当溶液受热，溶剂分子动能增加，蒸发过程加快；液体表面积越大，蒸发越快。根据此原理，蒸发浓缩装置常常按照加热、扩大液体表面积、低压等因素设计。

（一）常压蒸发

根据操作室压力不同，蒸发过程可分为常压蒸发和减压蒸发（真空浓缩）。在常压下加热使溶剂蒸发，最后溶液被浓缩。常压蒸发方法简单，但仅适用于浓缩耐热物质及回收溶剂。

常压蒸发是一种热力学的分离工艺，它利用混合液体或液-固体系中各组分沸点不同，使低沸点组分蒸发，再冷凝以分离整个组分的单元操作过程，是蒸发和冷凝两种单元操作的联合。与其他的分离手段，如萃取、吸附等相比，它的优点在于不需使用系统组分以外的其他溶剂，从而保证不会引入新的杂质。

以实验室常用的蒸馏瓶为例，具体操作步骤：①加料，将待蒸馏液通过玻璃漏斗小心倒入蒸馏瓶中。②加热，用水冷凝管时，先由冷凝管下口缓缓通入冷水，自上口流出引至水槽中，然后开始加热。③观察沸点及收集馏液，进行蒸馏前，至少要准备 2 个接收瓶。因为在达到预期物质的沸点之前，沸点较低的液体先蒸出。这部分馏液称为“前馏分”或“馏头”。前馏分蒸完，温度趋于稳定后，蒸出的就是较纯的物质，这时应更换一个洁净干燥的接收瓶接收，记下这部分液体开始馏出时和最后一滴时温度计的读数，即是该馏分的沸程（沸点范围）。一般液体中或多或少地含有一些高沸点杂质，在所需要的馏分蒸出后，再继续升高加热温度。④蒸馏完毕，应先停止加热，然后停止通水，拆下仪器。拆除仪器的顺序和装配的顺序相反，先取下接收器，然后拆下尾接管、冷凝管、蒸馏头和蒸馏瓶等。

操作时要注意：①在蒸馏烧瓶中放少量碎瓷片，防止液体暴沸。②温度计水银球的位置应与支管口下端位于同一水平线上。③蒸馏烧瓶中所盛放液体不能超过其容积的2/3，也不能少于1/3。④冷凝管中冷却水从下口进，上口出。⑤加热温度不能超过混合物中沸点最高物质的沸点。

（二）减压蒸发（真空浓缩）

减压蒸发通常在常温或低温下进行，可以不通过加热而通过降低浓缩溶液面的压力使沸点降低，加速蒸发。此法适用于浓缩遇热易变性的物质，特别是蛋白质、酶、核酸等生物大分子。

在生物工业中通常采用减压蒸发，这是因为减压蒸发具有以下特点：①物料沸腾温度降低，避免或减少物料受高温所产生的质变。②沸腾温度降低，提高了热交换的温度差，增加了蒸发效率。③能不断地排除溶剂蒸气，有利于蒸发顺利进行。④物料沸点降低，可利用低压蒸气或废气作加热源。⑤密闭容器可回收乙醇等溶剂。但是，溶液沸点下降也使黏度增大，又使总传热系数下降。

常用的减压蒸发设备如下所示。

1. 减压蒸馏器

在减压及较低温度下使溶液得到浓缩，同时可将乙醇等溶剂回收。

2. 真空浓缩罐

用水流喷射泵抽气减压，适用于水提取液体的浓缩。

3. 管式蒸发器

在冷冻水侧设置多块折流板，使冷冻水横流过换热管，更好地与换热管接触，增强换热效果，优点是换热效果好，热效率高，结构紧凑，换热性能稳定持久，回油可靠，便于维护清理，如图 9-1 所示。

4. 单效蒸发和多效蒸发器

蒸发过程汽化所产生的水蒸气称为二次蒸汽。根据二次蒸汽是否用来作为另一蒸发器的加热蒸汽，蒸发过程可分为单效蒸发和多效蒸发。

蒸发过程中二次蒸汽直接冷凝排出的，称为单效蒸发。多效蒸发是多个蒸发器连用，将前一蒸发器产生的二次蒸汽用作后面一个蒸发器的加热蒸汽。二次蒸汽经过反复利用，可以直到二次蒸汽无法再利用为止，多效蒸发（如三效蒸发）的流程如图 9-2 所示。

多效蒸发需通过真空系统将各效的操作压力依次降低，相应的液体沸点也依

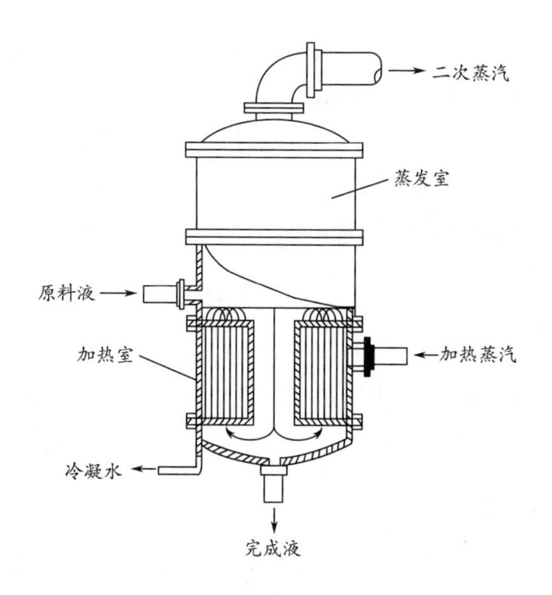

图 9-1　管式蒸发器

次降低，这样二次蒸汽与物料之间有一定的温度差存在，从而使二次蒸汽可以作为下一效的加热蒸汽，通过多次利用而达到节能目的。但是，效数太高，节能效果越来越差，且设备投资大大增加。因此，一般情况下，三效和四效是比较合适的多效蒸发方式。

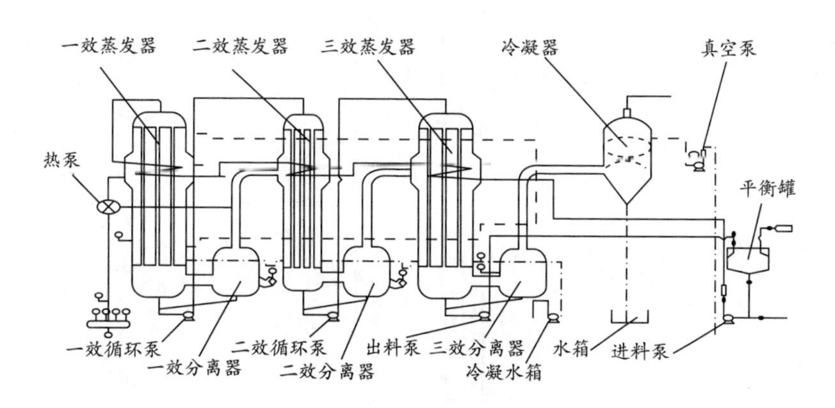

图 9-2　三效蒸发器

5. 间歇蒸发、连续式蒸发和循环式蒸发器

根据蒸发操作方式，可分为间歇蒸发、连续式蒸发和循环式蒸发器。

间歇蒸发设备，如旋转蒸发仪，其料液可一次性加入也可持续、缓慢地加入蒸发器，溶剂不断蒸发，达到指定浓度后，浓缩液一次出料。该法操作简单，浓度易于控制，但加热时间长，不适合热敏性生物物料。

连续式蒸发浓缩是将物料一次性、连续地通过蒸发装置，当溶液浓度达到规定值时，将完成液放出。其特点是物料受热时间短，适用于热敏性物料，处理量大，设备利用率高，但浓度不易于控制。

循环式蒸发浓缩，是在连续式蒸发装置中，使一部分浓缩液返回到蒸发器中，而使蒸发器中料液浓度增加的操作方法。该设备有部分浓缩液回流，增加进料液浓度的同时，也保证了加热管中液体的流量。目前，许多类型的连续式蒸发器以循环式蒸发器为主。

二、薄膜浓缩

薄膜蒸发浓缩即液体形成薄膜后蒸发，变成浓溶液。成膜的液体有很大的气化面积，热传导快，均匀，可避免药物受热时间过长。常用的薄膜浓缩设备如下所示。

（一）升膜式蒸发器

升膜式蒸发器是在蒸发器中形成的液膜与蒸发的二次蒸汽的气流方向相同，由下而上并流上升的蒸发器，如图 9-3 所示。

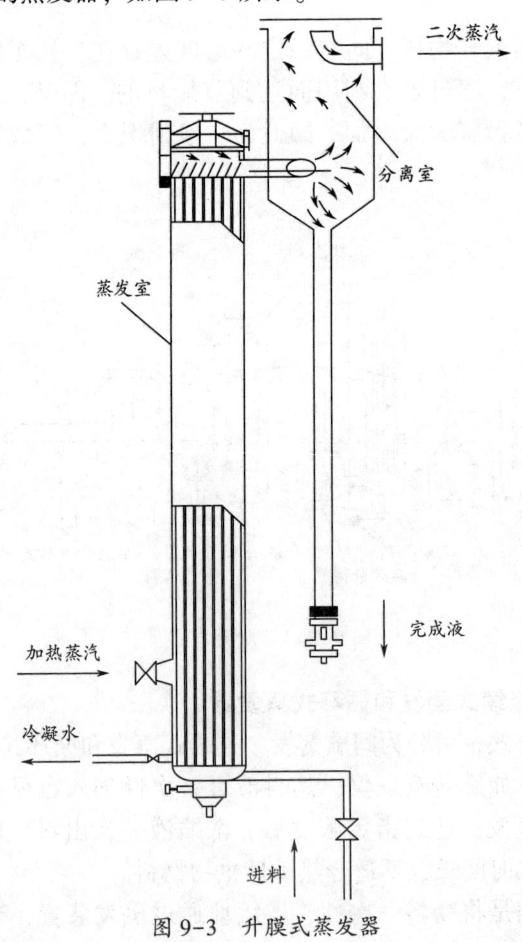

图 9-3　升膜式蒸发器

（二）降膜式蒸发器

降膜式蒸发器是物料溶液从蒸发器上部进入，经分配器导流管进入加热管，沿壁成膜状向下流，同时受热蒸发的蒸发器，如图 9-4 所示。

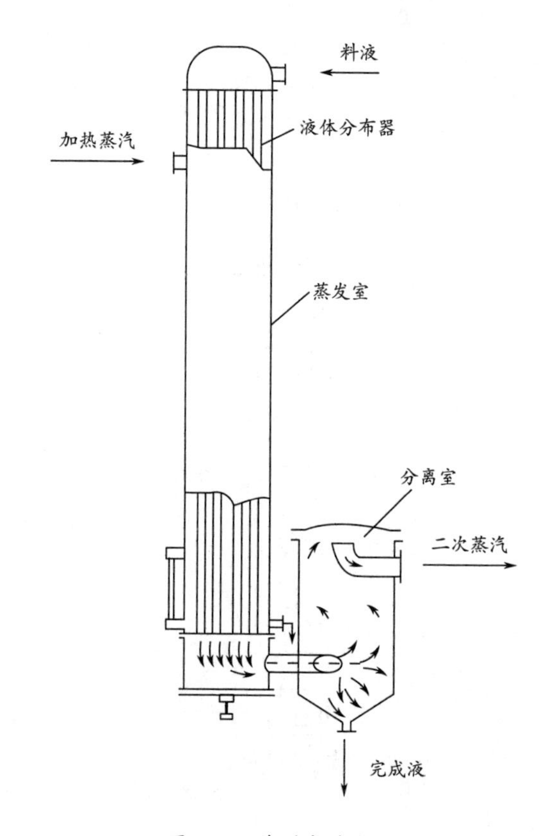

图 9-4　降膜式蒸发器

（三）升降膜式蒸发器

升降膜式蒸发器是在加热器内安装两组加热管，一组作升膜式，另一组作降膜式的膜蒸发器。预热后的料液先经升膜式蒸发器上升，然后由降膜式蒸发器下降，在分离器中和二次蒸汽分离即得完成液。这种蒸发器多用于蒸发过程中溶液黏度变化很大、溶液中水分蒸发量不大和厂房高度有一定限制的场合。

（四）刮板式薄膜蒸发器

刮板式薄膜蒸发器适用于高黏度、易结垢、热敏性料液的蒸发浓缩，但结构复杂，动力消耗大。加热管是一根垂直的空心圆管，圆管外有夹套，内通加热蒸汽。圆管内装有可以旋转的搅拌刮片，料液加入后，在重力和旋转刮片带动下，溶液在壳体内壁上形成下旋的薄膜，并在下降过程中不断被蒸发浓缩，在底部得到完成液，如图 9-5 所示。

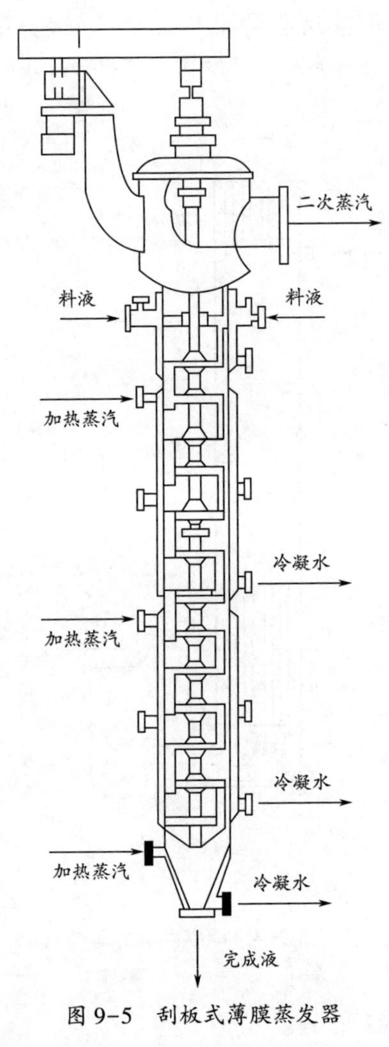

图 9-5　刮板式薄膜蒸发器

三、其他浓缩技术

一些生物分离提纯方法也能有效地起到浓缩作用。

（一）吸收浓缩

吸收浓缩是通过吸收剂直接吸收除去溶液中溶剂分子使溶液浓缩的方法。最常用的吸收剂有聚乙二醇、聚乙烯吡咯烷酮、蔗糖、凝胶等。

（二）超滤法

利用半透膜能够截留大分子的性质，把抽提液装入超滤装置，在空气或氮气压力下，使小分子物质通过半透膜，大分子物质留在膜内，有效将生物大分子进行了浓缩。

（三）沉淀法

在抽提液中加入适量的中性盐或有机溶剂，使有效成分变为沉淀。

（四）离子交换法

将稀溶液通过离子交换柱后，溶质被交换吸附后，再用少量洗脱液洗脱、分步收集，能够使所需物质的浓度提高几倍以至几十倍。

此外，溶剂萃取、吸附、亲和层析透析袋浓缩法等也能够达到浓缩的目的。浓缩技术在生物大分子的贮存中使用较多。

【知识链接】

旋转蒸发仪的介绍

1. 用途

旋转蒸发仪主要用于在减压条件下连续蒸馏大量易挥发性溶剂。尤其对萃取液的浓缩和色谱分离时的接收液的蒸馏，可以分离和纯化反应产物。

2. 工作原理

旋转蒸发仪（图 9-6）是通过电子控制，使置于水浴锅中恒温加热的烧瓶在最适合速度下恒速旋转以增大蒸发面积，并通过真空泵的连接使蒸发烧瓶内的溶液在负压下进行加热蒸发。同时还可进行旋转，速度为 50~160r/min，使溶剂形成薄膜，增大蒸发面积。此外，在高效冷却器作用下，可将热蒸汽迅速液化，加快蒸发速率。

3. 旋转蒸发仪的操作

（1）高低调节　手动升降，转动机柱上面手轮，顺转为上升，逆转为下降。电动升降，手触上升键主机上升，手触下降键主机下降。

（2）冷凝器上有两个外接头是接冷却水用的，一头接进水，另一头接出水，一般接自来水，冷凝水温度越低效果越好。上端口装抽真空接头，接真空泵皮管用来抽真空。

（3）开机前先将调速旋钮左旋到最小，按下电源开关指示灯亮，然后慢慢往右旋至所需要的转速，一般大蒸发瓶用中、低速，黏度大的溶液用较低转速。烧瓶是标准接口 24 号，随机附 500mL、1000mL 两种烧瓶，溶液量一般不超过烧瓶容积的 50% 为宜。

4. 注意事项

（1）玻璃零件接装应轻拿轻放，装前应洗干净，擦干或烘干。

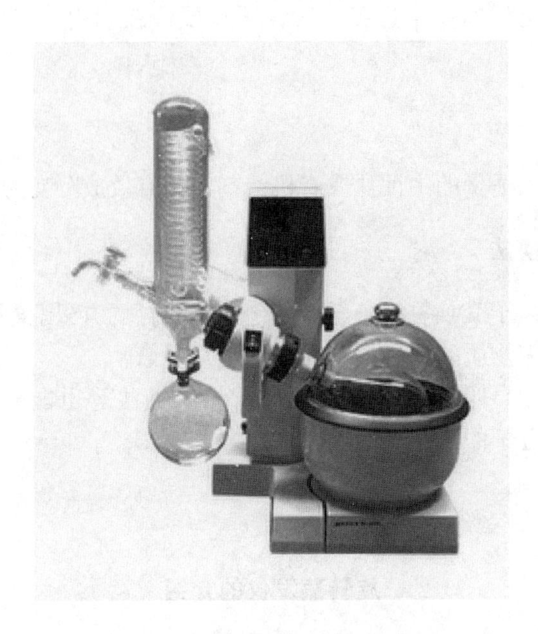

图 9-6　旋转蒸发仪

(2) 各磨口、密封面密封圈及接头安装前都需要涂一层真空脂。

(3) 加热槽通电前必须加水，不允许无水干烧。

(4) 如真空抽不上来需检查：①各接头、接口是否密封。②密封圈、密封面是否有效。③主轴与密封圈之间真空脂是否涂好。④真空泵及其皮管是否漏气。⑤玻璃件是否有裂缝、碎裂、损坏的现象。

(5) 使用时，应先减压，再开动电动机转动蒸馏烧瓶，结束时，应先停机，再通大气，以防蒸馏烧瓶在转动中脱落。

实训案例16　茶叶中茶多酚的提取

一、实训目的

1. 掌握减压蒸馏的原理和操作。

2. 学习减压蒸馏装置的安装和要求，以及旋转蒸发的原理和应用。

3. 了解减压蒸馏的适用范围。

二、实训原理

近年来随着人们生活水平的提高，茶叶的消费量也逐年增加。茶叶作为人们日常生活中最重要的食品、药品及保健品之一，多年来一直被广泛应用。研究表明，茶叶中的有效成分为茶多酚。茶多酚可使食品在较长时间内保持原有色泽与营养水平，能有效防止食品、食用油类的腐败，并能消除异味；茶多酚不仅可配制果味茶等饮料，还能抑制饮料中的维生素 A、维生素 C 等多种维生素的降解破坏，从而保证饮料中的各种营养成分，因此茶多酚具有较广的应用前景。

减压蒸馏是分离和提纯有机化合物的一种重要方法。它特别适用于分离那些在常压蒸馏时未达到沸点即已受热分解、氧化或聚合的物质。

液体的沸点是指它的蒸气压等于外界压力时的温度，因此液体的沸点是随外界压力的变化而变化的，如果借助于真空泵降低系统内压力，就可以降低液体的沸点，这便是减压蒸馏操作的理论依据。

本实训利用茶多酚易溶于乙醇、乙酸乙酯，而不溶于氯仿的性质来提取茶叶中的茶多酚。

三、器材

250mL 的三口烧瓶、布袋、蒸发皿、分液漏斗。

四、试剂和材料

茶叶、碳酸钠、乙醇、氯仿、乙酸乙酯、蒸馏水。

五、操作步骤

1. 提取

将粉碎的 10g 茶叶中加入 2g 碳酸钠并放入布袋内放好，置于三口烧瓶内，加乙醇 50mL，加热煮沸 30min，倾出提取液至蒸发皿内，再用 10mL 乙醇洗涤茶叶包，洗涤液并入提取液。

2. 分离纯化

将装有提取液的蒸发皿置于石棉网上，加热浓缩至提取液体积约 20mL，冷却至室温后将浓缩液移至分液漏斗，加入等量的氯仿萃取 2 次（萃取时振荡要轻，防止乳化），水层用于制备茶多酚。将氯仿萃取后的水层用等量乙酸乙酯萃取 2 次，每次 20min，合并乙酸乙酯萃取液，水浴减压蒸馏（或用旋转蒸发仪）回收乙酸乙酯，趁热将残液移入洁净干燥好的蒸发皿，改用水蒸气浴加热浓缩至近干，冷却至室温后，放入冰箱内冷冻干燥，得白色粉末即为茶多酚粗品。粗品用蒸馏水进行重结晶，得茶多酚精品。

六、结果与讨论

干燥后称量，计算产率。

七、思考题

1. 具有什么性质的化合物需用减压蒸馏进行提纯？

2. 在减压蒸馏的操作中，为什么必须先抽真空后加热？

3. 当减压蒸馏完所要的化合物后，应如何停止减压蒸馏？为什么？

任务二 干燥技术

成品干燥

知识目标

1. 了解干燥的基本类型。
2. 掌握物料干燥基本原理和生物产品干燥的特点。
3. 熟悉常用干燥技术的特点、设备工作原理及适用物料。

能力目标

能够针对待干燥生物物料的性质和产品质量要求选择合适的干燥方法，并熟悉干燥设备的使用方法和工作原理。

思政目标

通过干燥技术的学习，培养学生精益求精的工匠精神。

任务导入

为了减少成品的体积，便于运输，减少运输的费用及包装成本；延长成品的保存期；便于使用；符合规定的标准，便于后续的分析、研究等，生物产品分离的最后一步一般需要干燥操作。

许多生物产品，如酶制剂、单细胞蛋白、抗生素、氨基酸等均为固体产品。干燥是制取以固体形式存在、含水量在5%~12%的生物制品的主要方法。

一、基本原理

干燥是将潮湿的固体、膏状体、浓缩液及液体中的水分（或其他溶剂）除尽的过程。生化产品含水容易引起分解变性，影响质量。

干燥是利用热能除去物料中湿分（水分或其他溶剂）气化的单元操作。例如干燥固体时，干燥过程的实质是物料中被除去的水分从固相转移到气相中。在对流干燥过程中，干燥介质热气体将热能传至物料表面，再由物料表面传至物料内部，这是一个传热过程；水分从物料内部以液态或气态扩散，透过物料表面，然后水气通过物料表面的气膜而扩散到热气流的主体，这是一个传质过程。因此，固体物料对流干燥是一种热、质同时传递的过程。

（一）物料中的水分

在含水的物料中，水分与固体物料的性质及其相互作用的关系，对脱水过程有着重大的影响。关于水分与物料的结合状态有着不同的分类方法，根据其能否干燥除去分为平衡水分与自由水分，根据水分除去的难易程度分为结合水与非结合水。

1. 平衡水分与自由水分

物料与一定状态的空气接触后，物料将释出或吸入水分，最终达到恒定的含水量。若空气状态恒定，则物料永远维持这么多的含水量，不会因接触时间延长而改变，这种恒定的含水量称为该物料在固定空气状态下的平衡水分，又称平衡湿含量或平衡含水量。

物料中的水分超过平衡含水量的那部分水分，在干燥过程中可以去除的水分称为自由水分。自由水分包括全部的非结合水和部分结合水。

2. 结合水分和非结合水分

结合水分是存在于细小毛细管中或渗透到物料细胞内的水分，主要以物理化学方式结合，很难从物料中去除。当物料中含水较多时，除一部分水与固体结合外，其余的水只是机械地附着于固体表面或颗粒堆积层中的大空隙中（不存在毛细管力），这些水称为非结合水分。

（二）干燥过程

干燥操作中，常用干燥速度来描述干燥过程。其定义是单位时间内单位干燥面积上汽化的水分量。物料湿含量 ω 与干燥时间 t 的关系曲线，即 ω–t 曲线，再根据干燥速度定义，转化成干燥速度 v 与物料湿含量 ω 的关系曲线，即 ω–v 的曲线。恒定干燥条件下典型的干燥速度曲线如图 9–7 所示。

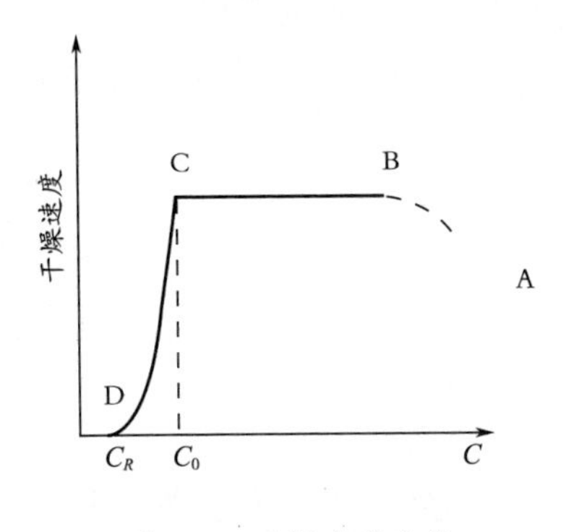

图 9–7　干燥速度曲线

1. 恒速干燥阶段

从图 9-7 中明显可以看出，干燥过程分为两个阶段，图中 ABC 段为第一阶段，若不考虑短暂的预热阶段（即 AB 段），则此阶段的干燥速度基本是恒定的，称为恒速干燥阶段。恒速干燥阶段的干燥速度取决于物料表面水分的汽化速率，即取决于物料外部的干燥条件（空气温度、湿度及流速等），所以恒速干燥阶段又称为表面汽化控制阶段，主要排除非结合水分。

2. 降速干燥阶段

图 9-7 中 CD 段表示第二阶段，在这一阶段中，随着物料湿含量的减少，干燥速度则不断降低，称为降速干燥阶段。两干燥阶段交点处所对应的湿含量，称为物料的临界湿含量，以 C_0 表示。明显地看出物料湿含量降至临界点以后，便进入降速干燥阶段。在这一阶段物料中非结合水已被蒸发掉，若干燥继续进行，只能蒸发结合水。在降速干燥阶段的干燥速率主要取决于物料本身的结构、形状及大小等特性，其次是干燥温度，所以降速干燥阶段又称为内部扩散控制阶段，主要排除结合水分。

（三）影响干燥效果的因素

影响干燥效果的因素主要有以下几类。

1. 物料的性质、结构和形状

物料的性质和结构不同，干燥速率也不同。物料的形状、大小以及堆积方式不仅影响干燥面积，同时也影响干燥速率。

2. 干燥介质的温度、湿度与流速

提高温度，通过加快蒸发速度使干燥速率加快；降低有限空间相对湿度，可提高干燥效率；加大空气流速，通过减小气膜厚度降低表面汽化阻力，加快干燥速率。

3. 干燥速率与干燥方法

干燥速率是指干燥时单位干燥面积、单位时间内汽化的水量。干燥速率不宜过快，太快易发生表面假干现象。正确的干燥方法是，静态干燥要逐渐升温，否则易出现结壳、假干现象；动态干燥要大大增加其暴露面积，有利于干燥效率。

4. 压力与蒸发量

减压干燥可以改善蒸发、加快干燥，使产品疏松、易碎且质量稳定。

二、常用的干燥技术

（一）冷冻干燥技术

冷冻干燥是指把含有大量水分的物质预先进行降温冻结成固体，然后在真空的条件下使水分从固体直接升华变成气态排除，达到除去水分而保存物质的方法。

经冷冻干燥后可以保持物料原有的形态，而且制品复水性极好。

冷冻干燥的优点是，在低温下干燥，使物品的活性不会受到损害；物品干燥后体积、形状基本不变，物质呈海绵状无干缩，复水时能迅速还原成原来的形状；物品在真空下干燥，使易氧化的物质得到保护；除去了物品中95%以上的水分，能使物品长期保存。因此，在生物制药等领域中的应用十分广泛，如疫苗、菌类、病毒、血液制品需冷冻干燥保存。

1. 冷冻干燥原理

物质有固态、液态和气态，物质的状态与其温度和压力有关，图9-8为水的状态平衡图。图中OS为升华线，OL为溶化线，OK为沸腾线。在任一条曲线上的任意点，都表示同时存在两相且互相平衡。在三曲线的交点处O点称为三相点，其温度为0.01℃，压力为610.75Pa。对于一定的物质，三相点的位置是不变的，即具有一定的温度和压力。在三相点以下，不存在液相。冷冻干燥就是在三相点以下的温度和压力下，物质可由固相直接升华变为气相，即进行了升华。

冷冻干燥就是在低温下抽真空，使冰面压强降低，水直接由固态变成气态从物质中升华除去，从而达到除去水分干燥的目的，适用于受热易分解破坏的物质。

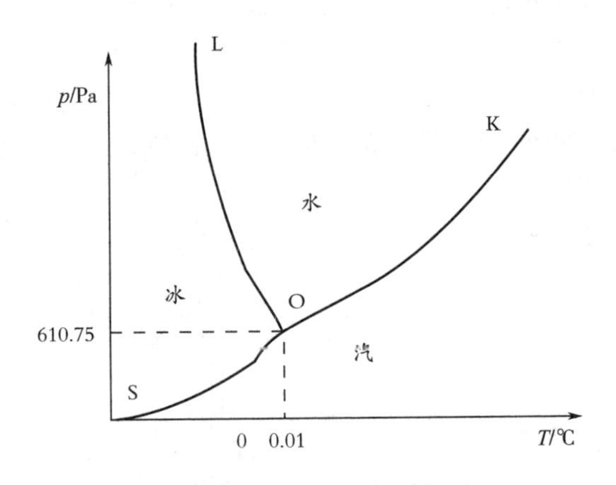

图9-8　水的状态平衡图

2. 冷冻干燥过程

冷冻干燥过程包括预冻、第一阶段干燥（又称升华干燥）和第二阶段干燥（又称解析干燥）。

（1）预冻　预冻是把制品冷冻，目的是固定产品，以便在一定的真空度下进行升华。预冻的程度，直接关系到物品以后干燥升华的质量和效率。预冻温度应设在制品的共晶点以下10~20℃。在升华过程中，物料温度应维持在低于而又接近共溶点的温度。

产品的预冻方法有冻干箱内预冻法和箱外预冻法。箱内预冻法是直接把产品放置在冻干机冻干箱内的多层搁板上，由冻干机的冷冻机来进行冷冻。箱外预冻将产品先在其他冷冻装置内按要求冷冻，然后进入冻干箱内。

（2）升华干燥　即第一阶段干燥，是将冻结后的产品置于密封的真空容器中加热，其冰晶就会升华成水蒸气逸出而使产品干燥。当全部冰晶除去时，第一阶段干燥就完成。为了使升华出来的水蒸气具有足够的推动力逸出产品，必须使产品内外形成较大的蒸汽压差，因此在此阶段中箱内必须维持高真空。

（3）解析干燥　也称第二阶段干燥。在第一阶段干燥结束后，产品内还存在约10%左右的水分吸附在干燥物质的毛细管壁和极性基团上，这一部分的水是未被冻结的。这一部分水分是结合水，当它们达到一定含量，就为微生物的生长繁殖和某些化学反应提供了条件。因此，为了改善产品的储存稳定性，延长其保存期，需要除去这些水分，这就是解析干燥的目的。

结合水是通过范德华力、氢键等弱分子力吸附在产品上，因此要除去这部分水，需要克服分子间的力，需要更多的能量。此时，可以把产品温度加热到其允许的最高温度以下，维持一定的时间，使残余水分含量达到预定值。

3. 冷冻干燥设备

产品的冷冻干燥需要在一定装置中进行，这个装置称为真空冷冻干燥机，简称冻干机。冷冻干燥器就是将含水物质，先冻结成固态，而后使其中的水分从固态升华成气态，以除去水分而保存物质的冷干设备。冷冻干燥器系由制冷系统、真空系统、加热系统、电器仪表控制系统所组成。主要部件为干燥箱、凝结器、冷冻机组、真空泵、加热/冷却装置等，冻干机示意图如图9-9所示。

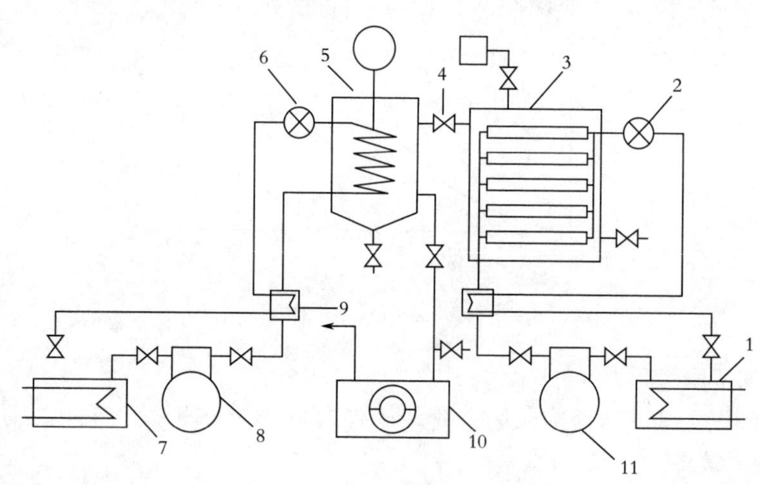

图9-9　冻干机示意图

1，7—冷凝器　2，6—膨胀阀　3—干燥室　4—阀门

5—低温冷凝器　8，11—制冷压缩机　9—热交换器　10—真空泵

（1）冻干箱　是一个能够制冷到-40℃左右，加热到80℃左右的高低温箱，也是一个能抽成真空的密闭容器。它是冻干机的主要部分，需要冻干的产品就放

在箱内分层的金属板层上，对产品进行冷冻，并在真空下加温，使产品内的水分升华而干燥。

（2）冷凝器　是一个真空密闭容器，在它的内部有一个较大表面积的金属吸附面，吸附面的温度能降到-40℃以下，并且能恒定地维持这个低温。冷凝器的功用是把冻干箱内产品升华出来的水蒸气冻结吸附在其金属表面上。

（3）真空系统　冻干箱、冷凝器、真空管道和阀门，再加上真空泵，便构成冻干机的真空系统。真空系统要求没有漏气现象，真空泵是真空系统建立真空的重要部件。真空系统对于产品的迅速升华干燥是必不可少的。

（4）制冷系统　制冷系统由冷冻机与冻干箱、冷凝器内部的管道等组成。冷冻机可以是互相独立的两套，也可以合用一套。冷冻机的功用是对冻干箱和冷凝器进行制冷，以产生和维持它们工作时所需要的低温，它有直接制冷和间接制冷两种方式。

（5）加热系统　对于不同的冻干机有不同的加热方式。有的是利用直接电加热法；有的则利用中间介质来进行加热，由一台泵使中间介质不断循环。加热系统的作用是对冻干箱内的产品进行加热，以使产品内的水分不断升华，并达到规定的残余水分要求。

（6）控制系统　由各种控制开关、指示调节仪表及一些自动装置等组成，它可以较为简单，也可以很复杂。一般自动化程度较高的冻干机则控制系统较为复杂。控制系统的功用是对冻干机进行手动或自动控制，操纵机器正常运转，以冻干出合乎要求的产品来。

（二）喷雾干燥技术

1. 喷雾干燥原理

喷雾干燥是系统化技术应用于物料干燥的一种方法。通过机械作用，将需干燥的物料，分散成很细的像雾一样的微粒（增大水分蒸发面积，加速干燥过程），并使雾滴直接与热空气（或其他气体）接触，在瞬间将大部分水分除去，从而获得粉粒状产品的一种干燥方法。该法能直接使溶液、乳浊液干燥成粉状或颗粒状制品，可省去蒸发、粉碎等工序。

喷雾干燥的主要优点：干燥速度快；在恒速阶段液滴的温度接近于使用的高温空气的湿球温度，物料不会因高温空气影响其产品质量；产品具有良好的分散性、流动性和溶解性；生产过程简单，操作控制方便，容易实现自动化；由于使用空气量大，干燥容积变大，容积传热系数较低；防止发生公害，改善生产环境；适于连续大规模生产。

主要缺点：设备较复杂，占地面积大，一次投资大；雾化器、粉末回收装置价格较高；需要空气量多，增加鼓风机的电能消耗与回收装置的容量；热效率不高，热消耗大。

喷雾干燥器应用范围主要有热敏性物料、生物制品和药物制品，基本上接近真空下干燥的标准。

2. 喷雾干燥过程

（1）料液的雾化　喷雾干燥的第一阶段是料液的雾化，雾化的目的在于将料液分散为微小的雾滴，使其具有很大的表面积，从而有利于干燥雾滴的大小和均匀程度，对产品质量和技术经济指标影响很大，特别是对热敏性物料的干燥。因此，料液雾化所用的雾化器是喷雾干燥的关键部件。

（2）雾滴和空气的接触、混合及流动　雾滴和空气接触、混合及流动同时进行传热、传质过程，在干燥塔内进行，即喷雾干燥的第二阶段。雾滴和空气有并流、逆流及混合流 3 种方式，如图 9-10 所示。雾滴与空气的接触方式不同，对干燥塔内的温度分布、雾滴（或颗粒）的运动轨迹、颗粒在干燥塔中的停留时间及产品性质等均有很大影响。

按喷雾液滴和热风流动方向分为以下几种。

并流型——液滴和热风呈同一方向流动。

逆流型——液滴和热风呈反方向流动。

混流型——液滴和热风呈不规则混合流动。

如图 9-10 所示。

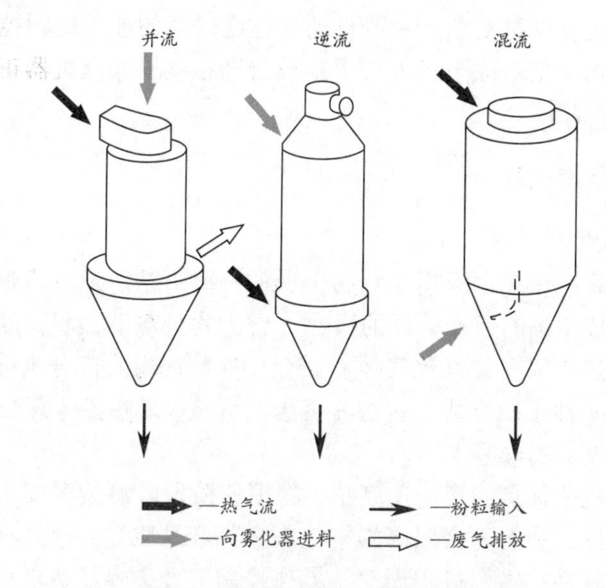

图 9-10　喷雾液滴和热风流动方向

（3）干燥产品与空气分离　喷雾干燥的第三个阶段——干燥产品与空气分离。喷雾干燥的产品大多数都采用塔底出料，部分细粉夹带在排放的废气中，这些细粉在排放前必须收集下来，以提高产品收率，降低生产成本；排放的废气必须达到排放标准，以防止造成环境污染。

3. 喷雾干燥设备

实现料液雾化的喷雾器有压力式喷雾器、气流式喷雾器和离心式喷雾器三种，由此形成压力喷雾干燥器、气流喷雾干燥器和离心喷雾干燥器三类喷雾干燥设备，如图 9-11 所示。

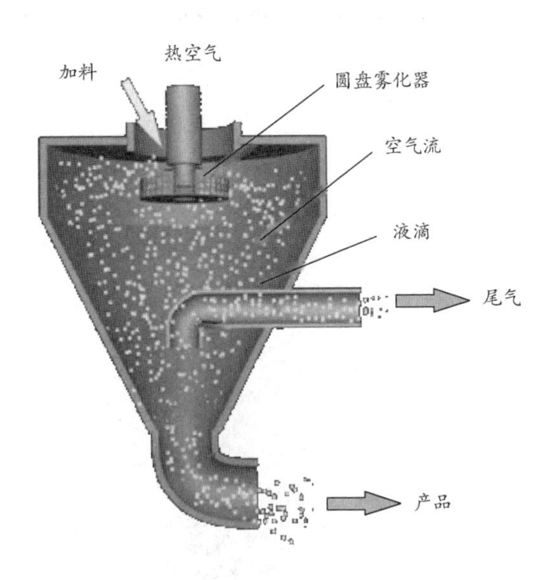

图 9-11　喷雾干燥器

压力喷雾干燥器是用高压泵使液体获得高压，高压液体通过喷嘴时，将压力能转变为动能而高速喷出时分散为雾滴。

气流喷雾干燥器是采用压缩空气或蒸汽以很高的速度（≥300m/s）从喷嘴喷出，靠气液两相间的速度差所产生的摩擦力，使料液分裂为雾滴。

离心喷雾干燥器是料液在高速转盘（圆周速度 90~160m/s）中受离心力作用从盘边缘甩出而雾化。

（三）气流干燥技术

1. 基本原理

气流干燥技术是利用热空气与粉状或颗粒状湿物料在流动过程中充分接触，气体与固体物料之间进行传热与传质，从而使湿物料达到干燥的目的技术。

优点是：干燥时间短；适用于热敏物质；生产能力大，投资费用少；有机地把干燥、粉碎、输送、包装组合成一道工序，整个过程在密闭条件下进行，减少物料飞扬，防止杂质污染，既改善了产品质量，又提高了收得率。

缺点是：不适于黏厚物料的干燥，对晶形磨损厉害。

2. 气流干燥设备

气流干燥设备称为气流干燥器，如图 9-12 所示。主要由加热器、螺旋加料器、干燥管、旋风分离器、风机等主要设备组成。典型的气流干燥器是一根几米至十几米长的垂直管，物料及热空气从管的下端进入，干燥后的物料则从顶端排出，进入分离器与空气分离。操作过程中，热空气的流速应大于物料颗粒的自由沉降速度，此时物料颗粒即以空气流速与颗粒自由沉降速度的差速上升。用于输送空气的鼓风机可以安装在流程的头部，也可装在尾部或中部，这样就可以使干燥分别在正压、负压情况下进行。

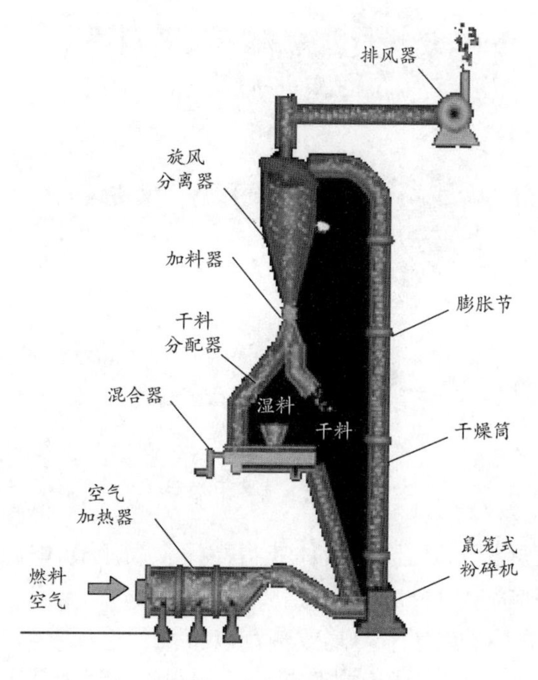

图 9-12 气流干燥器

（四）真空干燥技术

真空干燥技术又称为减压干燥，它是在密闭的容器中抽去空气，同时对被干燥物料不断加热，使物料内部的水分通过压力差或浓度差扩散到表面，水分子在物料表面获得足够的动能，在克服分子间的相互吸引后，逃逸到真空室的低压空间，从而被真空泵抽走的过程。

优点：干燥温度低、干燥速度快、干燥耗时短、产品质量高，真空干燥技术已广泛应用于天然产物的提取物干燥，因天然产物中很多功效成分不耐高温而广泛采用真空干燥。

1. 真空干燥原理

物料内水分在负压状态下熔点、沸点都随着真空度的提高而降低，同时辅以真空泵间隙抽湿降低水汽含量，使得物料内水等溶液获得足够的动能脱离物料表面。真空干燥由于处于负压状态下隔绝空气使得部分在干燥过程中容易氧化等化学变化的物料更好地保持原有的特性，也可以通过注入惰性气体后抽真空的方式更好地保护物料。

2. 真空干燥设备

真空干燥设备将被干燥物料置于真空条件下进行加热干燥。目前，真空干燥设备也随着现代机械制造技术以及电气技术的发展而不断更新，出现了真空盘式连续干燥机、双锥回转真空干燥机、真空耙式干燥机、板式真空干燥机、低温带式连续真空干燥机、连续式真空干燥机等多种形式的真空干燥设备。常见的真空干燥设备有真空箱式干燥箱。

真空干燥器由干燥柜、冷凝器与冷凝液收集器组成的冷凝系统与真空泵三部分组成。将湿物料置浅盘内，放到干燥柜的搁板上，加热蒸汽由蒸汽入口引入，通入夹层搁板内，冷凝水自干燥箱下部出口流出经冷凝管至冷凝液收集器中；冷凝系统通过管道与阀门与真空泵紧密相连，组成一个完整的密闭系统，使干燥操作连续进行。

（五）其他干燥器

厢式干燥器是常压间歇干燥操作经常使用的典型设备，通常，小型的称为烘厢，大型的称为烘房。在外壁绝热的干燥室内有一个带多层支架的小车，每层架上放料盘。空气从室的右边引入，在与空气加热器相遇时被加热。空气按箭头方向从盘间和盘上流过，最后排出。空气加热器的作用是在干燥过程中继续加热空气，使空气保持一定温度。为控制空气湿度，可将一部分吸湿的空气循环使用，如图 9-13 所示。

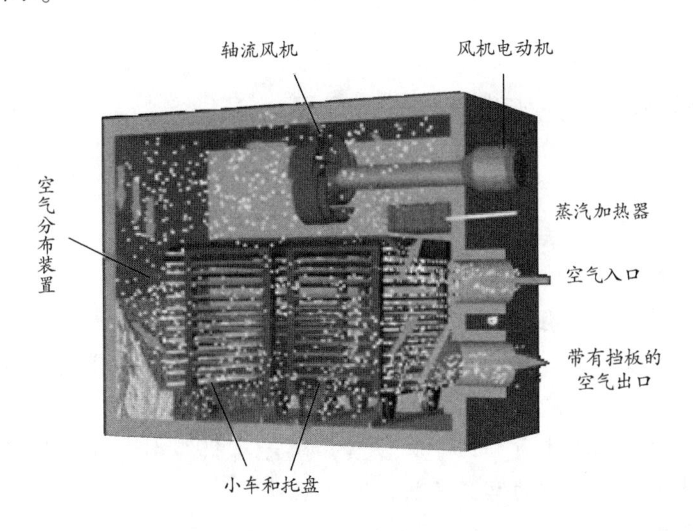

图 9-13　厢式干燥器

厢式干燥器的优点是：结构简单，制造容易，操作方便，适应性强，适用范围广。每批物料可以单独处理，并能适当改变温度，适合制药工业生产批量少、品种多的特点。由于物料在干燥过程中处于静止状态，特别适用于不允许破碎的脆性物料。

缺点是：间歇操作，干燥时间长，干燥不均匀，完成一定干燥任务所需设备容积大，人工装卸料，劳动强度大。尽管如此，厢式干燥器仍是中小型企业普遍使用的一种干燥器。

【知识链接】

中药的干燥

干燥是中药材加工和中药制剂制备过程中不可缺少的单元操作之一。干燥的目的是将中药材、中药制剂的中间体及制剂中的水分降低至规定含量，以延长贮存时间或适应下一制药单元操作要求。

目前，基于物料的不同初始含水量及形态，用于中药领域的干燥方式主要有热风干燥、喷雾干燥、真空干燥、流化床干燥、冷冻干燥等。干燥是复杂的传热传质过程，被干燥物料在此过程中会发生不同程度、不同类型的物理或化学反应。然而，伴随整个干燥过程的相关因素，如温度、压力、氧化性、干燥媒介等，将对中药干燥产物产生不同程度影响，如有效成分损失、形态收缩、褐变等。干燥过程中温度的合理控制是保证中药被干燥物料品质的关键因素。众多研究表明，降低干燥温度可显著提升被干燥物料的品质，但温度的降低会使干燥速率减小、干燥时间延长。因此，如何在低温条件下进行干燥，达到既保证被干燥物料的品质，又能保证较高的干燥速率的目的，是制约干燥技术在中药领域发展的瓶颈问题。

实训案例17　人工牛黄的真空干燥

一、实训目的

掌握真空干燥法除去人工牛黄提取液中溶剂的方法。

二、实训原理

天然牛黄资源十分有限，人工牛黄就成了必不可少的替代品。人工牛黄是参照天然牛黄的已知成分，由牛胆粉、胆酸、猪去氧胆酸、牛磺酸、胆红素、胆固醇、微量元素等配制而成。

目前，所用的人工牛黄制品中大多含乙醇等有机溶剂，可以利用真空干燥的方法将人工牛黄粗提液中的有机溶剂除去。

三、实训器材

圆底烧瓶、冷凝管、烧杯、水浴、抽滤装置、真空干燥箱、电子天平。

四、实训试剂和材料

人工牛黄、75%乙醇、95%乙醇、活性炭。

五、实训操作步骤

1. 溶解

取粗胆汁酸干品放入圆底烧瓶或反应器中，加入0.75倍75%乙醇，加热回流至固体物全部溶解，再加10%~15%活性炭回流脱色20min，趁热过滤。

2. 洗涤与结晶

滤液用冰水浴冷却至0~5℃，再放置4h以上，使胆酸结晶析出，然后抽滤，并用少量乙醇洗涤结晶，抽干后，得胆酸粗结晶。

3. 真空干燥

取上述胆酸粗结晶置脱色反应瓶中，加4倍体积的95%乙醇溶解，然后蒸馏回收乙醇，至原体积的1/4后，用冷水浴将其冷却至室温，接着用冰水浴冷却至0~5℃。

结晶3h后，在布氏漏斗上真空过滤。抽干后，结晶用少量冷的95%乙醇洗涤1~2次。再次抽干，结晶在70℃真空干燥箱中干燥至恒重，即得胆酸干燥品。

六、结果与讨论

称量并计算得率。

【知识梳理】

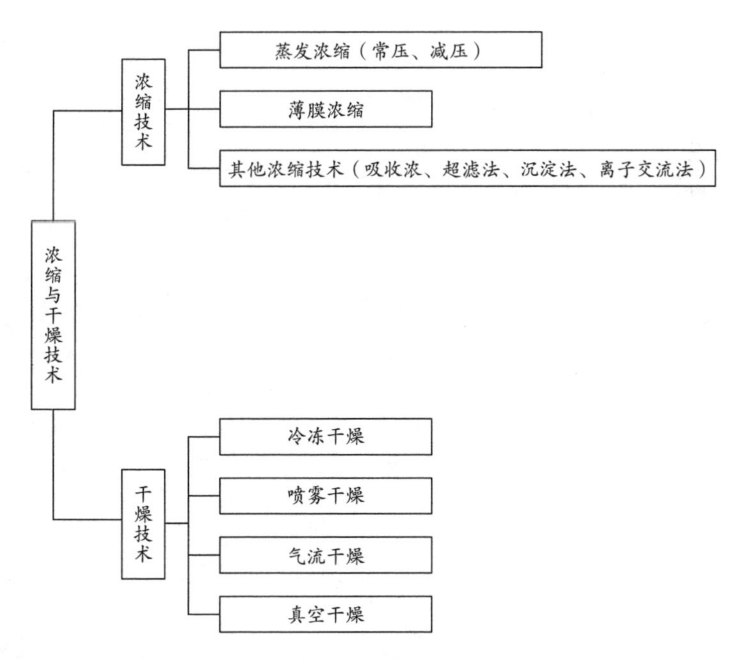

【目标检测】

一、填空题

1. 喷雾干燥可分为三个基本过程阶段，即________、________和________。

2. 冷冻干燥操作过程包括________、________和________。

二、选择题

1. 恒速干燥阶段与降速干燥阶段，哪一阶段先发生？（　　）

A. 恒速干燥阶段　　B. 降速干燥阶段

C. 同时发生　　D. 只有一种会发生

2. 真空冷冻干燥的特点包括（　　）。

A. 设备投资费用低廉，动力消耗小

B. 干燥过程是在低温、低压条件下进行的

C. 干燥时间快

D. 适用于热敏性物质的干燥处理

三、简答题

1. 简述物料中的水分类型。

2. 简述冷冻干燥的基本操作步骤。

3. 简述喷雾干燥的优点。

4. 简述真空干燥的主要优缺点。

参考文献

[1] 王永芬，刘黎红，孙祎敏．生物制品生产技术［M］．北京：化学工业出版社，2013.

[2] 辛秀兰．生物分离与纯化技术［M］．北京：科学出版社，2008.

[3] 崔立勋．生物药物分离与纯化技术［M］．北京：中国质检出版社，2015.

[4] 邱玉华．生物分离与纯化技术［M］．北京：化学工业出版社，2018.

[5] 洪伟鸣．生物分离与纯化技术［M］．重庆：重庆大学出版社，2015.

[6] 张雪荣．药物分离与纯化技术［M］．北京：人民卫生出版社，2009.

[7] 于淑萍．微生物基础［M］．北京：化学工业出版社，2007.

[8] 李榆梅．药品生物检定技术［M］．北京：化学工业出版社，2013.

[9] 贾冬梅．结晶与吸附技术分离有机化合物［M］．北京：科学出版社，2018.

[10] 刘叶青．生物分离工程实验（第二版）［M］．北京：高等教育出版社，2014.

[11] 杜翠红．生化分离技术原理及应用［M］．北京：化学工业出版社，2011.

[12] 欧阳平凯．生物分离原理及技术（第二版）［M］．北京：化学工业出版社，2010.

[13] 曹学军．现代生物分离工程［M］．上海：华东理工大学出版社，2007.

[14] 田亚平．生化分离技术［M］．北京：化学工业出版社，2006.

[15] 孙彦．生物分离工程（第二版）［M］．北京：化学工业出版社，2005.

[16] 李洲．液-液萃取在制药工业中的应用［M］．北京：中国医药科技出版社，2005.

[17] （美）Antonio A. Garcia 著．刘铮，詹劲，等译．生物分离过程科学［M］．北京：清华大学出版社，2004.

[18] 梁世中．生物工程设备［M］．北京：中国轻工业出版社，2002.

[19] 周宛平．化学分离法［M］．北京：北京大学出版社，2008.

[20] 王方．现代离子交换与吸附技术［M］．北京：清华大学出版社，2015.

[21] 邓毛程．氨基酸发酵生产技术［M］．北京：中国轻工业出版社，2007.

[22] 陈芬，生物分离与纯化技术 [M]. 武汉：华中科技大学出版社，2012.

[23] 李从军，罗世炜，汤文浩. 生物产品分离纯化技术 [M]. 武汉：华中师范大学出版社，2009.

[24] 柯德森. 生物工程下游技术试验手册 [M]. 北京：科学出版社，2010.

[25] 吴疆，童应凯，杨红澎. 生物分离实验技术 [M]. 北京：化学工业出版社，2009.

[26] 吴梧桐. 生物制药工艺学 [M]. 北京：中国医药科技出版社，2004.

[27] 田瑞华. 生物分离工程 [M]. 北京：科学出版社，2008.

[28] 刘国诠. 生物工程下游技术 [M]. 北京：化学工业出版社，2003.

[29] 严希康. 生化分离工程 [M]. 北京：化学工业出版社，2008.

[30] 邓松之. 海洋天然产物的分离与结构鉴定 [M]. 北京：化学工业出版社，2007.